KB074096

별에게로 가는 계단

STAIRWAY TO THE STARS
The Story of the World's Largest Observatory

Plenum Press is a Division of Plenum Publishing Corporation
233 Spring Street, New York, N.Y. 10013-1578

옮긴이 **김혜원**은 1964년 서울에서 출생하여 연세대학교 천문기상학과를 졸업하고 같은 대학에서 석사학위를 받았다.

번역서로 『터무니없는 이야기』(1994), 『황당한 이야기』(1994), 『상상할 수 없는 이야기』(1994) 등이 있다. 현재 대만에 거주하고 있다.

배리 파커의 천문학 강좌 1

별에게로 가는 계단

세계 최대의 천문대 마우나케아를 가다

배리 파커 지음
김혜원 옮김

전파과학사

별에게로 가는 계단
: 세계 최대의 천문대 마우나케아를 가다

지은이 배리 파커
옮긴이 김혜원

인쇄 1996년 7월 20일
발행 1996년 7월 30일

펴낸이 손영일
펴낸곳 전파과학사
등록 1956. 7. 23 제10-89호
서울·서대문구 연희 2동 92-18
전화 333-8877·8855
팩시밀리 334-8092

공급처 한국출판협동조합
서울·마포구 신수동 448-6
전화 716-5616~9
팩시밀리 716-2995

* 잘못된 책은 바꿔 드립니다.

ISBN 89-7044-041-0 03440

머리말

이른 아침 창밖을 내다 보니 금방 온 듯한 눈이 소복이 쌓여 있었다. 담장도 나무도 잔디도 모두 새하얀 눈으로 덮여 있었다. 기온은 영하 12도. 저 멀리 동쪽에서는 언덕 위로 해가 떠오르고 있었고, 창문에는 햇빛이 부딪혀 반사되고 있었다. 시간이 일러 지나는 차들이 거의 없어서인지 주위가 쥐죽은 듯 조용했다. 머리 위의 파란 하늘은 지평선 부근에서 흰빛으로 물들고 엷은 안개가 주위를 감싸고 있었다. 나는 따뜻한 커피 한 모금을 마신 뒤 이 책을 처음 쓰게 된 때를 다시 떠올려 본다. 아내와 내가 하와이를 향해 떠난 것은 거의 1년 전이었다. 5개월간의 안식휴가중이었던 나는, 이 기간 동안 마우나케아 천문대를 방문해 힐로와 와이메아에 있는 연구소 본부에서 상당량의 시간을 보냈다. 또한 호놀룰루에 있는 하와이 대학교의 천문학연구소를 방문하기도 했다. 내가 그곳에 머무는 동안 세계 최대의 망원경인 켁 망원경 I이 완성되었고, 동일한 모델의 켁 II가 건립중이었다. 이 여행은 오랫동안 무척 기다려 온 것이었다.

이 책은 그 안식휴가의 결실이다. 처음 몇 장에서 나는 마우나케아 천문대가 오늘의 발전된 모습에 이르기까지 겪었던 어려움과 그 극복 과정을 중심으로 이 천문대의 역사를 소개한다. 내가 이 책을 집필한 목적 중 하나는 천문학자들이 천문대에서 무엇을 하는지 독자들에게 알리고자 하는 것이다. 따라서 나는 주간과 야간에 천문대들을 방문하였고, 그때 보고 들은 것들을 다음 몇 장에 걸쳐 포함시켰다. 그리고 마지막으로 이 최신 천문대 시설을 이용하는 많은 천문학자들을 선별하여 그들의 연구를 상당히 세세하게 실었다. 그들의 연구는 블랙홀과 우주론, 별, 외계 행성 탐색, 그리고 우리 태양계의 기원 등에 관한 것들이다.

첨단 과학을 다루는 책에서 기술적인 용어들을 피한다는 것은 상당히 어려운 일이다. 그러나 나는 그러한 용어들의 사용을 최소화하려고 노력했으며 내가 사용한 용어에 친숙하지 못한 사람들을 위해 책 뒷부분에 용어해설을 마련해 두었다.

하와이 방문 기간 중 아낌없는 도움을 주었던 과학자들에게 특별한 감사를 보낸다. 천문대와 본부 빌딩에 머무는 동안 내게 복사 자료와 사진들을 기꺼이 제공해 주었던 많은 천문학자들에게 감사하고 싶다. 미추오 아키야마, 콜린 아스핀, C. 버트호드, 앤 보에스가아드, 한스 보에스가아드, 데이비드 볼렌더, 렌 코위, 샌드라 페이버, 톰 지발레, 피터 길링함, 존 글래스피, 빌 히콕스, 조오지 허빅, 에스더 후, 빌 이래이스, 데이브 즈위트, 존 코멘디, 알란 쿠주노키, 론 라웁, 올리비에 르 페브르, 밥 맥라렌, 테리 마스트, 카렌 미츠, 가이 모네, 쿄지 나리아이, 제리 넬슨, 프랑스와 리고, 이안 롭슨, 마이클 로완-로빈슨, 데이브 샌더스, 바바라 쉐이퍼, 제랄드 스미스, 말콤 스미스, 월터 스타이거, 브렌트 툴리, 리차드 웨인스코트, 그리고 피터 위지노비치 그들 모두에게 감사드린다.

특히 케빈 크리시우나스에게 감사의 뜻을 표하고 싶다. 그는 내게 상당한 양의 역사적 자료와 중요한 사진들을 제공해 주었으며, 이 책의 처음 몇 장을 세심하게 읽어 주고, 몇몇 천문대를 돌아볼 때 손수 안내까지 맡아 주었다. 켁 천문대를 안내해 주고 여러 장의 사진을 제공해 준 앤디 페랄라에게도 감사드린다.

우리가 하와이에 머무는 동안 많은 친절을 베풀어준 돈과 에디스 워센크로프트 부부, 잭과 앤 로니 부부, 그리고 버지니아 스펜서에게 특별한 감사를 표하고 싶다. 펜화를 멋지게 그려 준 로리 스코필드에게도 감사한다. 또한 편집자 린다 크린스팬 레이건과 이 책이 세상에 나오기까지 도움을 아끼지 않았던 플레넘 출판사의 모든 스태프들에게도 고마움을 전하고 싶다. 그리고 마지막으로 이 책을 쓰는 동안 끊임없는 격려를 보내준 아내에게 감사한다.

이 책에 실린 사진들 중에서 별다른 언급이 없는 사진들은 저자가 직접 찍은 것임을 밝혀둔다.

배리 파커

옮긴이의 말

내가 처음 배리 파커 교수의 책을 접하게 된 것은 1994년 10월이었다. 이 책이 나의 관심을 끌었던 이유는 우선 그것이 하와이의 자랑인 마우나케아 천문대에 관한 것이라는 점과(당시 옮긴이는 하와이에 거주하고 있었다) 그 천문대에서 연구되고 있는 관측천문학에 대한 것이라는 점이었다. 나의 남편은 천문학자로서 그 당시 하와이 대학교의 천문학연구소에서 연구원으로 일하고 있었다.

처음 이 책을 읽을 때는 번역을 위해서라기보다 남편이 하고 있는 일이 어떤 것인가, 또 그가 일하는 곳은 어떤 곳인가 하는 단순한 호기심 때문이었다. 그러나 이 책을 다 읽은 후에 나는 이것을 한국어로 번역해야겠다고 생각했다. 아직까지 천문학, 특히 관측천문학에 대한 이해가 적은 우리 나라에 이 책을 소개해서 천문학에 대해 관심을 갖고 있는 청소년들과 또 그것에 대해 잘 알고 있지 못한 많은 일반인들에게 이 분야의 중요성을 인식시키고 싶다는 욕심이 생겼기 때문이다.

이 책은 일반적인 천문학 교양 서적과는 많은 면에서 크게 다르다. 마우나케아 천문대가 세계적인 대형 천문대로 자리잡게 되는 과정에 대한 서술은 과학기술적인 측면에 머무르지 않는다. 이 책을 통해서 독자는 고고한 학문과 멋진 프로젝트의 뒷전에서 벌어지는 학자들 사이의 인간적인 갈등, 그리고 학교 혹은 연구 기관 사이의 이기주의적 과다 경쟁에 대해서 알게 된다. 대형 프로젝트의 진행에 흔히 따르는 재정 확보의 문제, 그리고 지역 주민의 설득 문제 등 이 책에서 이야기하고 있는 온갖 어려움 중에서도 이러한 학자들 간의 갈등과 불협화음이 천문대 건설에서 극복해야 했던 가장 큰 어려움이었음은 물론이다.

천혜의 관측지로 일컬어지는 마우나케아에 대형 망원경들이 하나하나 자리잡게 된 후, 우주에 대한 우리의 이해는 커다란 발전을 거듭하고 있다. 지은이는 이곳의 망원경들을 이용해서 연구하는 여러 천문학자들을 찾아 대화를 나누고 그것을 바탕으로 그들이 하고 있는 연구의 내용을 차분히 기술해 나간다. 비록 천문학의 모든 분야를 망라한 것은 아니지만, 이들 연구들은 해당 분야에서 아주 중요한 문제를 다루고 있다. 교과서처럼 씌어진 일반 교양 서적과는 크게 다른 이 책의 스타일은 다소 복잡할 수도 있는 첨단 연구의 내용을 보다 흥미롭고 또 쉽게 이해할 수 있게 한다.

이 책이 번역되어 나오기까지 많은 도움을 주셨던 모든 분께 감사를 드리고 싶다. 원고의 가치를 이해해 주시고 흔쾌히 출판에 응해 주신 전파과학사의 손영일 사장님께 우선 감사드린다. 그리고 무엇보다 원고의 교정과 용어 선정을 도와주고 항상 곁에서 지켜봐 주며 격려해 주었던 남편에게 고마움을 전한다.

김혜원

차례

제 1 장

서문

태평양 최고봉 정상에 우뚝 솟아 있는 하와이 섬의 마우나케아 천문대는 세계 최고의 천문학적 관측 조건을 갖춘 기막히게 아름다운 밤 하늘을 가지고 있다. 그곳에는 칠흑같이 어두운 하늘과 흔들림 없이 안정된, 그리고 믿을 수 없을 정도로 투명한 대기가 있다. 또한 1년 중 반 이상이 대단히 청명한 날씨이며, 나머지의 절반도 부분적으로 맑은 날씨를 보여 유용한 관측이 가능하다. 북반구에 위치한 다른 어떤 천문대도 이런 양질의 입지 조건을 갖추고 있지는 못하다.

마우나케아는 하와이 제도 하와이섬에 있는 커다란 두 개의 주요 화산 중 하나로 해저에서부터의 고도는 9,700미터이며, 해발고도는 4,200미터이다. 상하의 섬인 하와이지만 이곳의 경우 겨울에는 종종 눈으로 덮일 정도로 높은 산이다. 옆에 있는 마우나로아 화산이 여전히 수년마다 한번씩 용암을 내뿜고 있는 반면, 마우나케아는 약 3,000년 전에 발생했던 화산 폭발을 마지막으로 현재 휴지기에 있다.

지리학적으로 볼 때 하와이섬은 유년기에 속한다. 마우나케아와 마우나로아가 해수면 위로 올라온 지 100만 년도 채 되지 않은 것이다. 이 섬 전체는 이들 화산과 다른 주변 화산들에서 흘러나온 용암으로 이루어져 있다. 그 섬에는 모두 다섯 개의 화산이 있지만, 지금은 마우나로아와

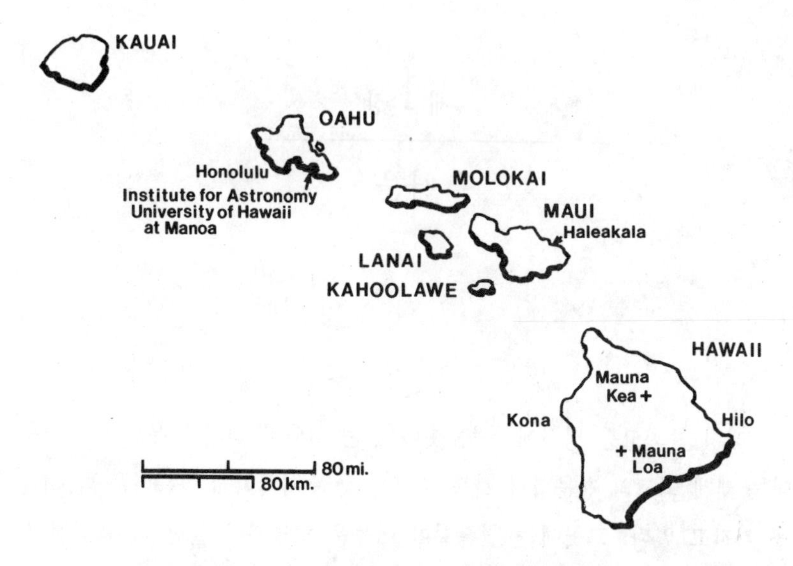

하와이섬과 마우나케아의 위치를 보여주는 하와이 제도의 지도

킬라우에아 화산만이 활동하고 있다. 이 화산은 종종 '드라이브 인 화산'이라고 불려지기도 하는데, 그 이유는 칼데라(정상에 있는 분화구) 주변으로 완전히 길이 나 있어서 일반인이 구경하기로는 세계에서 가장 편리한 화산이기 때문이다. 킬라우에아는 1983년에 마지막으로 폭발하였지만 1993년 현재 여전히 용암이 흘러나오고 있었다.

하와이 제도에는 남방의 타이티에서 건너온 것으로 추정되는 폴리네시아인들이 처음으로 거주하였다. 폴리네시아인들이 수천 킬로미터를 항해할 수 있었던 것은 별들—특히 별들이 수평선상에서 뜨고 지는 지점—에 관한 상당한 지식이 있었기 때문이었다. 그들의 문화에 커다란 영향을 미쳤던 종교는 이 섬들이 화산으로 이루어졌으므로 화산과 관련된 신들을 중심으로 하는 것이었다. 현재까지도 많은 하와이 사람들은 여전히 킬라우에아의 화산 분화구에서 살고 있는 화산의 여신 펠레를 섬기고

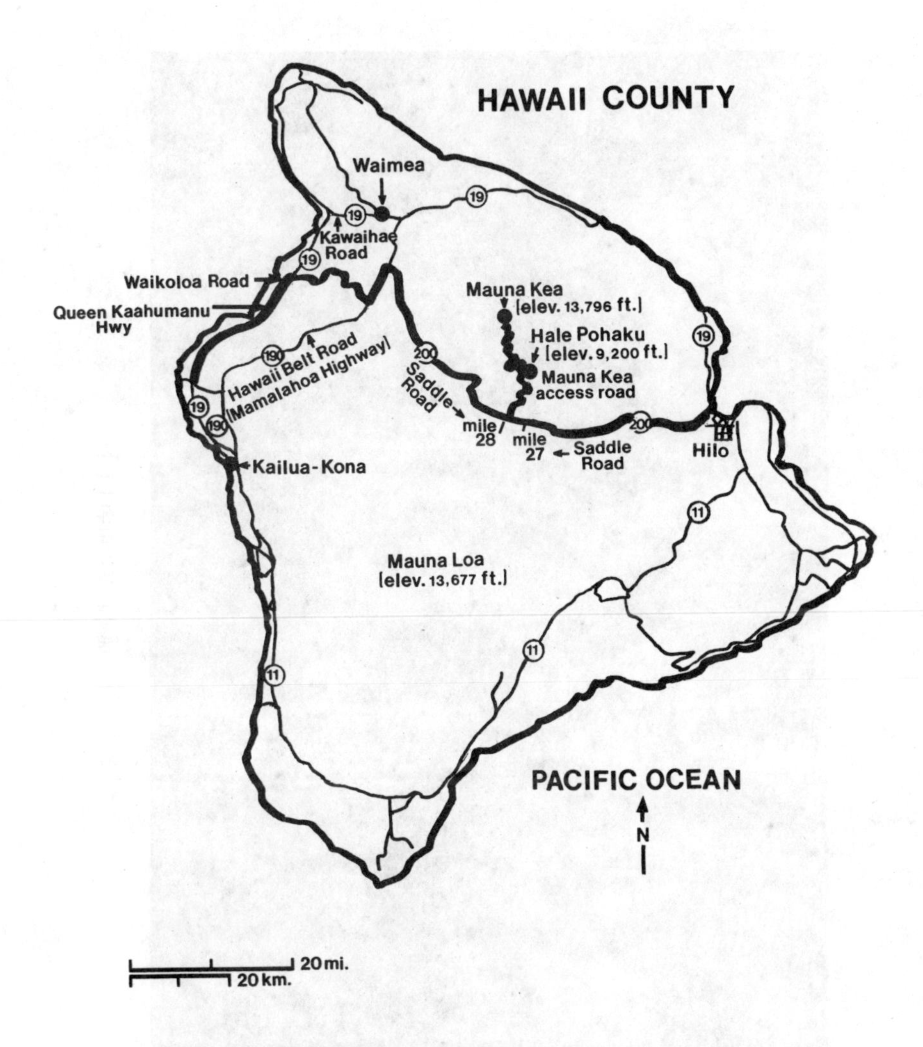

하와이 제도의 하와이섬. 마우나케아는 윗부분 중앙에 위치한다.

힐로에서 바라본 마우나케아

있다.

처음으로 백인이 들어온 것은 쿡 선장과 그의 선원들이 하와이섬 해변에 닻을 내렸던 1778년이었다. 그들은 대단한 환영을 받았지만, 약 1년 뒤의 두번째 방문에서는 전쟁이 벌어져 쿡이 죽게 된다. 그 뒤 몇 해 되지 않아 고래잡이 배들이 나타나기 시작했으며, 이어서 선교사들과 사업가들, 그리고 탐험가들이 이 섬을 찾아왔다.

마우나케아를 백인이 처음으로 등정한 것은, 예일에서 교육을 받은 코네티컷 출신의 조세프 굿리치라는 사람이 그 산을 올랐던 1823년이었다. 그의 일기에 따르면, 굿리치는 한밤중에 그 산의 정상까지 등반했다고 한다. 오후에 중도에서 휴식을 취한 뒤 보름달이 하늘 높이 떠 있던 밤 11시경 출발하여 새벽 1시에 정상에 도달했다. 그 산의 최고봉에서 그는 띄엄띄엄 남아 있는 눈과 아마도 원주민들이 만들어 놓은 듯한 작은 돌무덤 하나를 발견했다. 그때 기온은 −3℃였다. 그는 그 지역이 너무나 황폐해서 식물이 전혀 없다는 것을 알았다. 정상에는 용암층 위로 불쑥 솟아 있는 화산의 분화구들과 경석, 그리고 화산재들이 널려져 있었지만, 큰 칼데라(정상 분화구)가 없다는 것은 이 산이 오래된 화산임을 나타내 주었다. 그는 정상에 공기가 너무나 희박해서 두통과 구토를 느꼈다고 기록하고 있다.

유명한 식물학자인 데이비드 더글라스(더글라스 전나무는 그의 이름을 따서 명명된 것이다)는 1831년 1월에 그 정상에 올랐다. 27킬로그램의 짐을 진 그는 고지를 앞둔 마지막 오르막길에서 극심한 피로를 느꼈다고 한다. 그는 주변의 몇 개 봉우리를 방문했다. 그리고 굿리치와 마찬가지로 그 역시 심한 두통을 경험했다. 정상에 있는 동안의 느낌을 그는 이렇게 적고 있다. "마치 또 다른 세상 앞에 서 있는 것처럼 인간이 하찮게 느껴진다. 그곳엔 죽음과도 같은 적막만이 있을 뿐, 한 마리의 동물도 한

마우나케아의 밤. 별의 일주운동과 자동차 라이트를 보여주는 장시간 노출(리차드 웨인스코트 제공)

마리의 벌레도 찾아볼 수 없다……."

두 사람 모두 추위 이외의 별다른 문제점을 이야기하지는 않았지만, 그곳의 기상 조건은 몹시 나빠지기도 한다. 예컨대 겨울에는 종종 시속 160킬로그램을 넘는 거센 폭풍이 발생하는 것이다. 하지만 일단 날씨가 맑을 때는 믿을 수 없을 정도로 맑은 하늘에 별들이 마치 검은색 우단 위에 다이아몬드들을 뿌려 놓은 듯 반짝반짝 빛나고 있는 장관을 연출하는 것이다. 더글라스 또한 그의 일기에 "별들이 강렬한 광휘를 발하며 빛나고 있었다"라고 기록해 두고 있다. 그러나 그도 그곳에 오늘날 우리가 보고 있는 천문대가 들어서게 되리라고는 꿈에도 상상하지 못했으리라. 마우나케아는 다른 어떤 천문대보다도 훌륭한 집광능력을 보유하고 있는 세계 최대의 천문대 단지일 뿐만 아니라, 세계 최대 광학망원경인 켁 망원경을 갖고 있다. 더욱이 그것은 다른 천문대들이 거의 관측할 수 없는 적외선과 같은 파장 영역의 전자기 복사를 관측할 수 있는 세계에서 가장 높은 위치의 천문대이기도 하다.

마우나케아 천문대의 역사는 아리조나 대학교의 달과 행성 연구소(Lunar and Planetary Laboratory) 소장이며, 위스콘신 여키스 천문대의 대장이었던 제라드 쿠퍼가 그곳이 천문대로서 가능한 장소인지를 조사하기 위해 하와이에 왔던 1963년에 시작되었다. 그는 마우나케아 정상의 관측 조건에 얼마나 깊은 감명을 받았던지 이곳을 '보석'이라고 부를 정도였다. 그는 하와이 대학교에 이 산을 공동 개발할 것을 제안했다. 하와이 대학교의 천문학과 과장이었던 존 제프리는 처음에는 그 제안을 받아들이는 듯하더니 쿠퍼의 상세한 계획을 검토한 뒤 마음을 바꾸었다. 하와이 대학교가 독자적으로 그 산을 개발하기로 결정한 것이다. NASA에서 보조금을 받는 데 성공한 그들은 2.2미터 망원경을 건립했으며, 그 뒤 다른 기관이나 국가들로 하여금 그 산 위에 망원경들을 갖다 놓을 것

마우나케아 상공의 별들 (국립 광학 천문대 제공)

켁 망원경의 돔

을 권유했다. 단, 하와이 대학교가 그 관측 시간의 15%를 갖는다는 조건에서였다.

몇몇 국가들이 그 산에 관심을 보이기 시작했고 마침내 1979년에는 세 개의 망원경이 기증되었다. 즉 캐나다, 프랑스, 하와이 합작 프로젝트인 3.6미터 망원경과 영국의 3.8미터 적외선 망원경, 그리고 NASA의 3미터 적외선 망원경이 그들이다. 이들 망원경의 완성으로 마우나케아는 비로소 다른 어떤 천문대보다 큰 집광면적을 가진 세계적인 천문대 단지

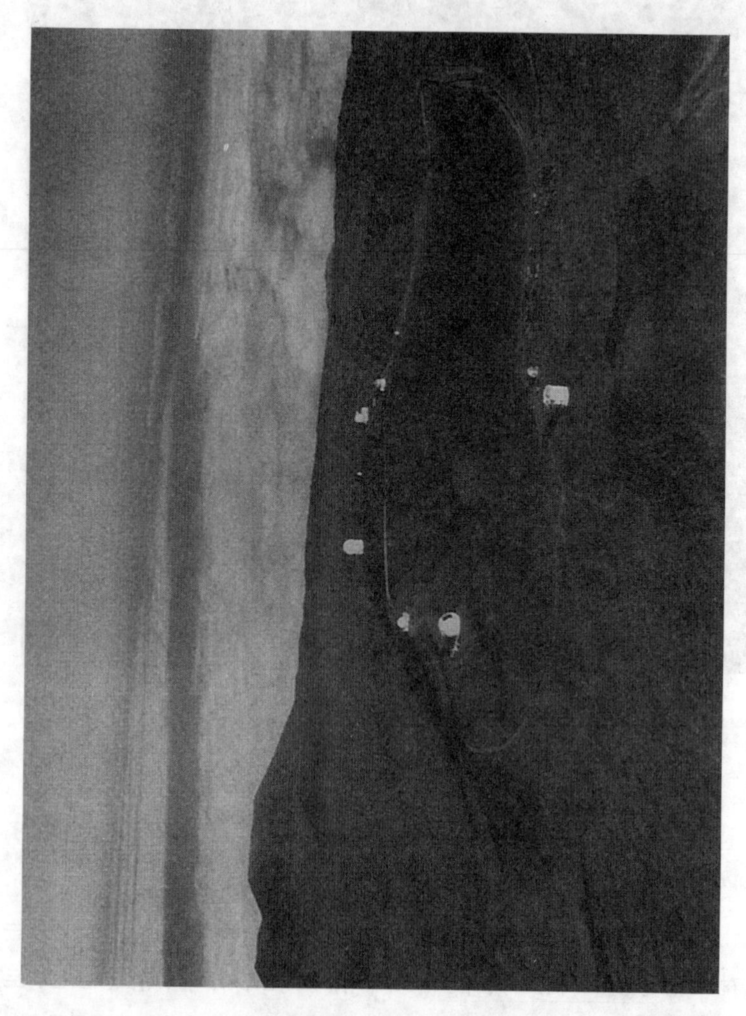

마우나케아에 있는 돔들의 배치 모습 (하와이 대학교 천문학연구소 제공)

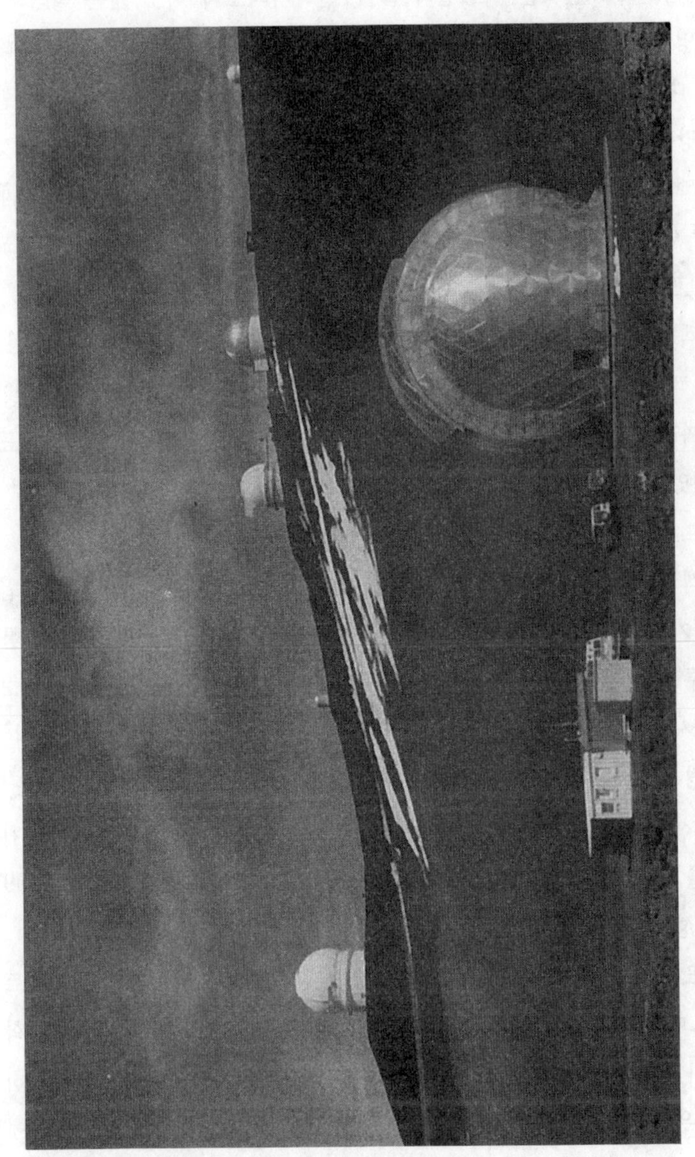

마우나케아에 있는 돔들. 앞쪽에 보이는 망원경이 칼텍 서브밀리미터 돔이다.

가 된다. 1987년에는 서브밀리미터(1밀리미터보다 다소 짧은 파장의 복사) 영역에 민감한 두 개의 망원경이 더 첨가되었다. 그러나 하와이 대학교의 대성공은 바로 캘리포니아 대학교가 그 산에 지름 10미터의 분할식 반사망원경을 갖다 놓기로 결정했을 때 이루어졌다. 완성만 되면 그것은 세계 최대의 광학망원경이 될 것이었다. 그 프로젝트는 1985년 켁 재단의 투자로 칼텍을 통해 이루어졌으며, 이후 칼텍과 캘리포니아 대학교의 합작 프로젝트가 되었다.

켁 망원경은 1991년 11월에 기증되었다. 이보다 앞서 켁 재단은 첫번째 켁 망원경에서 85미터 떨어진 곳에 놓이게 될 두번째의 동일한 10미터짜리 망원경(지금의 켁II)에도 역시 자금을 지원할 것이라고 발표한 바 있었다. 그 두 개의 망원경은 간섭측정법이라는 기술을 통해 함께 사용됨으로써 훨씬 더 큰 망원경의 역할을 할 수 있다.

켁II의 건립이 시작되자 일본인들이 부근에 또 다른 망원경 건립을 위한 기공을 시작했다. 황소자리에 있는 플레아데스 성단의 일본 이름인 수바루라고 불리는 이 망원경은 가시광선과 적외선에 모두 민감한 8.2미터 반사경을 갖게 될 것이다. 그러나 분할 반사경 방식인 켁과 달리 이 망원경은 단일 반사경 방식이다. 약 20센티미터 두께인 대단히 얇은 거울을 사용하며 반사경의 모양을 어느 정도 조정할 수 있도록 하기 위해 뒷면을 특별한 기계 장치로 지지하게 될 것이다. 이 프로젝트는 1999년에 완성될 예정이다.

또한 아직은 계획 단계에 있는 제미니라는 또 다른 대형 프로젝트가 있다. 미국과 영국, 캐나다, 칠레, 아르헨티나 그리고 브라질의 천문학자 협회가 8미터형 망원경을 각각 하나는 남아메리카에, 그리고 다른 하나는 마우나케아에 두는 쌍둥이 망원경 시스템을 추진하고 있다. 이들에도 분할되지 않은 하나의 반사경이 사용될 것이며, 관측은 가시 영역과 적외선 영역 모두에서 이루어질 수 있도록 할 것이다. 이 프로젝트는 1998년에 완성되기로 되어 있다.

또한 스미소니안 천체물리학 연구소는 이동 가능한 20미터형 6개의 접시형 안테나로 이루어진 대형 서브밀리미터 배열을 건립할 계획이다. 그리고 마지막으로, 전세계를 커버하는 장거리 전파망원경 배열(Very Long Baseline Array ; VLBA) 중 한 전파망원경이 최근 정상 부근에 완성되었다. 몇 개의 다른 전파망원경과 함께 사용되는 이 망원경은 지구 반지름과 같은 유효 반지름을 갖는 거대한 전파망원경 구실을 하게 될 것이다.

마우나케아에서 이러한 망원경들로 이루어지고 있는 연구는 많은 나라에서 온 수백 명의 천문학자들이 추구하는 수천 개의 프로젝트들로 매우 다양하다. 천문학자들은 그 산에서 밤을 보내게 되기를 간절히 소망한다. 태양이 수평선 아래로 떨어지면 점점 어두워지는 하늘에 아주 작은 광점들이 하나둘 보이기 시작한다. 하늘이 칠흑같이 어두워지면 광점들이 꽃을 피우기 시작하며 장엄한 파노라마를 이룬다. 도시에서 사는 사람들이라면 그 광경에 놀라움을 금치 못할 것이다. 머리 위의 은하수는 검은 우주먼지와 가스 구름으로 여기저기 끊겨지며 이쪽 수평선에서 저쪽 수평선으로 크게 호를 그리듯 드리워져 있다. 그리고 붉은색, 푸른색, 노란색 등 모든 빛깔의 별들이, 어떤 것은 혼자 또 어떤 것은 쌍이나 무리를 지어서, 뚜렷한 우리 은하의 윤곽과 더불어 하늘을 수놓는 것이다.

하늘이 어두워지면 천문학자들은 막바지 점검과 조정을 서두른다. 그리고 단추 하나만 누르면 거대한 망원경들이 미리 지정된 하늘의 위치로 미끄러지듯 부드럽게 움직여 간다. 마침내 그들의 밤일이 시작되는 것이다.

마우나케아의 천문학자들에게는 별과 은하와 성단, 그리고 빛을 발하

우리 은하 내에 있는 별과 가스 성운 (장미 성운의 내부) (미국 국립 광학 천문대 제공)

는 천체는 어떤 것이든지 관심거리다. 하지만 최근에는 아무 빛도 발하지 않는 천체인 블랙홀에 상당한 관심이 집중되어 있다. 별의 일생 중 말년에 있는 별들은 연료가 떨어지면 중심에 있는 핵의 용광로가 꺼져 버린다. 그리고 냉각되고 있는 핵이 더이상 내부로 향하는 막대한 중력을 견디지 못하게 되는 순간, 그 별은 급격한 최후를 맞는다. 눈 깜짝할 사이에 별 전체가 내부로 붕괴해 들어가 밀도가 믿을 수 없을 정도로 높아지면서 원자들을 밀착시킨다. 그리고 모든 것이 특이점이라는 무한소의 한 점으로 모아진다. 그 특이점은 사건지평이라고 하는 표면에 의해 우리와 단절되어 있다. 멀리서 보면 이 사건지평은 기묘하게 보이는 검은색의 구로 보이는데, 그 이유는 그것이 배경의 별들을 봉쇄하고 있기 때문이다. 이것은 단 몇 킬로미터 정도로 원래의 별에 비한다면 아주 작은 크기지만 놀라운 물리적 성질들을 갖고 있다. 만약 사건지평을 통해 내부로 걸어 들어간다면 우리는 영원히 우주로부터 단절될 것이며 아무리 빠져 나오려고 해도 빠져 나올 수 없을 것이다. 왜냐하면 그 중심에 있는 특이점이라는 끝없이 깊은 심연 속으로 냉혹히 끌려가게 되어 있기 때문이다.

블랙홀은 오랫동안 거성의 급격한 붕괴로만 만들어질 수 있는 것으로 여겨져 왔다. 그러나 1970년대 중반 영국 케임브리지 대학교의 스티븐 호킹은 우주를 창조했던 대폭발에서도 역시 블랙홀이 만들어질 수 있음을 보였다. 하지만 이러한 블랙홀은 별이 붕괴하여 만들어진 것과는 그 성질이 달라서 원자보다 더 작은 블랙홀들도 만들어질 수 있을 것이다. 사실 블랙홀의 크기는 아주 작은 것에서부터 태양 크기의 수십억 배나 되는 것에 이르기까지 대단히 광범위하다. 이런 중량급 블랙홀들 중 어떤 것들은 은하가 형성될 때 '씨앗'으로 작용했을지도 모르며, 지금은 은하의 중심이 되었을지도 모른다. 만일 이것이 사실이라면 별들과 가스는 도우넛 모양의 고리, 즉 유입물질 원반의 형태로 블랙홀의 주위를 빙빙 돌

소용돌이 은하 (캐나다-프랑스-하와이 연합 천문대 제공)

면서 나선형으로 감겨들어 가고 있을 것이다. 이 물질이 내부로 들어가게 되면 압축되고 가열되어 마침내는 X선과 감마선을 우주에 대량으로 방출하게 된다. 어떤 경우에는 주변 물질이 블랙홀로 너무나 빨리 쏟아 부어져서 미처 다 안으로 들어가지 못하게 된다. 그러면 그 초과량은 아주 작은 두 개의 구멍을 통해 마치 치약이 치약 튜브에서 삐져나오듯이 내 쏘여져 두 개의 격렬한 우주 제트(cosmic jets)를 형성하게 되는 것이다.

은하에 중량급 블랙홀들이 있다는 증거는 현재 대단히 많다. 천문학자들은 우주 저편 멀리에 있는 격렬한 은하에서가 아닌 가까운 은하들에서 그 가장 강력한 증거를 찾을 수 있음을 최근 보여주었다.

우리 주변 별들에 관해서도 상당한 연구가 이루어지고 있지만, 마우나케아에 있는 망원경들을 이용한 연구의 많은 부분은 별들이 아닌 심지어 은하도 아닌 우주의 깊숙한 곳에 초점이 맞춰져 있다. 우리 우주는 은하들뿐 아니라 은하군 혹은 은하단, 그리고 심지어 은하단의 집단, 즉 초은하단들로 이루어져 있다. 은하단들의 3차원 지도는 거대한 규모에 걸쳐 은하들이 특이한 분포 형태로 배열되어 있음을 보여준다. 은하단들은 거대한 공간의 표면에 사슬 모양으로 뻗쳐진 모습으로 분포하고 있다. 그리고 이 공간의 속은 텅 비어 있다. 이런 거시적인 규모로 보면 우주는 마치 욕조 속에 떠 있는 비누거품처럼 공허해 보이기도 한다.

그러나 이렇게 복잡하게 보이는 우주 속에서도 일정한 질서가 있다. 예컨대 은하들은 모두 우주의 팽창 때문에 서로로부터 멀어져 가고 있다. 그러나 흥미롭게도 천문학자들은 은하와 은하단들이 똑같은 속도로 서로에게서 멀어지고 있지 않다는 것을 발견했다. 그것들은 자신들 주변에 있는 은하들의 영향을 받으며, 따라서 두 개의 다른 속도 성분을 갖는다. 즉 우주 팽창과 관련된 속도(허블 운동)와 다른 은하나 은하단들의 인력 때문에 허블 운동에 부가되는 고유속도가 그것이다. 마우나케아에서는 이 두 속도 성분에 관한 연구도 진행되고 있다.

우리 주변에 있는 은하들을 보면, 우리는 그 대부분이 우리 은하처럼 평이한 것들이라는 것을 알게 된다. 하지만 우주의 바깥 부근에서는 폭발하는 은하나 블레이저, 그리고 퀘이사 같은 다른 종류의 은하들을 찾을 수 있다. 우리 우주의 변두리는 무한한 흥미를 자아낸다. 그곳에 있는 은하들은 젊고 활동적이며, 따라서 탄생 바로 직후의 우주 모습을 보여줄 것이다. 아직 발견되지는 않았지만, 우리는 150억 년 전 우주의 시작이 있은 후 약 10억 년 이내에 형성된 물체들을 찾고 있다.

많은 은하와 또 우리 은하에 있는 많은 별들을 생각해 볼 때 그들 가운데 어딘가에는 당연히 생명체가 존재할 것 같아 보인다. 생명체가 있는 행성을 찾기 위한 탐색이 이루어져 오기는 했지만, 지금까지는 어떤 것도 발견되지 않았다. 그러나 켁 망원경이 가동되면 외부행성계 탐색 프로그램(Toward Other Planetary Systems ; TOPS)이 시작되어, 우리 부근에 있는 모든 별들에 관한 광대한 조사가 이루어질 것이다. 만일 그들 중 어딘가에 생명체가 존재한다면 그것이 무엇인지를 밝혀낼 수도 있을 것이다.

이 장에서 우리는 마우나케아 천문대의 역사와 그곳에서 진행되고 있는 연구를 간략히 살펴보았다. 다음 장에서는 그 천문대가 겪었던 어려움들과 노력들을 살펴볼 것이다. 이것 역시 흥미로운 이야기이다—이 천문대의 역사에는 발전과 성공의 이야기와 더불어 좌절과 패배의 이야기가 있다. 또한 이곳에서 이루어지는 연구들에 대해 좀더 상세히 고찰해 보기로 하자.

제 2 장

마우나케아 천문대의 건설 초기

하와이 최초의 천문대는 1910년 핼리혜성이 출현한 직후 건립되었다. 그때만 해도 15센티미터 굴절망원경과 다른 몇 가지 장비만을 갖춘 호놀룰루 근교의 작은 건물이었던 이 천문대는 하와이 대학교의 전신인, 그 당시 하와이 칼리지가 나중에 인계받아 운영하게 되었다.

희망에 찬 출발

교직원 2명으로 이루어진 작은 과였던 호놀룰루 하와이 대학교의 물리학과는 1953년에 본토에서 월터 스타이거가 오면서 3명으로 구성된 학과가 되었다. 동료들에게는 '월트'로 알려진 스타이거는 2차 세계대전 중 하와이에 주둔하는 동안 하와이라는 섬과 사랑에 빠지게 되었다. 그는 그곳이 바로 자신을 위한 장소라고 생각하고 다시 돌아오리라 마음속으로 다짐했다. 전쟁 전 MIT에서 2년을 보냈던 그는 전쟁이 끝나고 나서야 졸업할 수 있었다. 그리고 스스로에게 약속했던 대로 하와이로 돌아왔다. 그러나 학사학위가 있음에도 불구하고 실망스럽게도 쉽게 일자리를 구할 수 없었다. 강의를 하고 싶었지만 교사자격증이 없었으므로 그에겐

월터 스타이거 (Walter Steiger, 1993)

공립학교 교사로서의 자격이 없었다. 최후의 그는 수단으로 그 대학교의 물리학과를 찾아갔고, 반갑게도 그곳에서 대학원생 조교 한 명을 필요로 한다는 것을 알았다. 비록 전임자리는 아니었지만, 그것은 그에게 재정적인 도움을 주기에 충분했다. 그뒤 그는 두 해에 걸쳐 물리학과에서 석사 과정을 밟게 되었다.

이즈음 그는 자신이 정말로 인생에서 하고자 하는 일이 무엇인지에 대해 자문하기 시작했다. 그는 하와이 대학교에서 강의를 하고 싶었다. 그러나 그렇게 하려면 박사학위가 있어야만 했다. 석사학위를 하는 동안 그는 신시내티 대학교에서 온 객원교수의 과목 하나를 수강한 적이 있었다. 스타이거는 그 교수를 이렇게 회고했다. "그는 내가 만난 가장 훌륭한 선생님이었다. 나는 만일 신시내티 대학교 교수들이 모두 그와 같다면 그곳으로 가서 공부하고 싶다고 혼자 생각했다." 그리고 그는 정말 그곳으로 가게 된다.

신시내티 대학교에서 그는 유명한 아인슈타인-포돌스키-로젠 패러독스에 관해 일찍이 아인슈타인과 함께 일한 적이 있는 보리스 포돌스키 밑에서 공부했다. 스타이거는 1953년에 박사학위를 받고 얼마 되지 않아 하와이 대학교의 물리학과장으로부터 직장을 제안하는 편지를 받게 되었다. 그는 너무나 기뻤다. 바로 그의 꿈이 성취되는 순간이었다.

그때까지 스타이거는 단 한번도 천문학 과목을 수강한 적이 없었을 뿐만 아니라, 천문학에는 별로 관심도 없었다. 그러나 천문학은 곧 그의 인생에서 큰 역할을 하게 될 것이었다. 언젠가부터 스타이거는 자신이 하와이에서 정말로 하고 싶은 연구가 어떤 것인가에 대해 진지하게 생각하고 있었다. 그 당시 하와이에서는 진행되는 연구가 전무하다시피 했으므로 그는 무엇인가 하고 싶었던 것이다. 그는 하와이 아니 어쩌면 하와이에 있는 산의 자연 환경을 이용한 어떤 것을 하는 것이 당연하다는 생각이 들었다. 그리고 곧 천문학이 떠올랐다. 그러나 그가 당시에 관심을 둔 것은 밤에 하는 천문학이 아니었다. 태양에 관한 연구, 즉 태양천문학이었다.

스타이거는 곧 학과장이 되었고 그의 꿈은 태양관측소를 설립하는 것이었다. 하와이 제도에는 세 개의 높은 산이 있다. 마우이섬의 할레아칼라(태양의 집)와 하와이섬의 마우나로아와 마우나케아가 그것들이다. 그러나 뒤의 두 산은 불가능했다. 마우나로아는 여전히 화산활동을 하고 있었고, 마우나케아는 거리도 멀 뿐 아니라 정상으로 올라가는 도로가 없었다. 이러한 이유로 할레아칼라가 우선 선정되었고, 1955년에 스타이거와 존 리틀이라는 학생이 그 산 정상의 관측 조건을 조사하게 되었다. 하늘 투명도도 중요했지만 월 청정일수 또한 중요했다. 오래지 않아 그들은 할레아칼라가 콜로라도에 있는 클라이맥스 태양관측소보다 더 좋은 대기 투명도를 가진 대단히 우수한 장소라는 것을 알았다.

스타이거는 천문대 건립 자금을 얻기 위해 백방으로 뛰어다녔다. 그러나 가능한 것이 하나도 없었다. 그러던 차에 1957년 마침내 기회가 왔다. 1957년 7월부터 1958년 7월까지의 기간이 국제 지구물리학의 해(International Geophysical Year ; IGY)로 지정되었다. 이 기간 동안 많은 지구물리학 관련 관측들이 세계적으로 이루어질 것이었고, 태평양의 한가운데 있는 하와이는 자연히 이 일에 중요하게 되었다. 최초의 기금은 자연스럽게 IGY에 의해 제공되었고 그것으로 태양 플레어 망원경이 건립되었다. 그러나 이 망원경은 스타이거가 희망했던 할레아칼라가 아닌 오아후에 세워졌으며 당시 관측자들은 이 망원경으로 태양에서 플레어가 발생하는 시기를 관측해서 기록하곤 했다. 비록 이 망원경의 건립과 태양의 관측은 그리 대단치 않은 시작에 불과했지만, 어쨌든 스타이거의 꿈으로 향한 문은 열린 것이다.

국제 지구물리학의 해를 전후로 해서 많은 관심이 위성 발사에 모아져 있었다. 그러자 그 위성을 추적할 네트워크가 필요했고 하와이가 다시금 중요해지면서, 태평양 상의 몇 개의 위성 기지 중 하나가 하와이에 배정되었다. 스타이거는 관측팀을 조직해 달라는 부탁을 받았다. 그러나 더 중요한 것은 망원경을 보유한 위성 추적 기지의 설립이었다. 그 네트워크 편성의 책임자는 매사추세츠에 있는 스미소니안 천체물리학 연구소의 프레드 위플이었는데, 그는 그 당시 하와이에 있었던 코닥 크롬 칼라 필름의 개발자인 케네스 미즈 박사에게 연락해 도움을 줄 수 있는지의 여부를 물었다. 미즈는 천문학에 대한 강력한 후원으로 천문학자들에게는 익히 잘 알려진 사람이었다. 그는 천문학자들을 위한 특수 필름을 개발하기 위해 노력하고 있었다. 미즈는 스타이거에게 와서 만일 스타이거가 부지 구매와 건축을 감독해 준다면 위성 추적 기지 건물 축조를 위해 코닥 주식 중 15,000달러를 기부하겠다고 제안했다. 스타이거는 매우 기뻤다. 그것은 할레아칼라에 작은 기지 하나를 설치하고 필요한 장비들을 구비하기에 충분한 금액이었다. 위성 추적은 1957년 7월에 가동되었고, 그 산에 곧 세 명의 전임 관측자를 두게 되었다.

스타이거의 목적은 여전히 그 장소에 태양관측소를 설립하는 것이었다. 추적 기지의 설립은 그 장소에 대한 관심을 불러일으킨다는 점에서 중요했다. 더욱이 1961년 초에는 국제 표준 사무소의 프랭클린 로치가 대기광과 황도광 연구를 시작하기 위해 왔다. 스타이거와 공동 연구를 하면서 그는 광대한 관측 프로그램을 만들었다. 마지막으로 대학이 행동을 개시했다. 대학 당국은 대학 내의 학과와는 별개로 지구물리학 연구소를 설립하기로 했다. 그 연구소는 물리학, 화학, 지리학, 그리고 다른 학과의 교수단으로 구성되었다. 그들은 대학에서 비상근으로 강의를 하면서 나머지 시간에는 지구물리학 연구소에서 연구하도록 되어 있었다.

1961년 말에는 국립 과학 재단이 지구물리학 연구소 설립과 할레아칼라에 태양관측소 설립을 위한 기금을 제공했다. 그렇게 해서 마침내 1962년 2월 10일 태양관측소의 기공이 이루어졌다. 그리고 다음 몇 개월에 걸쳐 기숙사 공간과 주방 시설, 사무실, 실험실, 그리고 기계 공장과 함께 9미터 높이의 돔이 지어졌다. 망원경과 부대장비는 그 다음해에 건립되었다.

새로 설립된 천문대는 1964년 1월에 공개되었다. 그리고 명칭은 천문대가 설립되고 있는 동안 작고한 케네스 미즈의 이름을 따서 명명되었다. 태양관측소의 설립으로 대학은 새로운 교수 임용이 필요하게 되었고, 스타이거는 세 명의 태양천문학자를 고용했다. 프랑크 오랄과 잭 저커, 그리고 존 제프리가 그들이다. 그리고 얼마 후 마리 맥케이브가 합세하게 되었다.

태양관측소가 설립되고 있는 동안, 다른 중요한 사건들이 발생하고 있었다. 아리조나 대학교에 있는 '달과 행성 연구소'의 제라드 쿠퍼가 유망한 관측소 부지를 찾기 위해 광범위한 프로그램을 개시했던 것이다. 쿠퍼는 라이덴 대학에서 박사학위를 갓 받고 1933년에 네덜란드에서 미국으로 건너왔다. 그는 처음으로 가게 된 시카고 대학에서 몇 해를 머물렀으며, 후에 위스콘신에 있는 여키스 천문대의 소장이 되었다. 그뒤 그는 1960년에 아리조나 대학교로 옮긴 뒤 달과 행성 연구소를 설립했다. 그리고 단기간 내에 아리조나 대학교는 미국에서 최고의 천문학 교수진을 보유하게 된다.

대부분의 천문학자들이 별과 은하를 전공했던 것과 달리 쿠퍼는 행성과 달에 남다른 열정을 가지고 있었다. 태양계가 주요 전공 분야였던 그는 후에 '현대 행성천문학의 아버지'로 알려지게 되었다. 그의 많은 발견들 중 하나는 화성 대기에서의 이산화탄소 검출이었다. 그는 또한 토성의 최대 위성인 타이탄의 대기가 메탄과 암모니아를 포함하고 있다는 것을 밝히기도 했다. 그리고 그는 천왕성과 명왕성에서 궤도를 그리며 도는 위성들을 발견했다. 그러나 그의 가장 큰 공헌은 무엇보다도 태양계의 기원에 관한 이론이었다. 1951년에 그는 행성들은 가스가 응축해서 '원시행성'을 만들 때 형성된다는 아이디어를 발표했다. 그의 아이디어는 아직도 태양계의 기원에 관한 이론의 중심이 되고 있다.

쿠퍼에게는 높은 고도에 있는 관측 지점들이 특히 중요했다. 행성들에 관한 그의 매혹이 적외선에 대한 관심을 불러일으켰기 때문이다. 행성

왼쪽에서 두번째가 제라드 쿠퍼 (Gerard Kuiper) 다. 사진은 1960년대 초에 찍은 것이다. (아리조나 대학교 제공)

들은 복사의 많은 부분을 적외선으로 방출하지만, 그것이 우리 대기에 있는 수분에 의해 흡수되어 버리므로 적외선 관측에는 대기층이 엷은 고지대가 필수적이다.

새로운 장소 탐색을 위해 쿠퍼는 이미 캘리포니아의 피크 마운튼과 뉴 멕시코, 그리고 칠레를 탐사한 적이 있었다. 하지만 도시로부터 격리되어 있다는 점과 해발고도를 생각할 때 하와이 제도에 있는 산들이 유망한 것 같았으므로 그곳들을 점검하기 위해 1963년에 하와이를 방문했다.

스타이거가 그를 태양관측소가 있는 할레아칼라로 안내했다. 쿠퍼는 대단히 감명을 받았고 곧 본토에 있는 조수 알리카 헤링을 데려와 그로 하여금 그 장소의 야간 시상(대기안정도)을 조사하도록 했다. 부분적으로 하와이 혈통이기도 한 헤링은 당시 『*Sky and Telescope*』지와 다른 몇몇 잡지에 많은 기사를 내보냈고, 1960년 그의 재능에 깊은 인상을 받은 쿠퍼의 주의를 끌게 되어 고용되었던 것이다. 헤링은 뛰어난 관측자이면서 동시에 숙달된 망원경 제작자이기도 했다. 그 이전의 수년에 걸쳐 그는 이미 3500여 개의 반사경을 깎고 연마한 경력이 있었다. 할레아칼라와 그리고 후에 마우나케아에서 사용한 시험 망원경은 그가 제작한 최고 품질의 반사경이었다.

할레아칼라의 야간 시상은 얼마나 좋았을까? 스타이거는 일찍이 좋을 것이라고 확신했고, 얼마 되지 않아 헤링에 의해 그것이 상당히 좋다는 것이 확인되었다. 그러나 시험이 계속되자 문제가 나타났다. 할레아칼라는 해발고도가 3,000미터로 천문대로서는 대단히 높은 편에 속했지만 마우이섬에 있는 역전층 바로 위에 위치하고 있어서 봉우리 바로 밑으로 짙은 안개가 끼어 있었는데 그 안개가 종종 태양 천문대까지 올라왔던 것이다. 설상가상으로 그 천문대는 할레아칼라 정상 분화구의 가장자리에 놓여 있어서 자주 안개가 끼며 때때로 저녁에는 바람이 불어 아래쪽의 구름이 천문대 방향으로 몰려오곤 했다. 따라서 헤링은 비록 시상과 공기투명도가 우수하기는 하지만 야간 관측에는 할레아칼라가 그다지 이상적인 장소가 아니라고 판단하게 되었다. 그러나 할레아칼라에 안개가 많이 끼었을 때조차도 헤링은 멀리 하와이섬의 마우나케아의 정상을 볼 수 있었다.

이즈음 아리조나에 있는 쿠퍼의 책상 위에 편지 하나가 날아들었다. 그것은 힐로의 미추오 아키야마라는 사람에게서 온 것으로 마우나케아를 관측 장소로 고찰해 줄 것을 요청하는 편지였다. 이 편지를 쓰게 된 주요 사건이 1960년 5월 22일에 발생했다. 그리고 그것은 하와이섬에 있는 대부분의 사람들, 특히 힐로의 주민들이 평생 기억할 만한 그런 사건이었다. 그 전날 리히터 스케일로 7.5도를 기록한 지진이 칠레를 뒤흔든 것이다. 그리고 9시간 후 7.5도의 또 다른 지진이 발생했고, 몇 초도 되지 않아 30배나 더 강한 지진이 일어났다. 이것은 8.5도로 관측되었다.

그러자 태평양 상에 쓰나미(거대한 해일) 발생 가능성을 알리는 경고가 나갔고, 방송망이 짜여져 쓰나미 발생에 대기하고 있었다. 첫번째 7.5도 강도의 지진에 의한 해일은 그 다음날 주간에 힐로를 강타했다. 그것은 비교적 작았으며 아무런 피해도 주지 않았다. 힐로 주민들은 이제 훨씬 더 큰 지진에 의해 만들어진 두번째 해일을 기다리고 있었다. 시속 약 760킬로미터로 이동하는 그 해일이 태평양(11,150킬로미터)을 건너는 데 15시간이 걸릴 것이므로 자정쯤 하와이에 도달할 것이었다.

주민들은 대피 경고를 들었다. 그러나 1952년과 1957년에도 유사한 경고들이 오보로 밝혀진 바 있었다. 그 당시에도 해일이 아주 작았던 것이다. 더욱이 첫번째 지진에서 온 해일이 작았으므로 많은 사람들은 방심하고 있었다. 설상가상으로 혼동까지 있었다. 그 당시 조수 경보 시스템은 사이렌을 몇 분 간격으로 세 번 울리는 것에서 단 한번 울리는 것으로 바뀌었던 것이다.

자정이 가까워 오자 많은 사람들이 해일이 들어오는 것을 구경하기 위해 만 지역으로 나갔다. 자정이 막 지나자 일격이 가해졌다. 그러나 그것은 하나의 해일이 아니었다. 3개의 해일로 나뉘어져 약 15분 간격으로 왔는데 마지막 것이 가장 파괴적이었다. 어떤 곳에서는 해일이 9미터까지 치솟기도 했다. 당시 목격자들에 의하면 해일이 도착하기 직전에 마치 멀리 기차가 지나가는 것처럼 우르르 하는 또렷한 소리가 들렸다는 것이다. 해일은 수심이 얕은 만을 지나가면서 점점 더 커졌다. 그리고 갑자기 자동차와 집 같은 것들이 공중으로 들어올려지더니 섬 안쪽으로 밀려갔다. 해일이 어찌나 강했던지 만 지역에 있는 강철로 만들어진 주차 미터기들을 모두 납작하게 쓰러뜨려 버렸다. 해일이 발전소를 강타했을 때는 도시 곳곳에서 밝은 청백색 섬광들이 번쩍거렸다고 한다.

피해는 굉장했다. 힐로의 도심 부근은 완전히 파괴되어 문자 그대로 구겨진 종이 조각처럼 되어 버렸다. 그리고 수백 개의 상점들과 더불어 일자리들도 사라졌다. 그후 2년 동안 하와이섬의 상공회의소는 경제를 살리기 위한 대책 마련에 부심하고 있었다. 그때 떠오른 첫번째 것이 용암이었다. 어쩌면 그것을 상품화하여 시장에 내다 팔 수 있을 것 같았다. 그런 일들이 논의된 회의석상에 사무국장인 미추오 아키야마가 참석하고 있었다. 미추오의 친구 중에는 마우나로아 산의 중턱에 있는 기후국 국장이었던 호와드 엘리스라는 사람이 있었다. 엘리스는 산에서 내려올 때 종종 아키야마의 사무실에 들르곤 했는데, 어느 날 엘리스가 그에게 이렇게 말했다. "나는 마우나케아가 구름 위로 높이 솟아 있는 모습을 아주 자주 본다네. 그리고 그것이 천체관측소로 아주 이상적인 곳이라는 생각을 하곤 하지." 비록 천문학에 관한 한 문외한이었지만 아키야마는 그 말에 귀가 솔깃해졌다. 그는 천문학이 돈을 끌어들일 것이고 그것이 경제를 살릴 것이라는 생각을 했다. 그러나 심각한 문제가 있었다. 그 산의 정상까지는 도로가 나 있지 않았다. 따라서 그들은 그 문제에 대해 논의한 뒤 좀더 조사해 보기로 했다.

1963년 6월 아키야마는 미국의 모든 큰 대학들과 도쿄의 대학에 편지를 보냈다. 그리고 단 하나의 답장을 받았다. 제라드 쿠퍼로부터였다. 편지에서 쿠퍼는 자신이 8월에 와서 천문대 설립 가능성을 논의하겠다고 썼다. 그러나 그 만남은 11월로, 그리고 다시 12월로 연기되었다. 그리고 마침내 1964년 1월 12일, 쿠퍼가 5일간의 방문을 위해 도착했다. 처음 며칠간 그는 힐로에 있는 많은 관료들과 만났다. 그러나 그의 주요 관심사는 물론 마우나케아의 정상이었다. 셋째날 그는 비행기 조종사 한 명을 고용해 그 산의 정상을 몇 시간 동안 비행했다. 그런데 그가 가능한 한 그 정상 가까이까지 올라가고 싶어했으므로 그를 위해 약 2,760미터 고도에 있는, 경사면 중도의 할레 포하쿠라는 순찰 경비 기지까지 지프를 타고 올라가는 일정이 마련되었다. 그 여행에서 돌아온 쿠퍼는 몇 시간 동안 그 지역의 지도를 살피며 도로 계획을 짰다. 이곳의 땅은 하와이 주의 소유였으므로 주지사의 허가가 필요했다. 아키야마는 쿠퍼가 주지사 번스를 만나 도로에 대한 요청을 할 수 있도록 호놀룰루 방문을 준비했다. 번스는 천문대가 하와이섬에 경제 상승을 일으키리라는 사실을 금방 알았다. NASA는 도로 건설에는 자금 지원을 하지 않았으므로 번스가 도로 건설을 위해 25,000달러를 제공했으며 이후 17,000달러를 더 지원해 주었다.

호놀룰루에 머무는 동안 쿠퍼는 하와이 대학교의 해밀턴 총장과 지구물리학 연구소 소장인 조오지 울라드를 방문했고 그 다음 날 아리조나로 떠났다. 그런데 쿠퍼는 아리조나로 돌아가기 전, 하와이의 야생생물학자인 리만 니콜스에게 마우나케아의 정상까지 올라가 줄 것을 요청해 놓았다. 니콜스는 2월 초 그 정상까지의 여행을 통해 몇 장의 슬라이드를 만들었고, 그 지역에 관한 상세한 설명을 담아 쿠퍼에게 편지를 보냈다. 니콜스가 찍은 사진들과 정상까지의 여행을 기초로 하여 쿠퍼는 그 지역에서 두번째로 높은 봉우리인 분석구 푸우 폴리아후가 최초의 망원경 자리로 가장 적합하다는 결론을 내렸다. 가장 높은 지점은 하와이의 성지였으므로, 쿠퍼는 될 수 있으면 그것을 피하는 것이 좋다고 생각했던 것이다.

4월에 도로를 닦는 일이 시작됐다. 노선은 이미 상세히 정해졌다. 그

할레 포하쿠에 있는 순찰 경비 기지. 사진은 쿠퍼가 방문했을 무렵 찍은 것이다.
(아리조나 대학교 도서관의 특수 소장품. 아리조나 대학교 도서관 제공)

러나 쿠퍼는 정상 부근에 도로를 어디로 내야 할지 결정하지 못하고 있었다. 4월 말 정상 지역까지의 도로가 완성되자, 쿠퍼는 다시 와서 정상을 조사한 뒤 불도저 운전자와 함께 푸우 폴리아후의 정상까지 올라갔다. 최적 도로를 결정하기 위해서였다.

이제 돔과 망원경을 위한 모든 준비가 완료되었다. 32센티미터 망원경과 돔을 위한 기금은 NASA가 제공했고, 구조와 설비는 쿠퍼가 관리하기로 되어 있었다. 돔은 6월 초에 힐로에 도착한 뒤 분해되어 가파른 도로를 따라 정상까지 운반되었다. 시멘트는 정상 부근에 있는 와이아우 호수의 물을 이용해 만들어졌고, 11일이 걸려 돔의 기초가 축조되었다. 아키야마는 몇몇 친구들에게 도움을 청하여 일을 도울 수 있도록 하기도

알리카 헤링 (Alika Herring) 이 사용한 32센티미터 망원경의 돔. 그러나 이 돔은 더 이상 마우나케아에 설치되어 있지 않다. (아리조나 대학 제공)

했다. 돔이 완성되자, 알리카 헤링이 32센티미터 망원경을 설치함으로써 관측할 수 있는 모든 준비를 했다. 그러나 관측을 시작하기에 앞서, 혹 발생할지도 모를 임의의 비상사태에 대비한 대책이 이루어져야만 했다. 산 위에는 폭풍이 심했으므로, 그곳에 머물고 있는 사람에게 위험했다. 그러므로 헤링을 위해 통신 시스템이 마련되었다. 그는 힐로에 있는 윌리암 세이무어라는 아마추어 무선 통신사와 정기적으로 무선 접촉을 하곤 했다.

헤링은 6월 중순에 관측을 시작했다. 그러나 그는 NASA 망원경과 같이 따라온 반사망원경을 이용하지 않고, 지금까지 만든 것 중에서 가장

왼쪽에 앉아 있는 사람이 제라드 쿠퍼다. 미추오 아키야마(Mitsuo Akiyama)는 그의 바로 뒤에 있으며 오른쪽에 있는 사람이 호와드 엘리스(Howard Ellis)이다. 사진은 돔이 완성된 직후 찍은 것이다. (알리카 헤링 제공)

잘된 것 중의 하나인 자신의 반사망원경을 이용했다. 그런데 이상하게도 헤링은 사진은 찍지 않았다. 대신 그는 달과 행성의 모습을 그림으로 그렸다. 그는 곧 시상은 말할 수 없이 좋고, 대기의 투명도 또한 다른 곳들과 비교될 수 없을 만큼 좋다는 것을 알게 되었다. 그는 1에서 10까지의 눈금을 이용해 매일밤을 분류했다(10이 완벽한 시상이다). 많은 밤들이

9 혹은 그 이상이었다. 헤링은 세계 곳곳의 많은 곳에서 관측한 적이 있었지만 이곳보다 더 훌륭한 장소는 없었다. 그는 대단히 열성적이었다. 그러나 몇 주 후 아리조나 대학교에서 온 윌리암 하트만이라는 대학원생이 관측 임무를 인계받게 된다.

7월 20일에 천문대가 개관되었다. 개관식 행사는 원래 천문대에서 이루어지도록 예정되어 있었지만 바람이 너무 강해 할레 포하쿠로 옮겨졌다. 개관식엔 번스 주지사, 아키야마, 스타이거, 울라드, 그리고 물론 쿠퍼를 비롯해 약 200여 명이 참석했다. 쿠퍼는 축사에서 그 산을 '보석'에 비유했다. "이 산의 정상은 달과 행성과 별들을 연구하기에는 세계 최적지일 것입니다."

이렇게 그 산에 첫번째 망원경이 건립되었다. 비록 아마추어 망원경들과 비교될 정도로 그리 크지 않은 작은 것이었지만, 쿠퍼는 하와이 대학과 합의가 이루어지자마자 아리조나에서 71센티미터 망원경과 6미터의 돔을 선적할 것을 계획하고 있었다. 그리고 그 뒤에는 NASA로부터 1.5미터 망원경을 위한 기금을 딸 생각이었다.

떠오르는 문제점들

쿠퍼는 하와이 대학교의 간부들에게 자신이 틀림없이 1.5미터 망원경을 위한 기금을 마련할 수 있을 것이라고 장담했다. 그러나 그들과의 합작 투자에 몇 가지 마음에 걸리는 점이 있었다. 스타이거에 따르면 이미 마우이섬에 세워져 있는 태양관측소에 대한 지원마저도 열악한 것이었기 때문이었다. 연구소의 소장이기는 했지만 스타이거에겐 비서도, 할레아칼라의 정상까지 운행하는 대학 차량도 없었다. 그리고 그는 또한 대학 당국이 무선 송신 장치들과 과다 조명과 같은 인공적 방해물들로부터 할레아칼라를 보호하기 위한 어떤 노력도 기울인 적이 없었다는 사실을 염려하고 있었다. 쿠퍼는 하와이 대학교 간부들이 그가 필요로 하는 것처럼 그렇게 열심히 그 프로젝트를 추진하지 않으리라고 걱정했다. 그러나 그는 이 일들을 어떻게 처리해야 할지 알 수가 없었다. 하와이 대학교와의 협력을 쉽게 포기하고 싶지 않았기 때문이었다. 따라서 최선의 방법은 하와이 대학교로부터 서면 동의를 얻어내는 것이라고 결론짓게 되었다.

이때쯤 스타이거는 할레아칼라 천문대의 천문대장을 사직하고 후임자로 제프리를 지명했다. 호주에서 출생하고 그곳과 영국에서 교육을 받은 제프리는 박사학위를 받은 직후 콜로라도의 볼더에 있는 연합 천체실험물리학 연구소(Joint Institute for Laboratory Astrophysics)로 왔다. 그는 태양천문학자였지만 전공이 이론이었으므로 관측, 특히 야간 관측에는 전혀 경험이 없었다. 그러나 그는 대단히 야심 있고 결단력 있는 사람이었다. 그는 자신에게 찾아온 모든 기회를 잘 이용할 줄 알았다. 이런 이유로 많은 사람들은 그를 오만하고 이기적이라고 생각한다. 그의 초기 학생 중 하나는 그에 대해 이렇게 말한다. "그는 자신이 어디로 가야 할지를 알고 있는 사람이었어요. 그런데 만일 당신이 그의 길에 끼어들어 간섭했다면 당신은 틀림없이 그의 발에 등짝을 얻어맞는 신세가 되고 말았을 겁니다." 그러나 그 학생은 제프리와 다른 사람들이 당시에 헤쳐 나가야 했던 어려움들에 대해선 잘 모른다고 덧붙였다. 많은 사람들은 사실 그의 강력한 리더십과 NASA나 다른 단체들과의 협상에서 그가 보여준 확고함에 대해 제프리를 칭찬하기도 했다.

하지만 이상하게도 제프리는 처음에는 마우나케아 천문대 프로젝트에 열성적이지 않았다. 그는 후에 맨 처음 마우나케아의 정상 등정이 그다지 즐거운 경험이 아니었다고 털어놓았다. 도로는 먼지투성이었고 고산

존 제프리(John Jefferies). 사진은 마우나케아에서 일을 시작할 즈음 찍은 것이다.
(K. 크리시우나스 제공)

증세를 제대로 잘 견디지 못했다. 산에서 내려온 그는 그 산에 다시는 올라가고 싶지 않다고 말했을 정도였다. 더욱이, 그는 그 프로젝트가 자신의 연구 시간을 너무 많이 뺏을 것이라고 생각했다. 그러나 제프리는 곧 마음을 바꾸게 된다.

마우나케아 정상에서의 조사는 여름을 지나 가을까지 계속되었다. 이 기간 동안 헤링은 관측을 위해 하와이에 네 번 왔으며 매번 2주에서 6주간 머물렀다. 그는 그 즈음 이곳이 지금까지 그가 본 곳 중에서 최고의 장소라는 것을 점점 더 확신하게 되었다. 1964년 10월, 쿠퍼는 지구물리학 연구소 소장인 울라드에게 편지를 써서 아리조나 대학교와 하와이 대학교 간에 협력 계약을 맺어 줄 것을 강력히 요구했다. 그는 그 당시 세계에서 가장 숙련된 관측자들 중 하나였던 헤롤드 존슨을 새로운 천문대로 데려오려고 계획하고 있었다. 그러나 불확실한 여러 가지 일들이 협상을 모호하게 하기 시작했다. 제프리와 울라드, 그리고 하와이 대학교의 다른 사람들은 아리조나 대학교와의 합의가 그들에게 최선책이 아닐지도 모른다고 우려하기 시작하고 있었다. 그들은 자신들이 도로를 제공하고 유지시키면서도 주요 연구 업적은 모두 아리조나 대학교 사람들에게 돌아가는 그런 보조 관리 역할을 하는 위치에 있게 되는 것을 원치 않았던 것이다.

쿠퍼는 하와이 대학교의 사람들이 망설이고 있다는 것을 알고 신중하게 행동했다. 그러나 10월 말에 예기치 못한 충격적인 사건이 발생했다. 하와이 대학교의 부총장인 로버트 하이아트가 NASA의 천문학 부서에 있는 어떤 사람을 방문해서 마우나케아 프로젝트에 대해 문의했다는 것을 알려주는 울라드의 편지가 그에게 날아들었던 것이다. 쿠퍼는 하와이 대학교 측에 그곳에 세울 1.5미터 망원경에 들 자금이 이미 마련되어 있다는 것을 넌지시 비추어 왔었다. 그런데 하이아트는 NASA가 마우나케아를 개발하는 데는 관심이 있지만 쿠퍼에게 어떤 기금을 주기로 약속한 적이 없다는 사실을 알고 놀랐다. 그러나 정말로 충격적인 사실은 그 편지의 뒷부분에 있었다. NASA에 있는 어떤 사람이 하이아트에게 그 장소를 개발시키는 데 있어서 하와이 대학교에 최선의 길은 쿠퍼와 관계를 끊는 것이라고 말했다는 것이었다. 그들은 쿠퍼가 일을 지나치게 벌이는 사람이므로 마우나케아 프로젝트를 올바르게 다룰 수 없을 것이라고 판단했다. 그러므로 쿠퍼가 계획안을 내면 무엇이든지 기각될 것이라고 생각했다. 설상가상으로 울라드는 그 편지의 사본을 번스 주지사에게 보냈다.

쿠퍼는 몹시 화가 났다. 그는 즉시 누가 그렇게 말했는지를 알아내기 위해 NASA로 갔다. 그리고 고위층 간부들과 말을 나눠 보았지만 그들은 자신들이 그에 대한 어떤 편견도 들은 적이 없으며, 여전히 마우나케아 프로젝트의 진전에 대단히 관심이 있다고 말했다. 그러나 그럼에도 불구하고 쿠퍼는 필요한 자금이 그에게 배당되리라는 어떤 확언도 받지 못했다.

쿠퍼는 울라드에게 회유하는 답장을 썼다. 그는 울라드에게 자신이 고위층 간부들에게 말을 해보았는데 아무런 문제가 없었고, 단지 천문학 부서에 있는 어떤 사람이 말을 실수한 것에 불과하다는 것이었다.

울라드와 제프리는 이것을 믿을 수가 없었다. 더욱이 그 즈음 하버드의 도날드 멘젤이 그 장소에 관심을 갖고 있다는 것이 알려지게 되었다. 사실 멘젤의 주의를 그 장소로 끌어들인 사람은 쿠퍼였다. 1년이란 기간에 걸쳐 생각한 끝에 멘젤은 하버드가 뛰어난 학자들을 잃고 있는 이유는 적절한 망원경을 보유하지 못하고 있기 때문이라고 확신했다.

원래 그가 시작했던 일이었음에도 불구하고 쿠퍼는 그 프로젝트에서 신망을 잃어 가고 있었다. 쿠퍼는 NASA에 있는 달과 행성 프로그램 책임자인 오란 닉스에게 편지를 썼다. 그리고 만일 NASA가 그 자신에게 문제점이 있다고 느낀다면 마우나케아가 유능한 적임자에 의해 올바르게 개발되는 한 기꺼이 그 프로젝트에서 손을 떼겠다고 말했다. 그는 하와이 대학교는 이 일에 관한 한 적임자가 아니라고 확신했다. 왜냐하면 그들에겐 단 네 명의 태양천문학자 이외엔 적당한 천문학 프로그램이 없었기 때문이었다.

이러는 와중에도 쿠퍼는 여전히 하와이 대학교와의 모종의 합의를 희망하고 있었다. 그는 곧 하이아트로부터 하와이 대학교는 어떤 일도 서둘러 처리하기를 원하지 않으며, 이 시점에서는 어떤 동의서에도 서명하지 않기로 결정했다는 것을 알려주는 편지 한 통을 받았다. 하이아트는 아리조나 대학교와의 합작 투자에서 하와이가 많은 돈을 투자해야만 할 것이므로 자신들이 올바른 일을 하고 있다고 확신하고 싶다고 덧붙였다. 이제 하버드 역시 그 장소에 관심을 보이고 있었으므로, 그들은 또 하버드 측과도 일을 추진할 수 있는 선택권을 갖게 되었다. 그러나 후에 하버드의 계획서를 본 뒤 하와이 대학교 측은 그것을 즉시 거절해 버렸다. 하버드는 유지 관리 역할 이상의 어떤 권한을 주는 데 있어서 아리조나 대학교보다 훨씬 더 인색했기 때문이었다.

그러나 세번째 가능성이 아직 남아 있었다. NASA는 아직 누구에게 자금을 지원할 것인지를 결정하지 못하고 있었다. 그들은 아리조나와 하버드 대학교로부터 계획서를 받았지만 하와이 대학교가 그들 자신만의 계획서를 제출하지 못할 이유가 없다고 생각했다. 그리고 곧 하와이 대학교 측은 이것이 그들에게 최선의 방법이라는 결정을 내리게 된다.

쿠퍼는 하와이 대학교가 독자적인 계획서를 제출하려 한다는 말을 듣고 도저히 믿을 수가 없었다. 하와이 대학교엔 단 한 명의 야간 관측자도 없을 뿐더러 어느 누구도 망원경의 디자인과 건립에 관해 알고 있는 사람이 없었던 것이다. 그의 판단으로는 그것은 그저 하나의 제스처에 불과한 것이었다. 그러나 하와이 대학교에는 지원 획득을 위한 중요한 이점 한 가지가 있었다. 즉 대학이 관측지와 가까이 있으므로 천문대 운영이 용이하다는 것이었다. 아리조나 대학교는 하와이섬에서 수천 킬로미터나 떨어져 있었다.

존 제프리는 이제 하와이 대학교를 위해 그 프로젝트를 따내기로 마음먹었다. 1965년 1월 한달 동안 그는 정보 수집과 계획서를 쓰는 데 온갖 노력을 기울였다. 많은 사람들과 상담한 뒤, 제프리는 2.1미터 망원경으로 결정했다(아리조나와 하버드 대학교 모두 1.5미터 망원경을 신청했다). 그것은 다른 망원경들보다 더 클 뿐 아니라 완전 자동으로 작동되는 것이었다. 제프리는 그 망원경의 디자인과 건축을 위해 300만 달러를 요구했다. 하와이 주정부는 하와이 대학교를 통해 돔과 기타 필요한 건물, 그리고 산중턱의 부대 시설들을 위해 250만 달러를 내놓았다. 제프리는 로스앤젤레스의 찰스 존스를 고용해 그 망원경을 디자인하도록 했다. 존스는 일찍이 키트 피크 천문대의 2.1미터 망원경을 디자인했던 사람이다. 제프리는 또한 한스 보에스가아드를 책임 기술자로 고용했다.

쿠퍼는 제프리가 존스를 고용했다는 말을 듣고 존스는 대단히 돈이 많이 드는 사람이라는 편지를 써서 울라드에게 보냈다. 이 즈음 쿠퍼는 말할 수 없이 기진맥진해 있었다. 그는 원래 마우나케아 천문대에 헤롤드 존슨을 보내려고 했는데, 존슨은 이제 그 문제를 두고 서로 헐뜯고 싸우는 모습을 지켜보면서 그 일 자체에 환멸을 느끼고는 몇 개월 동안 쉬기 위해 멕시코로 떠나 버렸던 것이다. 그러나 쿠퍼는 여전히 아리조나 대학교를 위해 그 프로젝트를 따내는 것을 포기하지 않았다.

2월에 하와이 대학교가 계획서를 제출했다. 그런데 이상한 것은 그 계획서에는 마우나케아가 특별히 명시되지 않았고, 대신 마우나케아와 할레아칼라에서 시상과 공기의 투명도와 청정일수를 철저히 조사한 뒤 두 장소 중 나은 곳을 선택할 것이라고만 적혀 있었다. 그 계획서에는 또한 하와이 대학교가 자체 천문학 프로그램을 개발할 것이라고 명시되어 있었다. 그리고 사실 빠른 시일 내에 하와이 대학교 내에 천문학연구소(Institute for Astronomy ; IfA)가 설립되었고 제프리가 소장으로 임명되었다.

하와이 대학교의 계획서가 NASA에 있다는 말을 듣자마자 쿠퍼는 호기심을 억누를 수가 없었다. 그는 NASA의 총책임자에게 그 사본을 보기를 청하는 편지를 썼다. 이때에도 그는 아직도 하와이 대학교가 여러 가지 난관을 극복하고 사용 가능한 망원경을 만들 수 있으리라고 생각하지 않았다. 그럼에도 불구하고 그는 그 계획서를 손에 넣고 싶었다. 그러나 마침내 그 계획서를 구해서 읽어본 쿠퍼는 깊은 감명을 받았다고 한다. 하와이 대학교 측의 계획서가 대단히 훌륭했던 것이다.

NASA에 계획서를 제출한 뒤 제프리는 관측 조건들을 조사하기 위해 마우나케아의 정상에 관측자들을 보내기 시작했다(할레아칼라에는 이미 태양관측소가 있었으므로 관측 조건을 조사하기는 쉬웠다). 그러나 미묘하게도 아리조나의 헤링이 여전히 그곳에서 쿠퍼를 위해 일들을 수행하고 있었으므로, 그 산에는 이제 두 개의 그룹이 있게 되었다. 폭풍의 위험이 있었으므로 제프리는 하와이 대학교가 정상에 두 명의 관측자를 항상 상주시켜야 한다고 말했다. 헤링은 그들이 장비를 설치하는 것을 도와주었다.

이제는 헤링조차도 환멸을 느끼고 있었다. 그는 무슨 일이 벌어지고 있는지 도무지 알 수 없었다. 그는 쿠퍼에게 편지를 썼다. "이곳에는 많은 더러운 정치들이 개입되어 있습니다." 아키야마에 따르면 망원경이 할레아칼라 정상에 설치되기를 바라는 마우이섬의 상공회의소 소장이 그 프로젝트에 대해 강한 압력을 넣고 있으며, 마우나케아를 선전하고 있는 하와이섬의 아키야마에게 남의 일에 상관하지 말고 당장 손을 떼라는 말을 한다는 것이었다. 또 어떤 사람은 "만일 그 프로젝트가 마우나케아로 넘어가면 마우이섬 주민들이 크게 반발할 것입니다."라고 그에게 말해 주기도 했다. 헤링은 더 조사를 하는 것이 어떤 의미가 있을지 의심스러웠다. 그는 심지어 자신이 해왔던 모든 힘든 일들이 어떤 가치가 있을까 하는 의문을 갖기 시작했다. 그리고 그는 모든 것이 그저 시간 낭비일 뿐이라고 생각했다.

NASA는 이제 세 개의 계획서 중에서 하나를 선택해야 했다. 두 개는 큰 대학교의 계획서이고 하나는 하와이 대학교라는 비교적 작은 대학교의 계획서였다. 그런데 놀랍게도 그들은 하와이 대학교의 계획서를 선택하기에 이르렀다.

쿠퍼는 그 사실을 도저히 믿을 수 없었다. 그는 대단히 화가 났다. 이 프로젝트를 위해 그가 들인 열의와 정성을 고려한다면 이 결정은 그에게 대단한 충격이었다. 그래서 그는 그 후 몇 년 동안 그것을 몹시 가슴 아파하면서 친구들과 혹은 낯선 사람들에게까지 자신이 마우나케아의 가치를 발견했는데 그것을 하와이 대학교에 강탈당했다고 말하고 다녔다. 그러나 얼마 되지 않아 다른 프로젝트들로 너무 바빠지게 되면서 쿠퍼는 그 일들을 잊기 시작했다. 그리고 하와이 대학교의 망원경이 완성된 지 3년 뒤인 1973년 그는 멕시코에서 사망했다.

하와이 대학교 직원들은 자신들이 제출한 계획서가 받아들여졌다는 말을 듣고 환성을 터뜨렸다. 하지만 이제 그들 앞에는 더 큰 일이 남아 있었다. 망원경과 돔을 디자인하고 건축하는 일 이외에 자체 천문학 프로그램을 개발해야만 했던 것이다. 천문학연구소(IfA)는 설립되었지만, 그들에겐 아직 사람들이 필요했다. 제프리는 경험이 많은, 가능하다면 명성 있는 유명한 행성 천문학자들을 고용하고 싶었다. 그러나 그것이 여의치 않았으므로 젊고 생기 있는 대학원생들로 만족해야 했다. 그의 첫 신입생들 가운데는 데일 크릭쉥크, 데이비드 모리슨, 앤 보에스가아드, 시드니 울프, 그리고 윌리암 신톤 같은 사람들이 있었다. 그리고 이들 모두는 훗날 그 분야의 선도자들이 되었다.

2.2미터 망원경의 건립

일단 조사가 끝나자 말할 것도 없이 마우나케아가 할레아칼라보다 우수하다는 것이 판명되었다. 따라서 초기에는 다소 망설였던 제프리도 마침내 마우나케아를 천문대 부지로 결정하게 되었다. 그 사업의 첫번째 순서는 돔의 기초를 위한 시멘트를 퍼붓는 것이었지만 마침 겨울이 닥쳤으므로 일을 거의 시작할 수 없었다. 설상가상으로 그 해는 사상 최고로 혹독한 겨울 중 하나였다. 시속 160킬로미터의 폭풍과 진눈깨비가 산 정상을 마구 긁어 댔다. 생전 들어보지도 못한 높이까지 눈이 쌓였으며 주말쯤엔 지면이 꽁꽁 얼어붙었다. 그들은 압축 증기를 이용해 눈을 녹여야만 했다. 바람은 또 어찌나 사나운지 육중한 시멘트통들이 이리저리 나뒹굴어 다녀서 너무나 위험해 일꾼들이 시멘트통 부근으로는 가지도 못할 정도였다. 그렇지만 혹독한 겨울의 추위보다도 더 심각한 것은 고도였다. 일꾼들은 그렇게 높은 고지에서 한번도 일해 본 경험이 없었던 것이다. 산소량이 해수면에 비해 반도 되지 않았으므로 그들은 쉽게 지쳤으며 따라서 이직률이 많았다.

한편 돔의 완성을 기다리면서 망원경이 힐로에 도착했다. 망원경에는 보호 래커가 뿌려졌는데 뜨거운 열과 오랜 지연으로 말미암아 금속 부분에 이것이 늘어붙어 이것을 긁어내는 데만 몇 주일이 걸렸다.

그러나 한 가지 행운은 있었다. 제프리는 사용 가능한 2.1미터를 얻기를 희망하면서 망원경 거울을 위해 2.2미터 블랭크 디스크를 주문했다. 그런데 그 거울의 제작이 너무나 완벽해서 결국 2.2미터 망원경을 가지게 되었던 것이다.

또 다른 문제들이 그들을 괴롭혔다. 정상까지 도로가 완성되자 스키 애호가들이 그 산의 정상에 있는 눈을 찾아 그 도로를 이용하기 시작했는

2.2미터 망원경 (하와이 대학교의 천문학연구소 제공)

데, 망원경 건립 작업이 시작되자 도로 파괴의 가능성 때문에 산 정상의 도로를 일반인들에게는 폐쇄했다. 그러자 스키 애호가들은 자신들의 권리를 빼앗겼다고 생각했다. 산으로 올라가는 차량들이 천문대 아래의 경사지에 있는 양과 야생 동물들을 방해한다고 생각하자 사냥 애호가들도 곧 그 반대 대열에 합세했다. 몇 년 동안은 환경주의자들과 함께 몇 개의 단체들이 그 산에서의 활동을 열심히 반대했다. 그들이 특히 언짢아 한 것은 1980년대 초 할레 포하쿠의 확장 계획이었다. 천문대가 성장하자 점차적으로 관측 기간 동안 천문학자들을 수용할 수 있는 안락한 중간 고도 시설이 절실히 필요하게 되었다. 천문대가 너무 높은 해발고도에 있었기 때문에 관측자들이 관측 기간 동안 산밑으로 자꾸 내려온다면 높은 고도에의 적응에 큰 문제가 있었다. 만일 그들이 밤새 관측한 뒤 주간에 산중턱의 할레 포하쿠에서 수면을 취할 수 있다면 정상의 희박한 공기에 보다 쉽게 적응할 수 있다는 사실을 알게 되었다.

2.2미터 망원경은 1967년 가을에 건축되기 시작해서 여름에 완성될 예정이었지만, 혹독한 겨울 날씨 때문에 1년도 아닌 2년씩이나 지연되었다. 하지만 마침내 1970년 6월에 공개되었다. 그 개관식에는 일반의 예상을 뒤엎고 쿠퍼가 참석했다. 그는 그 망원경과 부대 시설들을 시찰한 뒤 깊은 인상을 받았다고 말했다. 그러나 문제들이 끝난 것은 아니었다. 천문학자들은 그후에도 그 망원경의 복잡한 기계 및 전기 시스템 작업을 하느라 5년을 고투하게 된다. 1970년대 초 그 연구소의 대학원생이었던 빌 히콕스(그는 그 망원경을 이용해 학위 논문을 썼다)에 의하면, 주요 문제점은 그것이 세계 최초의 완전 자동으로 통제되는 망원경들 중 하나라는 점이었다고 한다. 히콕스는 이렇게 말한다. “많은 문제들이 컴퓨터에 있었습니다. 그것은 한번도 제대로 작동한 적이 없었어요. 그리고 막대한 양의 열을 발산하곤 했지요.” 히콕스는 또한 사용된 컴퓨터 언어인

포트란이 근본적으로 망원경 통제와 같은 일에 맞게 디자인된 것이 아니었다고 언급했다. "한동안 완전히 엉망진창이었어요." 히콕스는 이렇게 말했다.

이후 1976년 톰 맥코드가 초빙되어 그 컴퓨터와 전기 시스템을 완전히 다시 만들었고, 그뒤 그것은 곧 대단히 잘 작동되었다. 1970년에 가동에 들어갔을 당시 그 망원경은 세계에서 여덟번째로 큰 것이었다.

제 3 장

천문대 시설 확장과 새로운 망원경들

제프리는 2.2미터 망원경이 가동되자 마우나케아에 대한 일반의 관심을 모으고 또 천문학연구소를 확대 발전시키기 위해 애를 썼다. 산 정상에는 다른 천문대들이 들어설 만한 상당히 많은 공간이 있었다. 더욱이 보기 드문 양질의 조건을 갖추고 있었으므로, 그는 다른 연구소에서도 분명 흥미있어 할 것이라고 확신했다. 그리고 몇 년 안에 마우나케아는 캐나다와 프랑스 등 몇 국가들의 주의를 끌게 된다.

캐나다-프랑스-하와이 망원경

1960년대 말 캐나다 천문학자들은 그들의 천문학을 위해서 좀더 큰 망원경이 필요하다고 결정했다. 캐나다에는 1935년에 데이비드 던롭 천문대가 설립된 이후로 어떤 주요 천문대도 설립된 적이 없었다. 그들은 대형 망원경이 정말로 필요하다는 것을 정부 관리들에게 인식시키는 데 성공했다. 그리고 이어 반지름 3에서 4 미터의 망원경을 설립하는 것에 대한 계획을 마련하고 캐나다 전역에 걸쳐 적당한 장소를 물색한 끝에 브리티시 콜럼비아주 중부 지역의 오카노간 계곡에 있는 산이 선정되었다.

마운트 코바우라고 하는 그 산은 그 지역에 위치하고 있는 전파망원경 소재지 부근에 있었다.

마운트 코바우의 정상까지 올라가는 도로가 닦이고 조사 프로그램이 시작되었다. 천문학자들은 작은 돔 안에 40센티미터 망원경을 설치하고 시상과 공기투명도, 밤하늘의 어둠 정도, 그리고 청정일수 등을 조사했다. 계획이 계속되면서 천문대의 이름이 '엘리자베스 여왕 2세'라고 지어졌다. 마운트 코바우는 여름 동안은 구름 없는 밤들이 많아 좋은 장소로 판명되었다. 그러나 겨울이 문제였다. 더욱이 시상은 캐나다에서 최고였지만 국제 기준으로 볼 때 뛰어나게 좋은 것은 아니었으며, 해면 고도가 단 수천 미터에 지나지 않아 그렇게 높은 장소가 아니었다. 이것은 적외선이 대기를 뚫고 그 산의 정상까지 통과해 들어오기가 아주 어렵다는 것을 의미했다. 한편 이때는 적외선 복사의 중요성이 점차 천문학자들에게 인식되어 가고 있던 시기이기도 했다. 이런 이유말고도 다른 몇 가지 단점 때문에 그 장소에 대한 부정적인 견해들이 속속 나타나기 시작했다. 천문학자들은 그들 스스로에게 자문하기 시작했다. 그 망원경을 캐나다 밖에 있는 더 우수한 장소에 갖다 놓는 것이 더 좋지 않을까? 결국 이러저러한 불확실성 때문에 그 프로젝트는 보류된 상태로 머물게 된다.

거의 같은 시기에 프랑스에서도 그와 유사한 상황이 벌어지고 있었다. 천문학자들은 새로운 망원경이 필요하다는 데 의견을 같이했고, 정부도 그것을 지원하는 데 동의했다. 장소 물색이 시작되었는데 적당한 산은 프랑스 남부에 위치하고 있었다. 캐나다의 경우처럼 그 장소도 세밀히 조사되지만 천문학자들은 마음을 바꾸게 된다. 결국 그 프로젝트 또한 일시 중단 상태에 이르게 되었다. 마침 그때 프랑스에서 안식 휴가를 보내고 있던 존 제프리가 그 소식을 듣고 프랑스 천문학자들을 마우나케아로 초청했다. 이들은 그 산을 방문한 뒤 대단히 깊은 감명을 받았다.

건축중인 캐나다-프랑스-하와이 망원경 가대. (캐나다-프랑스-하와이 공동 제공)

프랑스인들이 마우나케아에 망원경을 설치하기로 결정할 즈음에 캐나다에 있는 도미니안 천체물리학 연구소의 그래엄 오저스가 프랑스를 방문하고 있었다. 그는 프랑스의 프로젝트에 대해 듣고 관련된 몇몇 사람들과 캐나다가 갖고 있는 문제점들에 대해 논의했다. 두 나라 모두 자금이 부족했으므로 그는 함께 일할 것을 제안했다. 그리고 프랑스인들은 그의 의견에 동의했다.

처음에는 많은 캐나다 천문학자들이 실망했다. 하와이가 멀리 떨어져 있는데다 그 망원경을 프랑스 그리고 하와이 대학교와 공유해야 하기 때문이었다. 그러나 그들은 마우나케아 위의 날씨가 아주 좋으므로 캐나다에서 그들만의 망원경으로 관측하는 경우보다 더 많은 실질 관측일수를 얻을 수 있으리라는 것을 곧 알게 되었다. 게다가 하와이에는 많은 다른 이점들이 있었다. 시상과 투명도는 마운트 코바우보다 훨씬 좋았으며 마우나케아의 해발고도가 높아서 적외선 영역의 관측이 가능하다는 것이었다. 또한 하늘에 대한 인공광해가 없다는 이점이 있었다. 그 섬에서 유일하게 큰 도시는 힐로였지만 그것은 보통 역전층 아래에 형성되는 구름 밑에 묻혀 있었던 것이다. 일단 캐나다인과 프랑스인들이 합작하는 데 동의하게 되자 결정해야 할 일들이 많았다. 두 나라 모두 각기 다른 망원경에 대한 계획안을 작성했기 때문이었다. 두 계획안 중 어느 것을 사용할 것인가? 두 디자인은 유사했지만 프랑스의 디자인이 하와이 위도에 훨씬 잘 맞았으므로 그것이 채택되었다. 당시 캐나다인들은 자신들의 망원경 거울을 위해 유리 원판 하나를 이미 구매하였고 그것은 상자에 넣어져 빅토리아에 있는 한 주차장에 보관되어 있었다. 그런데 문제가 있었다.

캐나다의 거울은 그 표면이 쌍곡면이라는 가정하에 주조되었다. 그러나 새로운 산과 장소에는 포물면이 더 적합한 것 같았고, 캐나다의 거울을 포물면으로 만드는 데는 어려움이 있을 것이었다. 더욱이 세르-비트

(Cer-Vit)라는 새로운 물질이 시장에 나왔다. 그것은 유리와 유사한 세라믹 제품으로서 열팽창률이 대단히 낮았다. 팽창이나 수축은 뒤틀림을 일으킬 수 있으므로 망원경에 쓰이는 거울에는 낮은 팽창률이 대단히 중요하다. 상당한 토의를 거친 후 합작팀은 새로운 세르-비트 유리 원판을 구매하게 되었다.

캐나다, 프랑스, 그리고 하와이 대학교간의 공식 합의는 1973년 10월 25일에 이루어졌다. 3천만 달러의 비용을 들여 3.6미터 망원경이 건축될 것이었다. 캐나다와 프랑스가 각각 반씩 부담했고 하와이 대학교는 땅과 중간 고도 시설들을 제공했다. 캐나다와 프랑스는 또한 각각 가동비용의 45%씩을 제공할 것이며, 하와이 대학교는 남은 10%를 부담할 것이다. 그 대신에 하와이 대학교는 망원경 시간의 15%를 소유하며, 나머지 시간은 캐나다와 프랑스가 똑같이 나누어 갖게 될 것이다.

기공식은 1974년에 이루어졌다. 그러나 희망에 가득 찬 출발과는 달리 천문대가 완성되는 과정에서 많은 문제점들이 발생했다. 첫번째 문제는 건축이 시작된 직후 나타났다. 프로젝트 관리자인 R. 와이구니가 할레포하쿠 중간 고도 시설에 있는 노동자들을 위해 트레일러 하나를 설치했는데 군 공무원들은 그가 허가를 받지 않았다며 곧 토지협회장을 통해 그를 협박하기 시작했다. 토지협회장은 "만일 더이상 문제를 일으킨다면 연방정부의 법무장관에게 가서 이 프로젝트 전체를 정지시킬 것이다."라고 말했다. 그리고 캐나다와 프랑스 당국과 접촉할 수 있는 시간 여유를 단 며칠밖에 주지 않았다. 만일 그 문제가 해결되지 않으면 하루 500달러의 벌금이 징수될 것이었다. "초기에는 어려움이 많았습니다." 이제 캐나다-프랑스-하와이(CFHT) 시설의 행정 책임자가 된 C. 버트후드는 이렇게 말한다. "처음에는 하와이에 어떤 사무실도 두지 않았습니다. 실수였지요. 이곳에는 대변인도 없었어요." 건축 관리 책임자인 와이구니가

캐나다-프랑스-하와이 망원경의 개관식 (캐나다-프랑스-하와이 공동 제공)

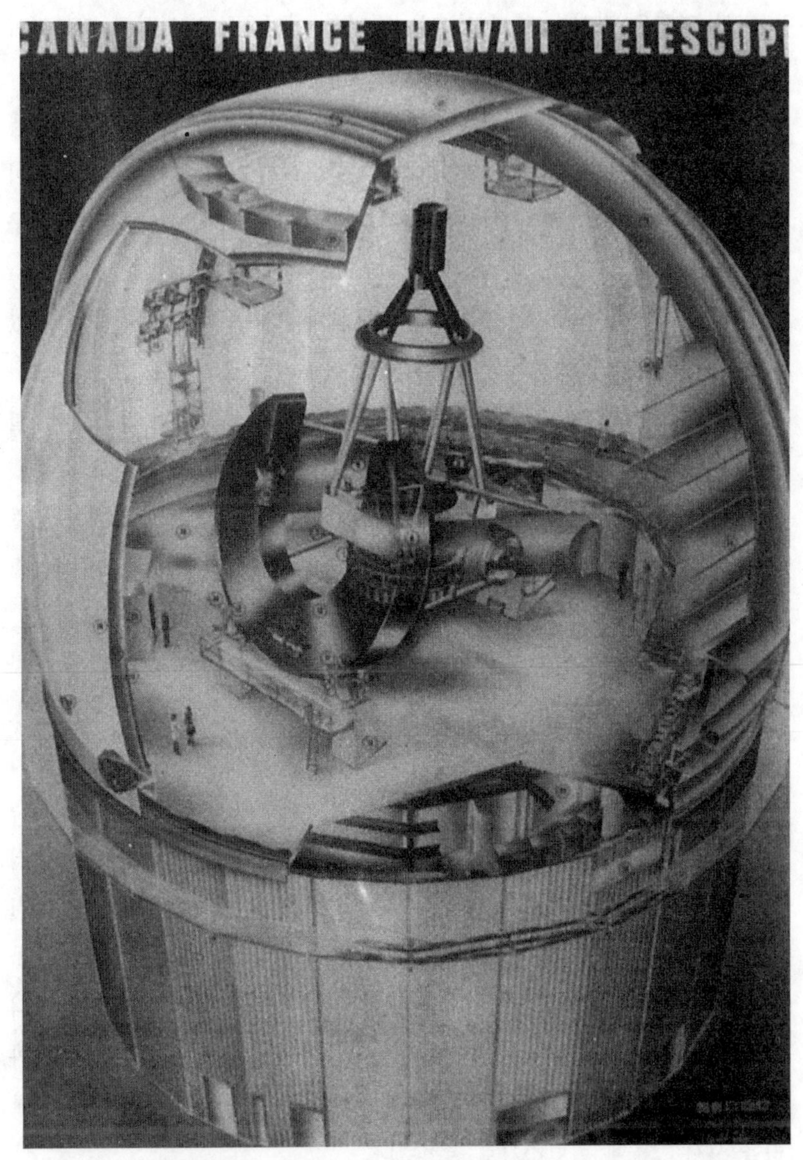

캐나다-프랑스-하와이 망원경을 볼 수 있도록 돔의 일부를 잘라낸 모습 (캐나다-프랑스-하와이 공동 제공)

대변인 역할을 하기는 했지만 그는 당면한 어려움들을 어떻게 다루어야 할지 제대로 알지 못했다.

트레일러 문제가 우여곡절 끝에 해결되자마자 또 다른 문제가 발생했다. 환경보호 주의자들과 사냥 애호가들, 그리고 많은 다른 단체들이 그 산의 개발을 반대하기 시작한 것이다. 전반적인 '마스터 플랜'이 요구되었다.

후에 캐나다와 프랑스가 본부 설립을 시작하는 데도 어려움이 많았다. 하와이 대학교의 천문학연구소는 그 본부가 호놀룰루에 있는 마노아 캠퍼스에 자리잡기를 원했으므로 한동안 작은 사무실 하나가 그곳에 설치되었다. 그러나 그들은 망원경에 가까운 하와이섬이 더 낫다고 결정했다. 그러나 어디로 한단 말인가? 대부분의 사람들은 말할 것도 없이 힐로가 적합하다고 여겼다. 그것은 그 섬에서 가장 큰 도시이며 섬 정부의 소재지였다. 따라서 1976년 힐로에도 작은 임시 사무실이 설치되었다.

그러나 이 즈음 그 섬 북쪽에 있는 작은 마을인 와이메아 소재 상공회의소의 한 단체가 캐나다-프랑스-하와이 망원경 직원들에게 접근했다. 마우나케아 정상까지의 거리는 힐로로부터의 거리와 거의 비슷했지만 이곳의 강수량은 훨씬 더 적었다. 와이메아는 미국에서 두번째로 큰 가축목장인 유명한 파커 랜치가 있는 곳이다. 파커 랜치는 캐나다-프랑스-하와이 망원경 측에 본부를 설립할 부지를 임대해 주겠다고 제안했다. 그런 일이 있자 이번에는 하와이섬 상공회의소가 선물을 가지고 그들에게 찾아와 힐로에다 영구적인 건물을 지을 것을 권유했다. 이렇듯 본부를 어디에 설립하느냐 하는 문제는 한동안 반반의 가능성을 가진 동전 던지기와 같았다. 그러나 두 곳의 제안을 신중히 검토한 프로젝트 팀은 와이메아에 땅을 사서 그곳에 설립하기로 결정했다.

망원경은 1979년에 완성되었고 개관식은 1979년 9월 29일에 행해졌다. "그 날은 흥분으로 가득한 하루였습니다." 버트후드는 말한다. "하와이 주지사며 캐나다와 프랑스에서 온 정부의 상급 각료들이 모두 이곳에 참석했죠." 개관식은 돔에서 이루어졌으며 상급 각료들이 모두 연설을 했다.

NASA 적외선 망원경

캐나다-프랑스-하와이 망원경은 제프리에게 굉장한 성공으로 여겨졌다. 마우나케아를 세계 최대이자 최고인 천문대로 만들기로 결심했던 그에게, 이 망원경은 그에 걸맞은 아주 좋은 출발이었다. 그러나 마우나케아에 관심을 가진 나라는 캐나다와 프랑스 뿐만이 아니었다. 1970년대 초 NASA는 행성 탐사 위성 프로그램을 지원하려면 대형 적외선 망원경이 필요하다는 데 의견을 같이했다. 칼텍의 제스 그린스타인을 위원장으로 하는 위원회는 3미터 적외선 망원경이 건립되어야 한다고 결정했다. 그러므로 적외선 관측이 가능한 고도에 망원경을 설치하는 것이 대단히 중요한 문제였다. 제임스 웨스트팔이 그 장소 물색 임무를 위임받았다. 그는 미국과 칠레, 그리고 멕시코에 있는 모든 산들을 조사했고 마우나케아가 가장 우수하다는 결정을 내렸다.

그 망원경이 마우나케아에 설립될지도 모른다는 소식이 전해지자마자 하와이 대학교와 아리조나 대학교 간에 분쟁이 일어났다. 아리조나 대학교는 매우 활발한 적외선 그룹을 갖고 있었으므로 가능하면 아리조나에 있는 마운트 레몬과 같이 그들에게 가까운 곳에 그 망원경이 설립되기를 바랬다. 그들은 하와이 대학교의 작은 적외선 그룹을 조롱하며 마우나케아는 너무나 멀리 떨어져 있어서 작업 조건이 이상적이지 못하다고 주장했다. 그들은 또한 그곳의 시상이 마운트 레몬보다 특별히 나을 것이 없다고 확신했다. 그 장소에 대한 그들의 편견의 일부는 1960년대 말 마우나케아 정상에 조사하러 왔던 두 명의 아리조나 천문학자들의 방문에서 비롯되었다. 그들은 높은 고도에 적응하기 위해서 할레 포하쿠에서 한 시간 이상을 체류해야 한다는 경고를 무시한 채 곧장 산의 정상으로 올라갔다. 결과적으로 그들은 고산병에 시달렸고 설상가상으로 그들이 관측하러 가 있는 동안 옮은 폭풍대가 산 정상을 지나가는 바람에 아주 형편없는 결과를 얻었던 것이다.

천문학연구소에 나쁘게 작용한 또 다른 한 가지는 2.2미터 망원경이었다. 그것은 1970년에 완성되었지만 처음 5년 동안은 망원경을 가동시키는 전기장치와 컴퓨터 시스템에 고장이 잦았다. 망원경에서 일하는 사람들은 이러한 문제점들을 그들만 알고 있으려고 했지만 결국 소문이 나고 말았다.

"내가 학위 논문을 위해 일하고 있을 때, 누군가가 2.2미터 망원경의 적위 고리에 대해서 불평한 적이 있습니다." 현재 힐로에 있는 하와이 대학교 우주과학과의 학과장인 빌 히콕스가 이렇게 말했다. "무언가가 이상해서 살펴보니 몇 개의 톱니가 망가져 있더군요. 우리는 그것을 꺼내 배에 실어 제조자에게로 돌려보냈죠. 그래서 그 망원경은 약 3주 동안 가동이 중지되었어요. 어느 누구도 그것에 대해 말하고 싶어하지 않았죠. 우리가 그것을 다시 끼워 넣을 때까지 모든 것이 입막음되었어요. 다른 사람이 이런 문제에 관해 알게 되기를 바라지 않았던 거죠."

히콕스는 NASA 망원경을 하와이에 설치하는 데 있어서 문제되었던 것 중의 하나를 이렇게 말한다. "사람들은 이곳의 시상이 얼마나 좋은지를 그다지 믿으려 하지 않았어요. 따라서 우리가 그들에게 얼마나 정확한 데이터를 주고 있는지를 납득시킬 수 없었던 거죠. 우리가 데이터를 조작

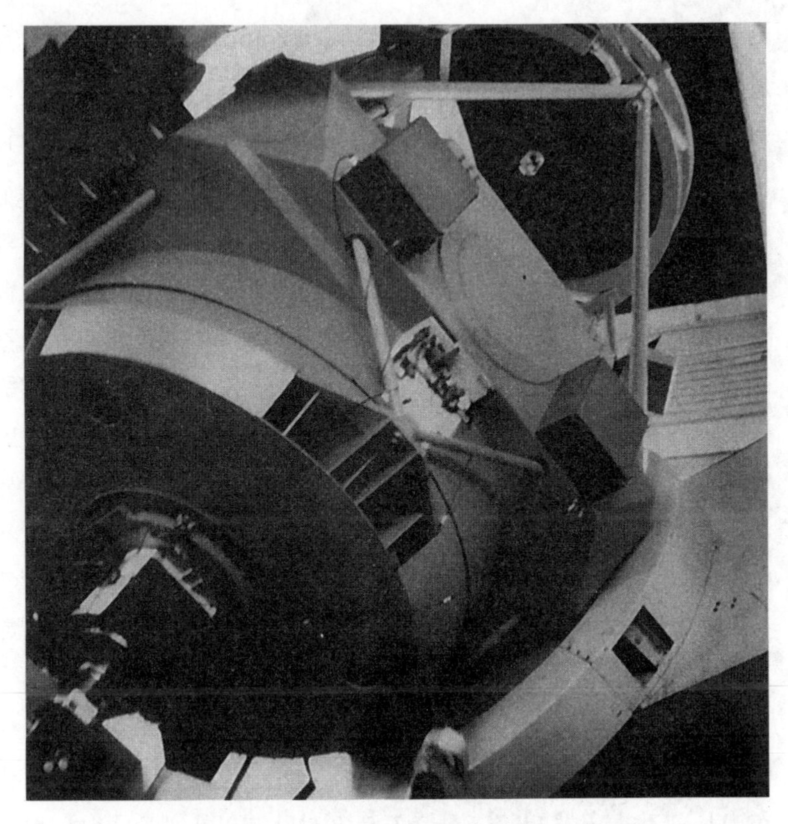

NASA 적외선 망원경 (하와이 대학교 천문학연구소 제공)

하고 있다는 많은 의심이 있었습니다." 히콕스는 그 당시 떠돌았던 소문 하나를 기억했다. 즉, 아리조나 대학교의 어떤 사람은 "만일 NASA 프로젝트가 마우나케아로 돌아간다면 망원경을 아예 짓지 못하게 해야 한다."고 말했다고 한다.

그런 반대에도 불구하고 NASA는 부지를 마우나케아로 결정했고, 1974년 2월에 계약서가 하와이 대학교에 수여되었다. 아리조나 대학교의 적외선 그룹은 몹시 기분이 상했지만 어쩔 도리가 없었다.

제프리는 즉시 일에 착수했다. 로스앤젤레스의 찰스 존스를 고용해 그 망원경을 디자인하도록 했다. 존스는 일찍이 2.2미터 망원경에서도 일한 적이 있었다. 그리고 제프리는 새로운 프로젝트 관리 책임자도 고용했다.

한편 NASA는 그 작업의 진전 점검과 조언을 위해 과학자문단을 구성했다. 많은 적외선 관측들이 주간에 이루어진다는 것을 깨달은 위원회는 그 망원경 가대가 특히 견고해야 한다고 명시했다. 주간에는 아주 밝은 별들만이 보이므로 그 별들의 위치를 기준으로 망원경을 움직여 위치가 알려지지 않은 적외선 발광 천체를 찾아낼 수 있다. 그러나 밝은 기준별들이 워낙 드물기 때문에 정작 관측하고자 하는 적외선 천체는 기준별에서 15도 이상 떨어져 있을 수도 있다. 그러므로 망원경을 한 위치에서 15도 이상 떨어진 다른 위치로 돌리더라도 정확도가 2초각 정도의 오차 내에서 유지되는 것이 바람직했다. 당시 세계의 다른 어떤 망원경도 이 정도의 정밀하고 견고한 가대를 갖추고 있지 못했다. 그러나 자문위원회는 이런 견고한 가대가 이 적외선 망원경에 필수라고 생각했다.

존스는 '회전 포크식' 받침대라면 이렇게 할 수 있을 것이라고 확신했다. 그러나 자문위원회는 회의적이었다. 그들은 '요크식' 받침대를 선호했다. 그것이 훨씬 더 견고한 것으로 알려져 있었기 때문이었다. 회전 포크식은 그 이름이 뜻하는 것처럼 돌아가는 포크처럼 생겨 있어서 망원경은 그 포크의 갈퀴 사이에 올려지게 되는 것이었다. 이는 간단한 디자인이었고 적경 방향으로 작동시킬 수 있으므로 지구 자전을 보상하기가 용이했다. 그저 회전 포크의 손잡이가 지구의 자전축을 가리키도록 북극성 방향으로 맞추고 그것을 이 방향 주위로 천천히 회전시키기만 하면 된다. 반면 요크식 받침대는 크고 견고한 집 모양의 구조로서, 그 한가운데에 망원경이 올려지게 된다. 5미터 팔로마 망원경과 캐나다-프랑스-하와이 망원경은 모두 이 요크식 디자인으로 제작되었다.

과학자문단은 요크식 디자인을 추천했지만 존스와 제프리는 그들의 충고를 무시하고 회전 포크식 디자인을 밀고 나갔다. 많은 사람들이 언짢아했다. 그들은 회전 포크식 디자인이 너무 유연해서 설계 명세서의 요구를 충족시키지 못할 것이라고 확신했다. 그러나 존스는 충분하다고 주장했다. 그런 말다툼은 1975년 말까지 계속되었고, 이때에 이르러 망원경을 다시 디자인하는 것은 상당한 지연을 초래할 것이었으므로 NASA는 존스의 디자인을 따르기로 결정했다.

그런데 그 뒤 비극이 발생했다. 3미터 거울이 연마와 윤내기 작업을 위해 아리조나에 있는 키트 피크 국립천문대에 보내졌는데 그 거울에 문제가 생긴 것이었다. 거울은 연마 작업에 들어가기에 앞서 한가운데에 구멍 하나를 깎아내야 했다. 그래야 부경에서 나온 빛이 주경을 통과해 그 밑에 있는 측정 장치로 진행될 수 있기 때문이다. 이런 유형의 광학 배열을 카세그레인식이라고 한다. 그런데 기술자들이 그 구멍을 갈아낸 뒤 노동절 주말을 보내기 위해 일터를 떠났다가 그 다음 화요일에 돌아와 보니 중앙의 구멍으로부터 거울 바깥쪽으로 금이 가 있었던 것이다. 그들은 너무나 당황했다. 비록 이런 일이 발생하는 것으로 알려져 있기는 했지만 매우 드문 경우였으므로 완전히 예상 밖이었다. 그 거울은 무용지물이 되고 말았다. 이는 프로젝트의 지연을 의미할 뿐 아니라 새로운 거울을 구매해야 한다는 것을 의미했다. 첫번째 거울은 NASA가 우주 망원경을 시험할 때 사용되었던 것이어서 무상으로 얻었지만 새로운 거울을 사는 데는 수십만 달러가 들 것이었다.

이제 아리조나 대학교와 자문단에 있는 사람들 몇몇은 그 프로젝트가 실패하리라는 것을 처음부터 알았다고 공공연히 말하고 있었다. 더욱이 제프리 그룹에 있는 많은 사람들이 용기를 잃었다. 프로젝트를 진행하는 데 너무나 많은 고생을 했기 때문이었다. 그들은 자신들의 2.2미터 망원경을 제대로 작동되게 하기 위해 애써야 했고 동시에 캐나다-프랑스-하와이 망원경에 대한 작업도 해야 했다. 그러나 제프리는 완고했다. 그는 이 일을 포기할 생각은 전혀 하지 않았다.

거울에 금이 갔으므로 일이 상당히 지연될 수밖에 없었다. NASA는 이 시간을 이용해 그 프로젝트를 전체적으로 재고하기로 결정했다. 그 망원경은 정말로 필요한가? 존스의 디자인은 적절한가? 자문위원회는 그 계획의 전면적인 개편을 위해 투표를 했고 NASA는 그들의 결정을 따랐다. 최종 결론은 존스 디자인을 빼고 요크식 디자인을 넣는 것이었다. 프로젝트 책임자는 파면되었고, 캘리포니아에 있는 제트 추진 연구소의 제랄드 스미스가 그 프로젝트를 새로 감독하기 위해 초빙되었다.

제프리는 몹시 화가 났지만 입술을 깨물며 아무말도 하지 않았다. 그 일에 전력을 쏟았던 만큼 그것을 잃고 싶지 않았으므로 그는 결국 NASA와 협력하기로 했다. 스미스는 1976년 1월에 도착했고 그가 그 일에 적임자였다는 것이 곧 판명되었다.

"내가 도착했을 때는 많은 의견의 차이가 있었습니다." 스미스는 이렇게 말한다. "또한 당시 프로젝트 관리 책임자에게도 많은 불만이 있었어요. 그는 건축 분야는 잘 알고 있었지만 망원경 만드는 것에 대해서는 거의 아무것도 몰랐죠." 스미스는 즉시 자문단으로 가서 그들과 그 프로젝트에 관해 토의했다. "그들은 내게 자신들이 요크식 디자인을 선호한다고 말했어요. 그리고 우리는 곧 요크식 받침대가 올바른 선택이라는 데 동의했어요." 그 뒤 그는 제트 추진 연구소와 키트 피크 사람들이 새로운 망원경을 디자인하도록 조정했다. 이번에는 컴퓨터를 이용해 망원경의 다양한 위치에서의 변형도도 결정했다. "우리는 요크식 디자인의 모형을 만들어 변형도가 아주 적다는 것을 알았습니다. 나는 계획서 초안 작성과 예산 편성, 일정 잡기, 그리고 망원경 제조 등에 많은 경험이 있었으므로 그 모형이 용이하다는 것을 자문위원회에 아주 신속히 확신시킬 수 있었고, 그들은 NASA에 그 일을 계속 진전시키라고 조언해 주었습니다."

지금은 IRTF라고 알려져 있는 그 망원경은 NASA의 설계 명세서에 맞추어 약 3년 반 만에 완공되었다. "그 후에는 모든 일이 순조롭게 진행되었습니다. 그 망원경은 현재 15년 동안 가동되어 왔는데 여전히 우수한 관측장비입니다." 스미스는 이렇게 말한다.

영국 적외선 망원경

하와이 대학교가 NASA의 적외선 망원경과 밀고 당기는 초기 진통을 겪고 있는 동안 영국의 천문학자들도 대형 적외선 망원경을 건립하는데 관심을 갖게 되었다. 최초로 그런 제안을 낸 것은 런던 임페리얼 칼리지의 짐 링과 스코틀랜드의 에딘버라에 있는 로얄 천문대의, 지금은 작고한 고돈 카펜터였다. 그들은 지름이 거의 4미터 되는 거울을 가진 망원경을 희망했지만 자금이 부족했다. 그리고 만일 그들이 너무 많은 금액을 요구한다면 정부로부터 결국 아무것도 얻지 못하게 될 것이라는 말을 들었다. 그러나 정말로 필요한 액수의 반만 요구한다면 가능할지도 모른다는 암시가 있었다. 그래서 그들은 더 적은 금액을 요구했고 그 돈을 얻어내는 데 성공했다. 그러나 이제 문제는 이 적은 자금으로 어떻게 4미터짜리 거울을 구입해 망원경을 만드느냐 하는 것이었다. 그들은 우선 원래 가져야만 할 두께의 반 정도 되는 거울을 고려했다. 이것은 많은 것을 절약할 것이지만 반면에 망원경이 천구의 다른 위치로 이동할 때 거울이 휘거나 비틀리지 않으려면 튼튼한 배면 지지대가 필요하다는 것을 의미했다.

지지대 부분의 디자인은 1973년에 시작되었다. 이론적인 계산에 따

영국 적외선 망원경

영국 적외선 망원경의 돔

르면 만일 제대로 받쳐지는 경우 이 얇은 거울로도 기존의 두꺼운 거울의 역할을 해낼 수 있었다. 따라서 작은 모형을 제작해서 카나리섬에서 시험하게 되었다. 시험이 성공적이었으므로 그들은 곧 얇은 거울 하나를 주문했다. 그 거울은 세 개의 동심원으로 배열되어 압축 공기로 제어되는 80개의 받침대 유닛에 의해 지지되었다. 한편 반지름 방향의 지지는 거울 가장자리에 고정되어 거울 안쪽 구석구석에 연결된 24개의 지렛대·팔에 의해 제공되었다. 이러한 설계는 이후 대단히 성공적인 시스템임이 입증되었다.

그들이 예산을 아끼기 위해 다음으로 고려한 것은 돔이었다. 이 망원경의 돔은 망원경이 가까스로 들어가 작동할 수 있을 정도의 크기로 줄여 설계되었다. 캐나다-프랑스-하와이 망원경(3.6미터)과 비교해 보면, 영국 적외선 망원경(United Kingdom infrared telescope ; UKIRT) 거울이 3.8미터로 그 지름은 크지만 훨씬 더 작은 돔 속에 들어가 있는 것을 볼 수 있다.

돔과 망원경은 영국에서 제작되었다. 1977년 말 모든 것이 완성되었지만 일단 분해되어 거울 및 다른 광학기기들과 함께 선적되어 하와이로 실려 갔다. 그리고 1978년 7월경 마우나케아 정상에서 모든 것이 다시 재조립됨으로써, 모든 준비가 완료되었다. 완성된 망원경의 정밀도와 그 밖의 성능들은 설계할 때 예상했던 것보다도 좋은 것으로 판명되어 모두를 기쁘게 했다. 그리고 예산의 심각한 초과 지출도 없었다. 크기에 비한다면 이것은 그 산 위에 있는 망원경들 중 비용이 가장 적게 든 망원경이었다. 망원경을 건립하는 데 들어간 전체 비용은 약 5백만 달러였다.

1979년 10월 10일, 영국 적외선 망원경은 글루체스터 공작에 의해 공식적으로 개관되었다. 하지만 일단 본격적인 사용이 시작되자 망원경의 낮은 단가가 그리 좋은 것만은 아니었음이 밝혀졌다. 부정적인 측면도 나타났던 것이다. "첫 2, 3년 동안은 대단히 불안정했습니다." 이 망원경에서 작업한 바 있는 소프트웨어 전문가인 케빈 크리시우나스는 이렇게 말한다. "그 당시 별 추적의 정밀도가 2시간에 30초각의 오차나 된다는 농담들을 하곤 했죠." 관측기기에 대한 문제점들도 있었다. 그러나 긍정적인 시각에서 보면 얇은 거울이 이점을 갖는 것으로 판명되었다. 천문학자들은 거울 후면에서 압축 공기 작용에 의한 지지를 이용해 거울을 휘게 하거나 비틀 수 있었는데 이것은 많은 최신 기술에 특히 유용한 것임이 밝혀졌다.

영국 적외선 망원경을 바닥에서 근접 촬영한 모습

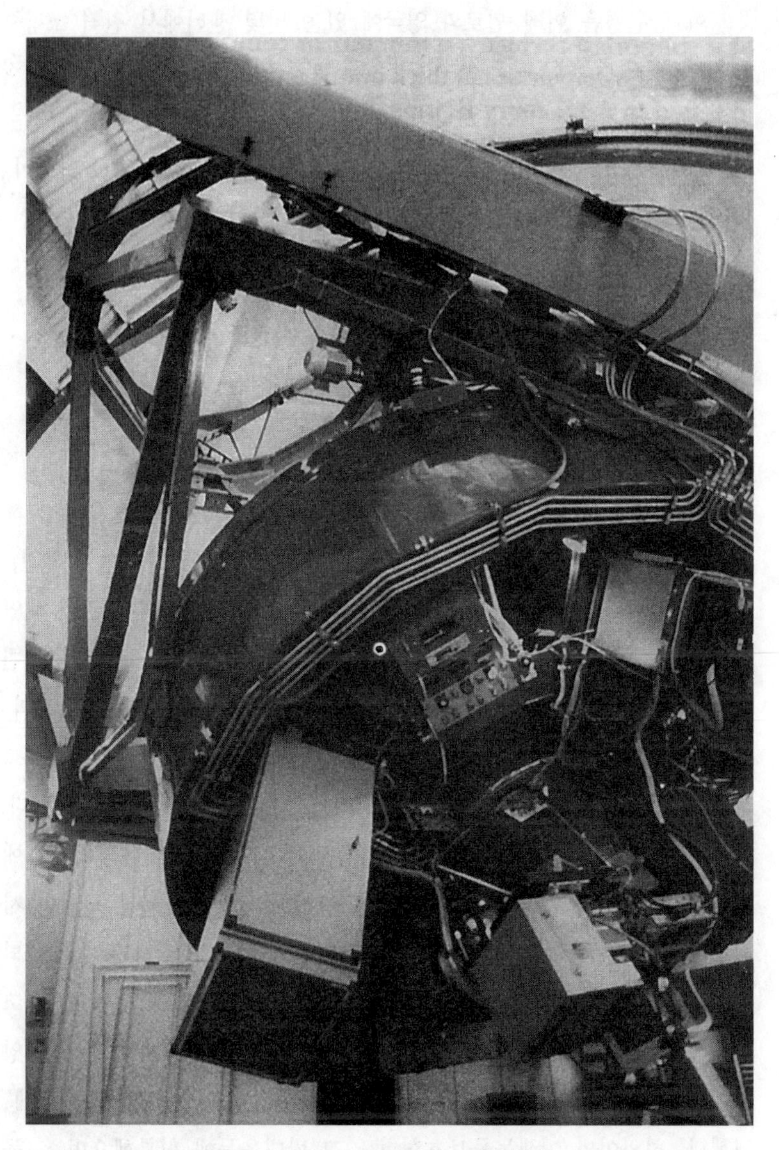

영국 적외선 망원경을 바닥에서 근접 촬영한 모습

이 망원경은 이제 힐로와 영국에 있는 몇몇 센터에서 원격 조정으로 작동될 수 있다. 에딘버라가 이 망원경의 총본부인데 돔의 건축이 시작된 직후 힐로에도 작은 기지 하나가 설치되었다. 한동안 와이메아에 있는 캐나다-프랑스-하와이 망원경 본부 옆으로 정할 계획이었지만, 협상이 결렬되어 힐로에 있는 임시 사무실을 확장하게 되었다. 현재의 영구적인 본부 건물은 1985년에 건축되었다.

새로운 문제점들

1979년은 존 제프리와 하와이 대학교 천문학연구소에 중요한 해였다. 왜냐하면 캐나다-프랑스-하와이 망원경과 NASA 적외선 망원경, 그리고 영국 적외선 망원경 이렇게 세 개의 주요 천문대들이 개관된 해였기 때문이다. 제프리의 꿈이 실현되고 있었다. 마우나케아는 세계적인 천문대로 급성장하고 있었다. 그러나 그 길은 결코 쉽지 않았다. 망원경과 돔을 건축하는 문제들은 차치하고라도 다른 문제들이 많았다. 그리고 그런 문제들은 천문대 단지가 확장되기 시작한 직후부터 나타나기 시작했다.

처음에 정상으로 올라가는 도로가 닦이자 그것을 이용해 스키 애호가들이 정상의 눈을 즐기기 시작했다. 그러나 망원경에서의 작업이 시작되면서 관측에 방해가 될 것을 우려해 일반인들의 도로 이용이 제한되었다. 그러자 스키 애호가들은 자신들의 권리를 빼앗겼다고 생각했다. 그리고 사냥 애호가들도 산으로 올라가는 차량이 그 천문대 아래에 있는 양과 염소와 멧돼지들의 평화를 방해한다는 이유를 들어 곧 그 반대 대열에 합세했다. 하와이의 야생동물보호협회도 그 반대운동에 합류했으며, 그들은 곧 주지사 대리 조오지 아리요시의 지원을 받았다. 야생동물보호협회의

매 멀은 더이상의 천문대 건축을 중단할 것을 요구했다. 그 산에 대한 '마스터 플랜'이 요구되었다. 이 마스터 플랜은 하와이 대학교가 준비하기로 되어 있었는데, 그것은 단지 과학적인 용도뿐 아니라 그 산에 관계된 모든 용도와 계획들을 조사하는 것이었다. 산림청과 수산청, 그리고 주립 공원청들이 모두 나름대로 할 말들을 갖고 있었다.

마침내 그 마스터 플랜의 첫번째 초안이 공개되었다. 그러나 멀은 만족해 하지 않았다. 그녀는 이 플랜이 하와이 원산의 식물들과 산 위에 사는 팔리아 새라고 불리는 전멸 위기에 처해 있는 희귀종의 새를 보호하기에는 그다지 충분하지 않다고 여겼다. 이 새들은 마우나케아의 경사면에 있는 마메인 나무숲에 살고 있었다. 팔리아 새는 마메인 나무의 씨앗을 먹고 사는 작고 아름다운 벌새이다. 최근의 조사에 따르면 이 경사면의 마메인 나무숲에는 약 600여 종의 새들이 둥지를 틀고 있는 것으로 나타났다. 이 새는 또한 세계의 다른 어떤 곳에도 존재하지 않는 것으로 알려져 있다. 멀과 그녀가 이끄는 단체는 천문대들이 그 마메인 숲과 팔리아 새에 악영향을 미친다고 확신했다. 그러나 곧 실제적인 피해는 사실상 천문대보다는 그 산에 있는 양과 염소들로부터 온다는 것이 밝혀졌다. 그 동물들이 어린 마메인 나무들을 먹고 있었던 것이다. 따라서 이 동물들을 제거하는 프로그램이 제안되었고, 그 결과 약 20,000에서 30,000마리의 염소와 양들이 헬리콥터를 이용한 총격으로 사살되었다. 그리고 이 사건은 당연히 사냥 애호가들을 격노하게 했다.

멀은 천문대 건축을 일시적으로 중단할 것을 요구했으며 그 기간을 '조정 기간'이라고 이름하여 그 동안은 천문대가 더이상 건축될 수 없다고 했다. "6개가 한계입니다." 그녀가 말했다. "산을 파괴하는 사람들을 쫓아내야 합니다. 천문학자들은 이미 그 산에 대해 할 만큼 했습니다." 이 당시 산 위에는 6개의 천문대가 있었는데 그 중 3개는 건립중이었다.

그러나 그 섬의 상공회의소를 포함한 많은 사람들은 더 개발하기를 원했다. 왜냐하면 천문대 산업이 그 섬에 돈을 벌게 함으로써 빈약한 경제를 살릴 수 있다고 믿었다. 제프리와 그의 동료들은 이런 단체들과 논쟁을 벌일 때 이 점을 강조했다. 제프리는 또한 천문학은 '청결한' 산업이므로 산에 어떤 심각한 피해도 주지 않을 것이라고 역설했다.

그런데 재미있게도 많은 반대들은 산 정상에 있는 천문대들의 겉모습에 관한 것이었다. 맑은 날에는 천문대들이 힐로에서 쉽게 보인다는 것이 그 이유였다. 어떤 사람들은 그것들을 '하얀 혹'이라고 말했고, 또 어떤 사람들은 고개를 들어 그것들을 보면 '좋지 않은 느낌'을 받는다고도 했다. 많은 스포츠인들은 천문대들이 멀리서 보이지 않도록 원추꼴 모양의 용기 속에 지어져야 한다고 말했다. 제프리는 이것이 실행 가능하지 않음을 지적했다. 또 그것들이 사일로 안에 넣어져서 낮에는 보이지 않도록 내려져 있어야 한다고 말하는 사람들도 있었다. 제프리는 이것은 대단히 비쌀 뿐 아니라 시상을 악화시키는 온도 효과 문제를 일으킬 수도 있다고 말했다. 그러나 여전히 사람들은 그렇다면 돔이 하늘과 잘 어우러지도록 청색으로 칠해져야 한다고 주장했다. 하지만 어두운 색깔들은 주간 동안 더 많은 열을 집적시키는 경향이 있었으므로 돔에는 백색이 항상 가장 좋은 색으로 여겨져 왔다. 제프리는 작은 돔 하나에 대해 밝은 청색으로 실험할 것을 제안하기도 했다.

이런 와중에서도 천문대의 개발을 지지하는 많은 사람들이 있었으므로 일단 마스터 플랜이 승인되자 반대 여론들이 한동안 잠잠해졌다. 그러나 1980년대 초에 중간 고도 지점인 할레 포하쿠의 시설 확장이 계획되자 새로운 반대들이 다시 나타나기 시작했다. 천문대가 성장해 가자 점차 관측을 행하는 동안 천문학자들이 머물게 될 중간 고도 시설이 훨씬 더 많이 필요하게 되었다. 천문대들이 너무나 높은 고도에 위치하고 있었으므로 관측자들은 관측이 진행되는 동안 낮은 고도로 돌아올 수가 없었다. 앞서 언급했던 것처럼 밤새도록 관측을 한 뒤에는 낮 동안 할레 포하쿠에서 수면을 취하며 보내는 것이 정상의 희박한 공기에 더 쉽게 적응하게 된다는 사실이 밝혀졌기 때문이다.

위에 언급한 단체들 중 몇몇은 할레 포하쿠에 새롭고 더 큰 시설을 건축하는 것을 적극적으로 반대하고 나섬으로써 과거의 분쟁이 다시 시작되었다. 그 논쟁 중의 하나는 확장 계획 지역에 있는 많은 마메인 나무숲으로 집중되었다. 그러나 이러한 반대들이 하나하나 극복됨으로써 필요한 숙박 시설들이 건축될 수 있었다. 이 중간 기지는 1983년에 개관되었는데 명칭은 1986년에 우주왕복선 챌린저 호의 사고로 사망한 하와이 우주비행사 엘리슨 오니주카의 이름을 따서 명명되었다.

제임스 클럭 막스웰 망원경

1960년대 말 영국의 천문학자들은 원적외선과 그에 근접한 전자기파 영역의 복사를 검출해 낼 수 있는 대형 망원경 하나를 건립할 가능성을 조사하기 시작했다. 이 파장 영역은 대단히 전문화되어 있고 또 검출 기기의 비용이 많이 든다는 이유 때문에 거의 연구된 적이 없는 영역이었다. 이 파장대의 복사는 주로 차가운 가스와 성간먼지에 의해 방출된다. 별은 가스 구름 속에서 태어나므로 이러한 영역을 관측할 수 있는 망원경들은 우리에게 별의 탄생에 관한 많은 정보를 줄 수 있다. 그리고 가스 성운과 은하들 역시 이 파장대에서 관측될 수 있다.

이 파장을 위해 디자인된 망원경들은 광학망원경보다는 전파망원경에 더 흡사한 형태를 갖는다. 전파망원경들은 일반적으로 유리 대신 그물형 전선이나 금속판으로 구성된 훨씬 더 큰 집광판을 가지고 있다. 따라서 영국인들도 이와 비슷한 강철판들로 이루어진 주경을 계획했다.

1975년에 15미터 망원경에 대한 공식적인 지원 신청서가 제출되었다. 총예산은 어림잡아 9백만 달러에 달하는 것으로 되어 있었다. 1977년 그 프로젝트에 우선권이 주어지자 부지 선정을 위한 위원회가 구성되었다. 마우나케아는 높은 고도 때문에 적외선과 전자기파 사이의 영역을 쉽게 받아들일 수 있었으므로 강력한 후보로 떠올랐다. 이 영역은 이제 서브밀리미터 영역이라고 불린다. 그러나 당시 마우나케아를 더 개발시키는 것에 대한 상당한 반대 여론이 있었으므로 위원회는 스페인의 라 팔마에 있는 장소 하나를 조사했다. 그리고 최종적으로 라 팔마가 최선의 부지로 선정되었다. 하지만 스페인 당국과 합의서에 서명하는 과정에서 문제가 생겨 프로젝트의 진행을 좌절시키고 말았다.

약 3년 동안 그 프로젝트는 정지 상태에 놓여 있었다. 그리고 1980년 초 프로젝트의 진행을 재고하기 위해 재검토 심사 위원이 구성되었다. 그들은 그 예산에서 2백만 달러를 삭감하기로 결정했다. 이것은 영국의 천문학자들에게는 심각한 충격을 주었다. 그러나 약 1년 뒤 네덜란드가 그 프로젝트에 합류하게 됨으로써 재정적 어려움을 극복할 길이 마련되었다. 네덜란드 측은 필요한 자금의 20%를 공급하는 대가로 그에 비례하는 망원경 시간을 소유하게 되었으며 다행스럽게도 프로젝트는 다시 진행될 수 있었다.

부지 선정을 위한 새로운 위원회가 다시 구성되었다. 이즈음 하와이에서의 반대는 어느 정도 잠잠해지고 있었으므로 그 망원경을 영국 적외선 망원경 옆에 배치시키기 위한 협상이 시작되었다. 그리고 1982년에 마침내 하와이 대학교와의 합의서에 서명이 이루어졌다.

돔을 건립하는 작업은 1983년 봄에 시작되었고 9월경이 되자 기초

제임스 클럭 막스웰 망원경

가 완공되었다. 돔은 영국에서 제작된 뒤 1984년 초 네덜란드 선박 오딘 에이스로 하와이에 보내졌다. 그 배는 원래 2월 14일에 영국을 출발해 약 한달 후 하와이에 도착하기로 되어 있었다. 그런데 어찌된 일인지 오딘 에이스 호는 예정대로 하와이로 직접 가지 않고, 로테르담에 들려 다이너마이트 20톤을 더 선적하게 되었다.

힐로에서는 돔의 도착만을 고대하고 있었고 지연은 계속되었다. 게다가 해당 네덜란드 선박회사는 자신들이 운송 대금을 미리 받지 못했으므로 대금을 받을 때까지 운반하지 않겠다고 주장했다. 설상가상으로 힐로 당국은 그 선박이 다이너마이트를 싣고 있다는 것을 알아내고는 다이너

제임스 클럭 막스웰 망원경의 주경

마이트를 실은 채로 부두에 들어오는 것을 허용하지 않으려 했다. 결국 그 다이너마이트는 코스타리카로 옮겨지게 되었다. 그러나 아직 청구서 미납의 문제가 남아 있었으므로 그 배가 힐로 항에 도착된 후에도 청구된 금액이 지불될 때까지 하역을 하지 않으려고 했다. 더욱이 그들은 힐로 항에 있는 동안 하루에 3000달러의 추가 요금이 부과될 것이라고 말했다. 이렇게 우여곡절은 많았지만 다행히 그 문제는 잘 해결되었고 마침내 5월 12일에 돔의 하역 작업이 이루어졌다.

돔은 1984년 여름 동안 산 위에서 조립되었다. 그리고 망원경이 1985년 여름에 하와이에 도착해 1986년 초에 설치됨으로써 모든 준비가 완료되었다. 첫번째 시험 관측은 그해 12월에 이루어졌다. 1987년 초 막스웰 망원경 측은 캐나다 천문학자들에게 접근해 동등한 관측 시간을 할당받는다는 조건으로 그 망원경의 25%에 해당하는 공유권을 살 것을 제안하고 나섰다. 그리고 캐나다인들의 호응으로 그 프로젝트에서 삭제되었던 많은 부분들을 첨가하기 위한 자금이 새로이 조성되었다. 캐나다와 영국의 합의서는 1987년 4월 26일에 서명되었다. 그리고 그 다음날 그 망원경이 에딘버라 공작인 필립 왕자에 의해 공식적으로 헌정되었다. 이 서브밀리미터 망원경은 1831년 에딘버라에서 출생한 초기 물리학자 제임스 클럭 막스웰의 이름을 따서 명명되었다. 막스웰은 물리학에 많은 공헌을 했는데 그 중 전자기 법칙을 공식화한 것으로 가장 잘 알려져 있다.

막스웰 망원경 본부는 영국 적외선 망원경 본부와 함께 힐로에 자리잡고 있다. 그 본부는 이제 연합 천문학 센터로 불린다.

칼텍 서브밀리미터 망원경

막스웰 망원경이 마우나케아에서 가장 큰 서브밀리미터 망원경이기는 하지만 그것이 유일한 것은 아니다. 그 망원경이 개관되기 거의 1년 전 이것보다는 다소 작은 10미터 망원경이 칼텍에 의해 이미 완성되었다. 그 망원경의 돔은 마치 21세기로부터 온 것 같은 번쩍이는 모습으로 서브밀리미터 능선이라 불리는 곳에 막스웰 망원경과 함께 놓여 있다.

지금은 칼텍 서브밀리미터 망원경이라고 알려진 이 천문대는 칼텍의 물리학자 로버트 라이톤의 작품이었다. 천문학에 대한 라이톤의 관심은 그가 초기 적외선 망원경 중의 하나를 건축했을 때인 1960년에 시작되었다. 그리고 1970년 말 그는 서브밀리미터 영역으로 관심을 돌렸다. 그는 이들 파장들을 검출해 내기 위해서는 대단히 정밀한 표면을 가진 주경이 있어야 한다는 것을 깨달았다. 그리고 곧 그것은 그에게 포기할 수 없는 도전이 되었다.

그는 국립과학재단과 크레스지 재단에서 받은 보조금으로 일을 착수했다. 라이톤은 우선 속이 빈 가벼운 강철관으로 뒷받침 구조를 만들어 그것에 벌집모양의 육각형 알루미늄 판넬 84개를 붙였다. 이 판넬들 각각은 서로 분리되어 있었다. 그 뒤 그는 접시형 안테나 축을 수직 위치로 옮기고 쌍곡면을 갖도록 다듬었다. 쌍곡면으로부터 반사된 파장들은 모두 같은 지점으로 모아지게 된다.

그는 그 뒤 이 표면에 얇은 알루미늄 판을 입히고 윤이 나도록 연마했다. 그리고 마지막으로 미세한 조정을 위해 각 판넬 뒤에 세 개의 조정나사를 두었다. “초기 제작 단계 때 보브와 나는 이 나사들을 조정하는 구조 때문에 상당히 많은 시간을 씨름했습니다.” 1987년부터 1992년까지 망원경 관리 책임자였던 월터 스타이거의 말이다. “84개의 판넬 각각

칼텍 서브밀리미터 망원경의 접시형 안테나. 뒷면에서 본 모습.

칼텍 서브밀리미터 망원경의 돔

마다 세 개의 나사가 있었으므로 조정해야 할 것이 많았죠."

액체 헬륨 온도를 유지해야만 하는 검출기, 즉 수신기는 톰 필립스에 의해 디자인되었다. 필립스는 벨 연구소에서 밀리미터와 서브밀리미터 검출기를 전공하며 10년 동안 일해 오다가 라이톤이 이 망원경에 대한 작업을 시작한 직후인 1980년에 칼텍으로 왔다. 그가 바로 현재 칼텍 서브밀리미터 망원경의 대장이다.

돔을 포함해서 모든 것이 마우나케아로 운반되기 전에 파사디나에서 조립되고 시험되었다. 그것들은 하나하나 철저히 시험한 뒤 다시 분해하여 하와이로 선적했다. 그리고 각 부분이 다시 산 정상으로 운반되어 재

조립되었다. "산 정상의 날씨는 파사디나보다 훨씬 더 춥고 바람도 거셌어요. 그래서 처음에는 모든 것이 완벽하게 작동하도록 하는 데 많은 문제점들이 있었죠." 스타이거는 이렇게 말했다. "주요 골칫거리 중의 하나는 거대한 셔터였습니다. 셔터에 금이 가서 신음소리 같은 소리가 많이 났는데, 때때로 그것이 부서져 날아가 버리는 것이 아닐까 하며 숨을 죽여야 했습니다." 그는 혼자서 씩 웃는다. "하지만 이 망원경은 아직도 잘 가동되고 있습니다." 그리고는 미소를 지으며 이렇게 덧붙였다. "라이톤과 필립스는 일을 훌륭히 해냈어요. 이 망원경은 정말 놀라운 기계입니다."

그러나 이상하게도 라이톤은 여러 차례 하와이에 와서 그 망원경이 제대로 작동하도록 부지런히 일했으면서도, 자신은 연구에 그 망원경을 전혀 이용하지 않았다. 그는 그저 그 망원경 건축에 만족했던 것이다.

월터 스카알과 데이비드 베일 또한 망원경 건축에 관여한 사람들이었다. 스카알은 돔과 안테나를 회전시키는 수압 시스템을 디자인했고 베일은 대부분의 부품을 직접 제작했다. 흥미로운 것은 그 망원경이 들어가 있는 건물이 망원경과 완전히 분리되어 있음에도 불구하고 망원경과 함께 회전하도록 되어 있다는 것이다.

칼텍 서브밀리미터 천문대는 1986년 11월 22일에 개관되었다. 본부는 힐로에 있는 개방대학 구내에 자리잡았지만, 후에 대학의 확장 계획에 걸리자 힐로몰 부근에 있는 새로운 장소로 이전되었다.

하와이 대학교가 2.2미터 반사망원경을 건립하고 있는 동안 같이 세워진 두 개의 61센티미터 망원경을 포함해서 마우나케아 정상에는 이제 8개의 망원경이 있게 되었다. 그러나 하와이 대학교의 진정한 대성공은 그 다음에 있게 된다.

제 4 장

세계 최대 광학망원경—켁

캘리포니아 대학교는 한때 자타가 공인하는 천문학 연구의 선두 주자였다. 그러나 마운트 윌슨의 1.5미터 반사망원경, 그리고 몇 년 뒤 2.5미터 반사망원경이 완성되자 이들 새로운 망원경을 소유하게 된 칼텍의 뒤로 밀려나게 되었다. 그리고 1948년에는 팔로마에 5미터 반사망원경이 개관되자 캘리포니아 대학교는 완전히 그늘에 가려져 버리는 듯했다.

그러나 1959년 마운트 해밀톤에 있는 리크 천문대에 3미터 반사망원경이 완성되면서 캘리포니아 대학교는 초기의 명성을 어느 정도 되찾게 되었다. 그리고 이 망원경은 이후 상당 기간 동안 세계에서 두번째로 큰 망원경의 자리를 지키게 되었다. 그 뒤 1970년대에 팔로마 망원경의 크기를 능가하는 러시아의 6미터 망원경(이 러시아 망원경은 품질이 그다지 좋지 않아서 많은 문제점들이 있다고 알려져 있다)을 포함해서 많은 망원경들이 건립되었다. 그리고 1970년대 말에 이르자 리크 천문대의 3미터 반사망원경은 크기로 비교하면 세계 10위의 위치로 전락하게 된다. 더욱이 깜깜했던 마운트 해밀톤의 밤하늘도 부근 도시들로부터의 광해로 곤란을 겪게 되었다. 리크 천문대는 더 나은 측정 기계를 고안함으로써 천문학의 최전선에 남아 있으려고 안간힘을 썼지만, 곧 어떤 조치가 취해지지 않으면 안되는 상황이 되었다. 이 문제를 논의하기 위해 1977

년에 교수 회의가 소집되었다.

당시 수년에 걸쳐 캘리포니아 해안에 있는 산에 3미터 망원경을 놓는다는 계획들이 제안되고 논의되었지만 어떤 것도 실현된 적이 없었다. 그 교수 회의에서는 이 계획을 부활시키는 가능성이 논의되었다. 리크 천문대의 샌드라 페이버가 그 자리에 있었다. "그때 조 왐플러가 했던 말이 우리들 모두를 깜짝 놀라게 했어요. 그만그만한 망원경을 지으려고 애쓰는 일이 바보짓일 수도 있다는 말이었죠." 그녀는 이렇게 말했다. "그는 주경 지름이 약 10미터쯤 되는 망원경 건축을 위한 더 많은 돈을 얻는 것이 어쩌면 오히려 더 쉬운 일인지도 모른다고 생각했어요. 나는 처음부터 그 제의에 큰 매력을 느꼈죠."

그 회의 이후 이러한 제의를 고찰하기 위해 캘리포니아 대학교 산하의 산타크루즈와 버클리 캠퍼스 천문학과들이 회합을 가졌다. 페이버는 자신이 그 회의에 10미터쯤 되는 망원경으로 얼마나 대단한 일들이 성취될 수 있는지를 보여주는 수치 계산들을 가져갔다고 회고했다. 그리고 그 회의에서 이 제안을 더 진지하게 논의하기 위해 위원회가 구성되었다.

초기 이야기

캘리포니아 대학교의 위원이 되어 줄 것을 요청받았던 사람들 중 로렌스 버클리 연구소의 제리 넬슨이 있었다. 위원회는 다양한 대안들을 논의했고 이러한 초대형 망원경이 그들의 최대 관심사라는 데 의견을 같이 했다. 넬슨은 부딪히게 될지도 모르는 문제점들을 조사해 줄 것을 요청받았다. 망원경을 10미터 정도의 크기로 만드는 것이 과연 가능할까? 그리고 만일 그렇다면 일을 어떻게 진행시켜 나가야 할 것인가?

제리 넬슨(Jerry Nelson)

1944년 캘리포니아의 글렌데일에서 태어난 넬슨은 캘리포니아 남부에 있는 학교를 다녔다. 그는 천문학에 대해 일찍부터 관심을 가졌지만, 수학을 잘했으므로 고등학교 때 수학자가 되기로 결심했다.

고등학교를 졸업하자마자 그는 수학자가 될 의도로 칼텍으로 갔지만 그 첫해에 노벨상 수상자인 리차드 파인만의 물리학 과목 하나를 수강하는 행운을 가졌다. 파인만은 그 과정을 단 한번 가르쳤을 뿐이지만 그 강의 내용을 기초로 그 유명한 『파인만 강의록 *Feynman Lectures*』—모든 물리학자들에게 잘 알려져 있는 세 권으로 된 커다란 붉은색 책이다—을 펴내게 된다. "정말 훌륭한 수업이었어요. 나는 그 수업의 일분 일초를 사랑했죠." 넬슨은 이렇게 말했다. 그는 그 수업을 너무나 좋아했고, 그것을 계기로 물리학으로 전과하기로 결심하게 되었다.

물리학을 전공하기는 했지만 천문학은 여전히 그의 가슴속에 자리하고 있었다. 그리고 천문학 프로젝트에 관한 연구의 기회가 오자 그 기회를 잡았다. 로버트 라이톤과 게리 누즈바우어는 첫번째 적외선 망원경을 건축한 사람들이었고, 이후 2년여에 걸쳐 넬슨은 그 프로젝트로 그들과 함께 일하게 되었다. 이것이 망원경 제조의 첫 경험이었고, 그는 이 경험을 철저히 즐겼다고 말했다. 그는 부속품들을 직접 제작했으며, 거울에 대해서도 연구했고, 또 망원경 돔을 마운트 윌슨 위에 건립하는 일도 도왔다. 그리고 이 망원경이 완성되자 두 차례의 여름을 관측으로 보냈다. 그러나 이상스럽게도 그는 천문학을 하나의 경력으로서 진지하게 생각하지 않았다. "게리 누즈바우어는 내게 천문학에 발을 들여놓지 말라고 조언해 주었어요. 그는 입자물리가 더 전망이 좋다고 말했죠."

넬슨은 1965년에 칼텍을 졸업하고 입자물리학으로 박사 과정을 계속하기 위해 캘리포니아 버클리 대학교로 갔다. "나는 입자물리학에서 많은 것을 배웠어요. 그리고 그 분야를 공부한 것에 대해 어떤 후회도 하지 않습니다. 그것은 현재 내가 하고 있는 일에는 천문학보다도 더 좋은 훈련이 되었어요. 입자물리학에는 엔지니어링이 많이 포함되어 있거든요. 많은 장비들을 만들어야만 했으므로 나는 전기학을 배웠고 또 그 계통의 결함들을 어떻게 찾아 고치는지를 배웠죠. 이것들은 그 이후 계속 내게 유용한 지식이 되었어요."

넬슨은 1972년에 박사학위를 마치고 로렌스 버클리 연구소로 갔다. 1977년 망원경 위원회에서 일해 줄 것을 요청받았을 때 그는 천체물리학 분야를 연구하고 있었다.

대형 망원경에 대한 가능성을 조사해 줄 것을 요청받은 뒤 그가 첫번째로 한 일은 망원경 제조에 대해 배울 수 있는 모든 것을 배우는 것이었다. 1.57미터 적외선 망원경에 대한 약간의 경험이 있기는 했지만 그는 스스로를 아직 신참으로 여기고 있었다. 그는 곧 망원경 제조 기술에 빠져들었다. 대형 망원경 제작에는 두 가지 길이 있었다. 거울을 단 하나로 하거나 아니면 조각으로 분할하여 많은 작은 거울들이 마치 하나의 거울처럼 작동하도록 만드는 것이었다. 넬슨은 두 디자인의 이해 득실을 조사했다. 분할된 거울 개념이 많은 이득이 있는 것처럼 보였다. 작은 거울들은 쉽게 만들 수 있는 데다 거울들을 닦거나 알루미늄을 입히는 장비도 한 개의 대형 거울에 필요한 것과 비교해 볼 때 상대적으로 비용이 적게 들었다. 또한 작은 조각들로 하면 거울의 중량을 감축시킬 수도 있었다. 더욱이 단 하나로 만들어진 거울이 손상되었을 때는 사태가 심각한 반면 조각들이 손상되거나 부서지게 되면 그 대체가 비교적 용이할 것이었다.

초대형의 두꺼운 거울을 주조하거나 달구어 서서히 식히는 것은 불가능한 일이었다. 5미터 망원경을 위한 블랭크 거울을 식히는 데만도 거의 1년이 걸렸다. 단 하나로 만들어진 거울은 얇아야만 할 것이며 아무리 얇다고 해도 자체중량 때문에 변형이 일어날 것이므로 무엇인가로 튼튼히 받쳐 주어야만 할 것이다. 그러나 무엇보다도 최악의 문제점은 대형 거울을 망원경이 설치될 장소로 수송하는 문제였다.

넬슨은 곧 분할 거울이 유일한 길임을 확신하게 되었다. 그는 또한 대형 분할 거울의 제작에 대한 상세한 사항들을 조사하는 데 또다른 전문가의 도움이 필요하다는 것을 인식했다. 그러므로 그는 로렌스 버클리 연구소에 있는 또 한 명의 물리학자 테리 마스트를 고용하게 된다. "나는 테리 마스트에게 거의 매일 그 망원경의 문제점들에 대해 얘기하고 있었어요." 넬슨은 말한다. "그가 너무나 흥미 있어 했으므로 마침내 그에게 이 프로젝트에 합류할 것을 요청했죠."

테리 마스트 (Terry Mast)

마스트도 넬슨처럼 학부를 칼텍에서 다녔다. 그가 넬슨보다 1년 선배이기는 했지만 서로 잘 알고 있었다. 그들이 같은 기숙사에 더욱이 같은 복도를 사이에 두고 살았기 때문이었다.

"우리는 1년 차이였지만 칼텍에서는 공부만 하느라 서로 그렇게 많이 접촉하지는 못했어요." 마스트는 이렇게 말한다. 그러나 졸업한 뒤 두 사람 모두 캘리포니아의 버클리 대학교로 가서 박사 과정을 밟게 되었다. 더욱이 그들 모두 입자물리학과에 들어갔으므로 비록 같은 그룹은 아니었지만 아주 친하게 된 것이다.

박사학위 취득 후 그들은 모두 로렌스 버클리 연구소에 머물게 되었다. 그들은 입자물리학 분야에서 계속 일하고 있었지만 넬슨은 자신의 공부에 대해 다른 생각을 하기 시작했다. "입자물리학 그룹은 계속해서 커지고 있었어요. 나는 마침내 스스로에게 물어 보게 되었죠. '진정으로 이것을 원하는가?'라고 말입니다. 모든 상황들이 너무나 복잡하게 뒤얽혀 있는데다 논문마다 너무나 많은 공동 저자들이 있었어요." 그는 다른 기회를 살펴보기 시작했고 곧 천문학에 대한 초기의 관심이 다시 일어나기 시작했다. 그는 자신이 고밀도의 작은 성상 물체인 펄서나 중성자별, 그리고 블랙홀에 흥미를 느끼고 있다는 것을 알고 점차 천문학 쪽으로 빠져들어 갔다. 그가 관련된 첫번째 프로젝트 중의 하나는 헤르쿨레스 X-1 이라고 불리는 1.7일의 주기를 가진 X선 쌍성계였다. 그 천체에서 X선과 광학적 맥동 변화가 나타난다는 것은 이미 알려져 있었다. 넬슨과 그의 그룹은 그 계의 광학적 변화를 조사했고 그 변화의 주기가 일정하지 않다는 것을 발견했다. 그들은 또한 그 광학적 변화 주기가 X선 변화 주기와 다르다는 것도 알아냈다. 상당한 연구를 한 뒤 넬슨과 그의 그룹은 그 자료를 분석하여 무슨 일이 벌어지고 있는지에 대한 모형을 만들었고, 이 모형을 이용해 그 X선원의 질량이 어림잡아 태양 질량의 1.3배라는 것을 밝힐 수 있었다. 그것은 천문학적으로 아주 중대한 결과였으며 넬슨이 몹시 자랑스럽게 여기는 것이기도 했다.

이즈음 마스트 역시 천체물리학 쪽으로 관심을 돌리기 시작했다. 그는 펄서와 관련된 프로젝트에서 파트타임으로 일하기 시작했고, 그 뒤 우주선(cosmic ray)에 관한 프로젝트에 몰두하게 되었다.

망원경 디자인에 관한 연구를 시작하고도 천체물리학에서의 연구를 계속했던 넬슨은 곧 자신에게 천체물리학을 연구할 시간이 거의 없음을 알게 되었다. 마스트도 같은 생각을 하였다. "우리 모두 그룹을 바꾸었어요." 마스트는 이렇게 말한다. 그는 계속해서 이것이 어떻게 가능했는지를 설명했다. "로렌스 버클리 연구소의 정말 좋은 부분 중의 하나는 그곳에서 굉장히 다양한 연구들이 이루어지고 있다는 사실이었어요. 만일 당신이 어떤 다른 그룹이 하고 있는 일에 관심을 갖게 되면, 그저 복도로 걸어나가 그들의 모임에 참석하기만 하면 되요. 이런 거침없는 행동들은 많이 있었고 따라서 사람들이 그룹을 바꾸는 일이 빈번했지요." 그는 잠시 말을 멈추었다. "제리 넬슨이 자신의 전공을 그렇게 바꿀 수 있었던 것도 그런 환경이 있었기 때문이라고 생각해요. 만일 그가 완전히 학구적이기만 한 연구소에 있었다면 강의와 위원회, 그리고 학술적인 일에만 너무 매어 있어 그런 변화를 찾을 수 없었을 거예요. 그리고 만일 그가 상업적인 산업체 연구소에 있었다면 자신에게 할당된 프로젝트에만 몰두했을 겁니다."

조오지 가버가 곧 넬슨과 마스트에게 합류했다. 가버는 이 그룹에 하드웨어와 전기학에 관한 아주 해박한 지식을 공급해 주었다. 세 명은 오랜 시간을 함께 일했으며 초기에는 대부분의 주말에도 일에 몰두했다. 이렇게 열심히 일한 데는 어느 정도 경쟁심에 의해 자극받은 이유도 있었다. 당시 망원경 위원회는 분할거울과 단일거울 두 가지 방식 모두에 대해서 그 타당성을 조사하기로 결정했다. 넬슨 그룹은 10미터 분할거울에 대한 신청서를 제출했고 산타크루즈 그룹은 단일 거울에 대한 신청서를 제출하기로 되어 있었다.

"우리는 젊고 자신감이 넘쳤죠." 마스트가 그 시기를 회상하며 말했다. "우리는 우리의 신청서가 더 낫다고 확신했어요." 그러나 조 왐플러와 데이브 랭크가 포함된 산타크루즈에서 온 그룹은 상당한 경험을 갖고 있었고 꽤 복잡한 장비들을 만들어 본 적도 있었으므로, 그들이 반드시 승리하리라는 어떤 보장도 없었다. "하지만 우리는 운이 좋았어요." 마스트는 고개를 저으면서 미소를 지어 보였다. "나는 그들이 우리가 가진 환경과 시설들을 갖지 못했다고 생각해요. 우리는 엔지니어와 기술자, 그리고 기계 제작자들에게 마음껏 접근할 수 있었거든요. 그들에게 자문을 구할 수도 있었고 심지어는 필요한 기계들을 그들에게 제작해 달라고 부탁할 수도 있었어요. 그들 중 많은 사람들이 이 프로젝트에 대해 대단히 매료되어 있기도 했죠."

나는 넬슨에게 어떻게 해서 그가 그 분할 개념의 거울을 생각하게 되었는지 물었다. 그러자 그가 웃으며 이렇게 대답했다. "그것은 전혀 새로운 아이디어가 아니예요. 진정으로 새로운 아이디어란 없어요. 나는 종종 사람들에게 욕실 타일을 발명한 사람이 분할거울을 발명한 사람이라고 말하곤 합니다." 사실 전파천문학자들은 수년 동안 그 개념을 사용해 오고 있었다. 그들의 전파 집광기 자체가 바로 많은 작은 접시형 안테나들로 이루어져 있는 것이다. 전파천문학에서는 전파가 가시광선의 파장보다 훨씬 더 길기 때문에 이렇게 하는 것이 비교적 쉽다. 몇 개의 다른 디시에서 온 전파들은 쉽게 함께 모아져서 중첩시킬 수 있다. 그러나 수백만 배나 더 짧은 파장의 가시광에 대해서는 그것이 쉽지 않다.

넬슨과 그의 그룹은 곧 가장 큰 어려움의 하나는 그 거울조각들이 하나의 거울처럼 움직이게 하기 위해서 그것들을 어떻게 배열하느냐 하는 문제라는 것을 깨달았다.

반사경의 인장 연마법

초기에 결정된 사항 중 하나는 독일 마인즈의 스코트 유리 공장에서 만들어진 세라믹 상품인 제로더 거울을 만드는 것이었다. 제로더는 음성 팽창 지수와 양성 팽창 지수를 가진 물질의 합성물로서 온도 변화에 따라 거의 팽창을 하지 않는 성질을 갖고 있다.

넬슨과 그의 그룹이 직면해야 할 첫번째 문제의 하나는 거울 표면의 모양이었다. 만일 거울 표면이 구형이었다면 문제는 쉽게 극복되었을 것이다. 구형 표면이 조각들로 분할되면 그 모양들은 모두 닮게 된다. 예를 들어 만일 공처럼 둥그런 샐러드 그릇을 분할한다면, 각각의 조각은 다른 조각들과 동일한 구형 표면을 갖게 된다는 말이다. 따라서 그저 적당한 수의 동일한 조각들을 닦아서 모두 합치기만 하면 된다.

그러나 오목한 구형 표면을 가진 거울은 빛을 한 점으로 모으지 못한다. 차의 헤드라이트에 있는 백열전구 뒤의 표면 같은 포물선만이 이렇게 빛을 한 점으로 모을 수 있다. 그런데 포물선 표면을 작은 조각으로 자른 뒤 그것을 주의 깊게 들여다보면 각 조각들의 모양이 다르다는 것을 알게 된다. 더욱이 각 조각들은 비대칭이다. 속이 빈 구형 곡선을 유리 조각으로 갈아내어 연마하는 것은 비교적 쉽지만 포물선 부분을 그렇게 갈아내는 것은 대단히 어려운 일이다.

넬슨은 그런 어려움을 보고 다른 접근 방법을 시도하기로 했다. 여러 해 전 망원경 제작자인 버나드 슈미트는 비구형 표면을 깎아내는 기술 하나를 고안해 냈다. 그 당시의 모든 망원경들은 렌즈를 사용하는 굴절망원경이 아니면 대형 거울을 사용하는 반사망원경이었다. 굴절망원경의 주경은 별에서 빛을 받아들여 통과시키는 대형 렌즈로서, 여기서 나온 빛은 더 작은 접안렌즈에 의해 확대된다. 반면 반사망원경의 주경은 대형 거울로서, 거울에 빛이 반사되어 모이면 작은 부경에 의해 반사되어 접안렌즈로 확대된다.

슈미트는 렌즈와 거울을 결합시킨 망원경을 만들고 싶었다. 그러한 망원경은 전통적인 반사망원경과 굴절망원경에 비해 많은 이점을 가질 것이라고 생각했던 것이다. 그러나 슈미트는 곧 굴절하는 렌즈, 즉 그의 디자인에서 '교정 렌즈'라고 불리는 렌즈의 표면에 자동차 타이어의 표면 같은 토로이드형 굴곡이 필요하다는 것을 알게 되었다. 그러나 과거에 어느 누구도 그러한 표면을 가진 렌즈를 연마 제작한 적이 없었다.

슈미트는 그 가능성들을 고찰했다. 그리고 만일 유리를 비틀어서 연마한 뒤 다시 펴 준다면 그가 필요한 표면을 얻게 되리라는 것을 곧 깨닫게 된다. 그는 얇은 유리판 하나를 준비해서 그것을 그 유리보다 작은 용기 위에 올려놓았다. 그리고 그것을 누른 뒤 용기에서 공기를 빼내자 유리의 중심이 아래쪽으로 빨려 들어가 다소 오목한 표면이 되었다. 그 뒤 표면을 평평하게 연마한 뒤 진공을 없애 주었다. 그러자 그 유리판이 위로 솟아오르면서 그가 원했던 토로이드 모양이 만들어졌다. 슈미트는 이 렌즈로 오늘날 슈미트 망원경이라고 불리는 망원경을 만들었다. 현재 많은 주요 천문대들이 이러한 렌즈를 사용하는 넓은 시야를 가진 대형 슈미트 망원경들을 운영하고 있다. 이들은 또한 매우 소형으로도 만들어질 수 있어서 아마추어 천문학자들이 가장 좋아하는 망원경이기도 하다. 이상한 점은 슈미트가 자신의 새로운 디자인을 시장에 내놓았을 때 아무도 관심을 보이지 않았다는 것이다. 따라서 그 자신은 결국 그 디자인이 대중의 인기를 얻는 것을 보지 못한 채 세상을 떠나고 말았다.

넬슨은 거울 조각들에 이와 유사한 기술을 이용할 수 있지 않을까 생각했다. 만일 거울들을 잡아당긴 뒤 구형 표면들을 연마하고 그 다음에 거울을 놓아준다면 요구되는 비대칭 표면을 얻을 수 있지 않을까? 넬슨이 자신의 아이디어에 대해 노벨상 수상자인 루이즈 알바레즈에게 자문을 구하자 알바레즈는 그를 토목학자인 제이콥 루브리너에게 보냈다. 명석하지만 게으른 성격의 루브리너는 캠퍼스 변두리에 있는 한 카페에서 대부분의 연구를 했다. "코비(그의 별명)를 만나고 싶을 때는 그의 연구실로 애써 전화할 필요가 없어요. 그곳에 없을 테니까 말이에요. 캠퍼스

라운지나 카페로 가세요. 그러면 그가 커피 한잔을 앞에 두고 학생들에게 얘기하고 있거나 어떤 문제에 몰두하고 있는 모습을 발견하게 될 겁니다." 마스트는 이렇게 말했다.

루브리너는 어떤 문제를 탐구해 들어가기 전에 먼저 그 문제를 '느끼고' 싶어한다는 점에서 대부분의 토목기사들과 달랐다. 마스트에 따르면 그는 간단한 계산과 직관적인 판단으로 시작하는 것을 좋아했다고 한다. 그는 어떤 문제를 철저히 이해할 때까지 마음속으로 모든 면들을 세세히 살펴보곤 했다. 그리고 그런 뒤라야만 컴퓨터 작업을 시작하는 것이었다.

넬슨은 루브리너와 반사경 연마에 대한 문제를 논의했고, 구형 표면 하나가 닦여져서 하나의 적당한 포물선 면으로 완화되기 위해서 거울의 각 조각이 정확히 얼마나 잡아당겨져야 하는지를 함께 연구했다. 이것은 대단히 어려운 문제였으므로 두 사람은 몇 달 동안이나 이 문제에 매달려야만 했다. 후에 로버트 와이츠만이 그들을 도와 함께 일하게 되었다. "제이콥은 숫자에 능한 천재였어요." 넬슨은 말한다. "우리가 사용했던 그 근사한 반사경 인장 연마 기술을 이끌어 낼 수 있었던 것은 바로 그의 수학적 지식 때문이었어요." 그들이 풀어야만 했던 방정식들은 복잡하고 어려웠다. 반사경의 각 분할 조각마다 그에 적당한 방정식들을 고안해 낸 뒤 그들이 필요한 변형을 얻기 위해 그 조각의 가장자리에 얼마의 힘을 주어야 하는지를 결정해야만 했다.

그들은 그 기술을 적용하는 최상의 방법은 원형 용기 위에 거울을 올려놓은 후 거울 가장자리 사방에 무거운 추를 달아 놓고 작업하는 방법이라고 결정했다. 중량이 비대칭적으로 거울 주위에 매달려진다면 연마한 뒤 추를 제거하고 거울이 펴졌을 때 비대칭 표면을 얻을 수 있으리라는 것이었다. 이 일을 특히 어렵게 했던 것은 요구되는 정확도였다. 거울 조각들 각각은 1/100,000까지 동일한 점으로 입사광을 모아야만 했다.

그 기술이 완성되기 전 상당히 많은 실험들이 요구되었다. 필요한 거울은 모두 36개의 조각이며, 이 조각들 각각이 이런 방법으로 닦여져야만 한다고 결정되었다. 제작되어야 할 거울 조각들은 지름이 거의 2미터가 되는 것으로 설계되어 있어 시험용으로 제작하기에는 번거로운 점이 많았다. 따라서 시험 초기 작업 때는 설계된 조각 크기의 약 1/4 정도 되는 축소 거울이 사용되었다.

일단 기술적인 면이 해결되고 난 뒤에는 거울들을 생산할 제작 회사들에 기술을 전수해 주어야만 했다. 제작 회사로는 매사추세츠 레싱톤의 ITEK 광학 시스템과 캘리포니아 리치몬드의 틴슬리 연구소가 선정되었다.

수동계와 능동계

거울 모양을 만들고 연마하는 것이 넬슨과 그의 그룹이 극복해야 할 유일한 문제는 아니었다. 모든 조각들이 합쳐졌을 때 그것들은 대단히 높은 정확도로 단 하나의 거울처럼 행동해야만 했다. 따라서 넬슨은 루브리너와 함께 거울들을 윤내는 작업을 하는 한편, 마스트와 가버와 함께 그 조각들을 정확하게 모으는 문제를 연구했다. 주요 문제는 중력에 의한 변형이었다. 망원경의 위치가 이동될 때 거울 표면도 약간 일그러지기 때문이었다. 또한 온도 변화 역시 열팽창에 의한 작은 변화를 일으킬 것이다.

그러므로 두 가지 상반된 문제를 해결해야만 했다. 첫째, 거울 조각들이 모양을 유지해서 광학적 변형을 허용 오차 이내로 제한하도록 하기 위해서는 거울들이 망원경에 단단히 고정되어야 한다. 이것을 우리는 수동계라고 부른다. 한편 거울 조각들이 모여 하나의 거울처럼 행동하도록 정렬시키기 위해서는 수동계와 더불어 거울의 위치와 형태를 컴퓨터로 조작할 수 있는 능동계라는 것이 필요할 것이다.

수동계는 망원경의 축방향(거울 표면에 수직인 방향)과 반지름 방향(거울 표면을 따라가는 방향)을 받쳐 준다. 축방향의 지지 시스템은 '물추리막대'들로 이루어져 있는데, 그 명칭은 소나 말들이 수레를 끌 때 사용되었던 피보트(선회축) 가로대를 뜻하는 19세기의 용어에서 유래되었다. 이들은 각 거울 조각 밑에서 수직 방향이 아닌 수평 방향으로 움직이는 지레, 즉 피보트들로 이루어져 있다. 이 망원경에 사용된 물추리막대들 각각은 거울을 받쳐주는 이쑤시개 지름만한 12개의 짧은 금속 막대를 가지고 있으며 거울 뒷면에 있는 구멍 속에 끼워져 있도록 설계되었다.

거울이 측면으로 움직이지 못하도록 하는 반지름 방향의 지지는 거울 중앙에 있는 기둥에 의해 이루어진다. 거울 뒷면에 움푹 들어간 구멍 하나가 뚫려져 있는데 기둥 윗면에 부착되어 있는 얇은(2.5센티미터) 스테인레스 강철 디스크가 그 구멍에 꼭 맞게 맞추어져 거울에 붙여져 있다.

거울이 천정, 즉 머리 위쪽으로 향하고 있을 때 거울의 무게는 물추리막대들에 의해 받쳐지며 수평 방향을 향하고 있을 때는 중앙 기둥의 얇은 디스크에 의해 받쳐진다. 그리고 두 방향 사이의 위치에 있을 때는 이들 두 가지 부분이 같이 지지하게 된다.

한편 넬슨과 마스트, 그리고 가버에 의해 고안된 가히 천재적이랄 수 있는 시스템인 능동 통제계는 망원경 디자인에 중요한 혁신을 일으켰다. 그것은 감지기와 조정기라는 두 기본 성분으로 이루어져 있다. 감지기는 거울들의 상대적인 위치를 결정하여, 거울들이 정렬에서 벗어나는 즉시 감지기에 전갈을 보냄으로써 다시 정렬로 돌아오게 하는 역할을 한다. 이 감지기는 육각형 거울 조각의 뒷면 가장자리마다 두 개씩 장치되어 있으며 바로 옆에 있는 거울 뒷면에 나란히 장착된 두 개의 평판 틈새에 끼어지는 감지판으로 구성된다. 각 거울 사이의 감지판들 간에는 약 4밀리미

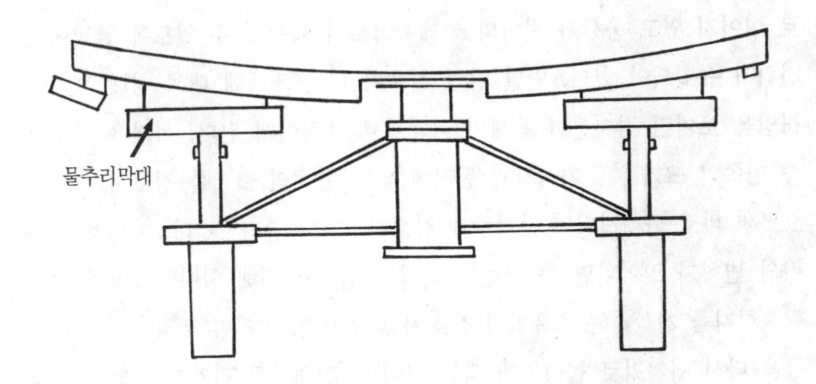

물추리막대를 보여주는 거울조각 지지대의 단면도

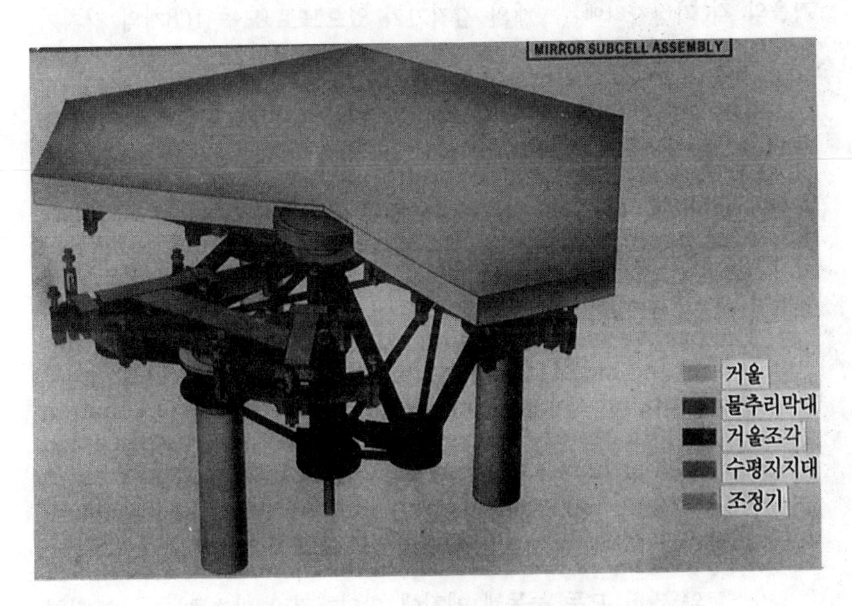

거울조각 조립의 또 다른 일람 (켁 천문대 제공)

터의 틈새가 있다. 그리고 그 틈새의 윗면과 아랫면은 얇은 금박으로 서로 이어져 있고 틈새가 하나의 카페시터로서 행동할 수 있도록 금박에는 전하가 유입되어 있다. 만일 어떤 거울이 다른 거울에 대해 상대적인 움직임을 보이면 감지판이 틈새의 아래위로 움직이게 된다. 이것은 틈새들중 한쪽의 크기를 증가시킴과 동시에 다른 틈새의 크기를 감소시키게 됨으로써 바로 카페시터의 전하량을 감소시키거나 증가시킨다. 이렇듯 전하량의 변화가 일어나면 두 거울이 다시 정렬하기 위해 얼마만큼의 조정이 필요한지를 계산하는 컴퓨터에 신호가 보내진다. 그러면 조정기들이 거울들을 다시 제자리로 돌려놓게 되는 것이다. 전하량은 감지기에 의해 초당 두 번씩 측정되도록 되어 있다. 제일 바깥쪽 가장자리를 제외하고 육각형 거울의 각 가장자리에 두 개의 감지기가 있으므로 모두 168개의 감지기가 있게 된다.

또한 물추리막대들 바닥에는 총 108개의 조정기들이 부착되어 있다. 각 조정기는 정교하게 제작된 나사를 회전시켜 거울조각을 이동시킨다. 나사가 돌아가면 나사 기둥의 요철 구조를 따라 너트가 움직이면서 수압지지대에 압력을 가하게 된다. 나사는 1회전의 1/10,000만큼이나 조금씩 돌려질 수 있고 이 정도의 회전은 조정 너트를 약 10만분의 1센티미터 정도 이동시킨다. 믿을 수 없을지 모르지만 거울의 상대적 위치를 정확하게 조정하기 위해서는 이 정도의 정확도가 그다지 지나친 것이 아니다. 오히려 정확도를 증가시키기 위해서 조정의 변화를 24분의 1로 축소시키는 수압지레가 첨가되어 있다. 이렇게 함으로써 10만분의 1센티미터 미만의 정밀한 위치 조정이 가능하게 된다.

마스트와 가버 모두 능동계 제작에 참여했지만 마스트는 주로 전하량의 변화를 조정기가 인식할 수 있는 수치로 전환하는 부분에 대해 연구했으며, 가버는 감지기에 관해 더 많은 연구를 했다. 그 시스템 전체 골

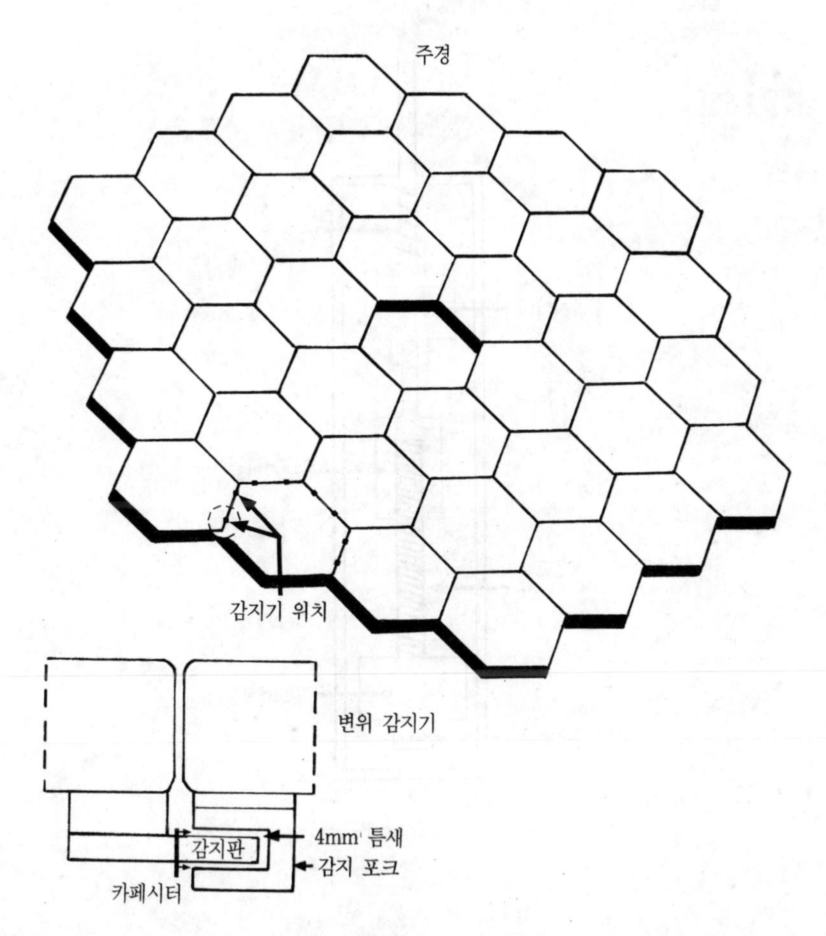

분할 주경의 전체 모습. 왼쪽 아래에 변위 감지기의 개략도가 소개되어 있다.

격의 완성은 말할 것도 없이 두 사람의 공동 노력의 결과였다. "이 일을 하는 데는 많은 다른 방법들이 있었어요. 우리는 많은 모형들을 만들어 실험했답니다. 많은 시행착오가 있었죠." 넬슨은 이렇게 말한다.

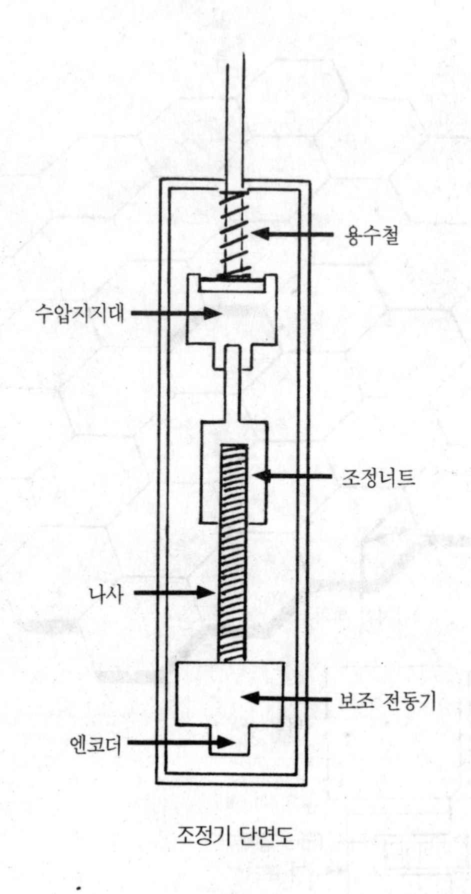

조정기 단면도

모형 제작

1979년까지 켁 망원경의 주경 방식은 여전히 두 개의 신청서 사이에서 맴돌고 있었다. 하나는 단일거울을 이용하는 방식이었고, 다른 하나는 위에 설명한 분할거울에 관한 것이었다. 각 그룹의 신청서가 위원회에 제출되자 철저한 조사가 이루어졌다. 위원회는 분할거울 방식을 채택하기로 결정했다. "그 결정은 우리의 프로젝트 진행에 커다란 획을 긋는 사건이었습니다." 넬슨은 이렇게 말한다. "그때까지 우리가 하고 있었던 것은 신청서를 위한 준비에 지나지 않았으니까요."

분할 주경 방식은 이미 1/4 크기의 모형으로 성공 가능성이 입증된 바 있었다. 이제 완전한 크기의 모형을 실험해야 할 때였다. 그러나 첫번째 단계는 역시 부분적인 실험이었다. 일단 실물 크기의 거울을 하나 이용하되 그 인접 분할거울들로는 작은 거울조각들을 사용하는 것이었다. 이 프로젝트는 1981년에 시작되었다. 이 일에 참가했던 사람 중 하나로 바바라 쉐이퍼가 있었다. 쉐이퍼는 위스콘신 대학교의 물리천문학과에서 학사학위를 취득한 후 키트 피크 국립천문대에서 망원경 오퍼레이터 일을 했었다. 4년 동안 키트 피크에 머문 뒤 그녀는 하와이에 있는 NASA 적외선 망원경의 오퍼레이터가 되었다. 그리고 그녀는 넬슨 그룹이 모형 제작을 막 시작하던 1982년 팀에 합류하게 된다.

그 모형에는 완전한 크기의 육각형 분할 조각 하나가 사용되었다. 거울 밑에는 각 가장자리를 따라 붙어 있는 4개의 변위 감지기와 함께 세 개의 조정기가 놓여졌으며, 이 조정기들은 주요 거울조각과 인접해 있는 작은 참고 거울 사이에 놓여졌다. 그리고 그 디스크와 인접해 있는 참고 거울을 가로질러서는 간섭 줄무늬를 만들어 내는 실험 장치가 설치되었다. 만일 그 분할 조각의 간섭 줄무늬들이 인접 거울을 가로지르며 계속 직선을 유지한다면, 그 두 개의 거울은 적절히 정렬된 것이라고 할 수 있었다.

첫번째 실험에서 거울은 실제로 사용하게 될 포물면이 아닌 구형 표면으로 제작되었다. 이 단계에서는 능동계가 적절히 작동하는지의 여부에만 관심이 있었던 것이다. 쉐이퍼는 그 모형 제작을 개인적으로 켁 망원경 건립 작업에서 가장 인상 깊었던 추억 중의 하나라고 말했다. "우리는 육각형 거울과 인접해 있는 작은 거울 조각들의 간섭 도면을 만들어 간섭선들이 가장자리를 가로질러 직선으로 가는 것을 보았어요." 그녀는 말을 이었다. "한사람이 올라가서 중앙 거울에 압력을 가하면 간섭선들이 비뚤어지지요. 그러면 감지기와 조정기들로 이루어진 통제 시스템이 재빨리 거울을 다시 제자리로 정렬시켜서 간섭선들을 똑바로 펴주곤 했지요. 그 과정을 지켜보는 것은 물론 재미도 있었지만 커다란 성취감을 느끼게 해 주었어요."

그러나 모든 일이 순조롭게 진행된 것은 아니었다. 처음으로 완성된 거울을 시험할 때 그 그룹은 몹시 불안해 했다. 거울 원판은 제작회사로부터 전달된 뒤 인장연마를 거치고 적절한 지지를 위해 뒷면에 홈들이 뚫려지며 육각형 모양이 되도록 가장자리들이 잘라 내어진다. 그들은 연마한 거울 표면의 형태가 이 모든 작업들을 거치는 동안 변하지 않기를 바랬다. 그런데 그것이 변한 것이다. 변형의 정도는 아주 작았지만 적절한 교정이 필요했다. 거울을 처음부터 다시 연마해야 할 것인가? 이 문제점을 숙고한 뒤 그들은 거울이 본래의 모습으로 다시 비틀리기에 충분한 약간의 비틀림을 영구적으로 가하는 것이 이상적인 해결 방법이라는 결론을 내렸다. 이것은 '뒤틀림 장치'로 불리는 거울 조정기 윗부분에 설치된 1/10,000센티미터까지 조정될 수 있는 작은 알루미늄 스프링 세트에 의해 가능하게 되었다.

거울 연마에 더 많은 경험을 갖게 되자 그들은 작은 변형 정도는 예측할 수 있었고 어느 정도까지는 이를 보정할 수 있었다. 후에 이온 정형법이라는 또 하나의 기술이 이용됨으로써 변형의 감소에 도움을 주었다. 이온 정형법은 뉴 멕시코 대학교에 있는 그룹에 의해 개발된 기술이다. 요구되는 거울 표면의 정확한 모양이 컴퓨터에 입력되면 컴퓨터로부터 정보가 '이온 분쇄 기계'로 전송되고 이 기계는 돌출된 표면에 이온들을 분사함으로써 돌출 정도를 낮추는 역할을 한다. 이 장치가 들것에 실려 거울 표면을 왕래하면서 표면 정밀도를 높일 수 있는 것이다. 켁 천문대의 광학 매니저인 피터 위지노비치는 이온 정형법이 커다란 변화를 가져왔다고 말한다. 이 망원경의 거울들을 위한 이온 정형 공정은 이제 모두 코닥사에 의해 이루어지고 있다. 그러나 이온 정형법을 사용한 후에도 최종적인 미세한 조정을 위해 뒤틀림 장치는 여전히 필요하다.

자금 조달

거울과 망원경에 관한 연구가 진행되고 있는 동안 필요한 자금을 어떻게 찾느냐 하는 문제가 그들을 위협했다. 그들은 엄청난 액수를 기부해 줄 만한 사람들을 찾아야 했다. 그러나 우선 정확히 얼마의 비용이 들 것인가에 대한 견적이 필요했다.

제트 추진 연구소의 제랄드 스미스는 NASA 적외선 망원경을 완성하기까지 책임자로 일한 바 있으며, 그 당시에는 적외선 천문관측위성(IRAS) 프로그램의 프로젝트 담당자였다. 망원경 개발 추진 책임을 맡고 있는 캘리포니아 대학교의 행정 관리 위원회가 그에게 조언을 구했다. 추정되는 예산 견적과 조직적인 계획을 세워 달라는 것이 그들의 부탁이었다. 스미스는 IRAS에 깊이 관련되어 있었지만 시간을 내보겠다고 답변했다. 그리고 약 3년이란 기간에 걸쳐 그는 거울과 망원경, 그리고 돔을 건축하는 데 대한 총체적인 계획을 세웠다. 그 계획에는 물론 예산 편성과 일정도 포함되어 있었다.

1983년에 IRAS가 발사되자 스미스는 다른 일에 구애받지 않고 이 일에 전념할 수 있게 되었고, 행정 관리 위원회는 그에게 프로젝트 매니저로서 풀 타임으로 일해 줄 것을 요청했다. 그러나 이때에도 그 프로젝트는 아직 돈이 없는 상태였다. 지난 3년 동안 애써 보았지만 캘리포니아 대학교가 자금을 구하지 못했던 것이다. 그러나 1984년 그들은 마침내 호프만 재단으로부터 부분적인 자금 지원을 약속받았다. 호프만 재단이 기부할 수 있는 금액은 어림잡아 5천만 달러 정도였다. 스미스의 견적에 의하면 약 2천만 달러가 부족했다. 그래서 캘리포니아 대학교는 칼텍에 경비의 20% 정도를 부담하는 공동연구팀으로 합류할 수 있는지의 여부를 타진했다.

칼텍이 곧 그 프로젝트에 대단한 관심을 보였으므로 이제 프로젝트의 진행에는 아무런 문제가 없어 보였다. 더욱이 칼텍과의 접촉은 의외의 커다란 성과를 거두게 된다. 과거에 몇 개의 칼텍 프로젝트에 자금을 지원한 바 있던 켁 재단이 그 망원경에 관심을 보였던 것이다. 그리고 켁 재단이 그 프로젝트의 전체 아니면 최소한 총소요 경비 중 7천만 달러에 대해 자금을 지원하기로 결정함으로써 많은 관련자들을 놀라게 했다. 그러나 그 자금은 칼텍을 통해 올 것이었으므로, 칼텍으로서는 이제 더이상 하급 동반자가 아닌 동등한 위치에서의 참여가 가능하게 되었다.

캘리포니아 대학교와 칼텍 사이의 협상이 시작되었고, 비영리 법인인 캘리포니아 천문학 연구 협회(CARA)가 구성되었다. 칼텍과 캘리포니아 대학교는 그 협회에서 동등한 위원 선출권을 가지게 될 것이다. 1984년에 서명된 합의서에 따르면, 칼텍은 켁 보조금을 통해 그 망원경의 제작 비용을 부담하기로 했으며 캘리포니아 대학교는 첫 25년 동안 기술 개발비와 운영비를 부담하기로 되었다. 7천만 달러의 켁 보조금은 하나의 과학 프로젝트에 주어진 단일 기부금으로는 사상 최대의 것이었다.

합의할 당시 그들은 호프만 기부금과 켁 기부금 둘을 모두 갖고 있었다. 두 보조금의 총액은 단 하나의 망원경을 위해 필요했던 것보다 훨씬 많았으므로 그들은 첫번째 것과 똑같은 두번째 망원경을 건립할 수 있는 가능성에 대해 논의하기 시작했다. 그 두 개의 망원경들은 간섭측정법이라는 기술을 통해 하나의 망원경 시스템으로 가동될 수 있는 것이다. 그러나 곧 호프만 기부금에 문제가 생겨 그 돈은 반환되어져야 했다.

일단 자금이 마련되고 그 망원경이 정말로 건립될 것이라는 것을 모든 사람들이 알게 되자 상황은 빠르게 진행되었다. 스미스는 프로젝트 팀을 구성하기 시작했다. 그는 처음에 칼텍의 물리학과 건물 지하에 사무실을 설치했으나, 곧 너무 비좁아져서 월슨 거리에 있는 칼텍 캠퍼스 부근의 사무실로 이사해야만 했다. 그리고 망원경의 부품 디자인과 제작, 그리고 계약서 발행을 위해 기계 제작과 행정관리 연구원들이 구성되었다. 얼마 되지 않아 사무실에는 20명 이상이 작업하게 되었다. 1984년에서 1989년까지는 스미스와 그의 팀에게는 몹시 바쁜 기간이었다. 그 망원경과 중요한 하드웨어의 모든 것들이 돔과 건물 같은 부대 시설과 함께 디자인되어야 했으며 중요한 계약서들이 작성되어야 했다. 거울 연마와 제조를 맡은 곳은 ITEK 광학시스템사와 틴슬리 연구소였다. 스페인 마드리드의 TIW 시스템사는 망원경 구조물을 제작하는 하청을 받았으며, 돔 제작은 브리티시 콜럼비아 밴쿠버의 코스트 스틸사에게로 돌아갔다.

망원경 디자인

망원경에서 가장 중요한 부분은 물론 거울이지만, 광학 장치들과 과학 장비들을 적절히 받쳐 주고 거울을 어떤 방향에서나 정확하고 정밀하게 작동될 수 있도록 하는 견고한 받침대에 올려지는 것 역시 대단히 중요하다. 그러므로 망원경 본체와 받침대의 디자인이 아주 중요한 일이다.

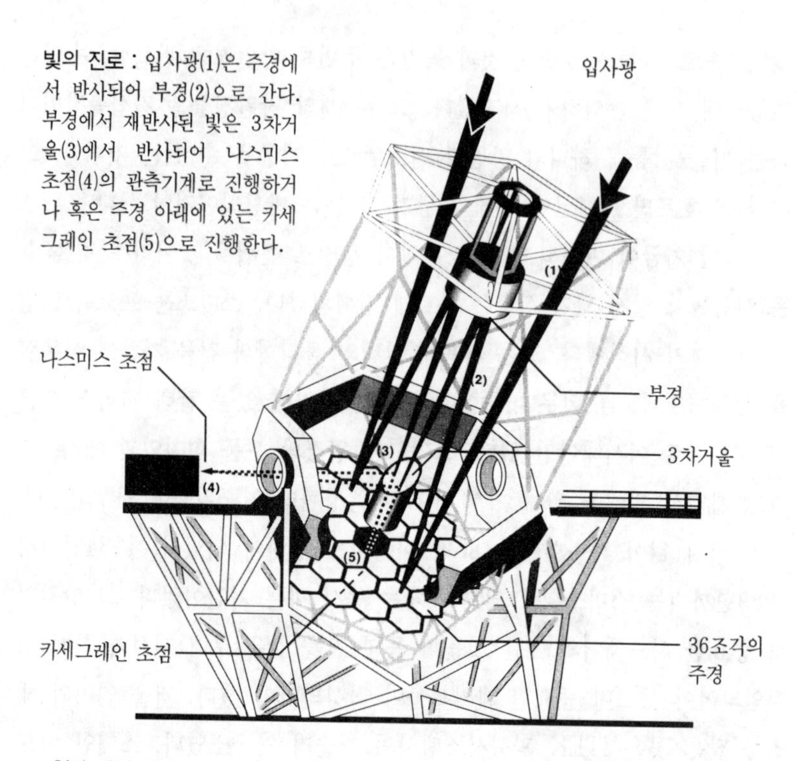
빛의 진로 : 입사광(1)은 주경에 서 반사되어 부경(2)으로 간다. 부경에서 재반사된 빛은 3차거울(3)에서 반사되어 나스미스 초점(4)의 관측기계로 진행하거나 혹은 주경 아래에 있는 카세그레인 초점(5)으로 진행한다.
입사광
(1)
나스미스 초점
(2)
부경
(3)
3차거울
(4)
(5)
카세그레인 초점
36조각의 주경

입사 광선의 진행 방향을 보여주는 켁 망원경의 모형도 (캘리포니아 천문학 연구 협회 제공)

최종적으로 선택된 받침대 형식은 경위대로 불리는 방식이었다. 고도축과 방위축으로 망원경을 움직이는 이 방식은 간단하면서도 믿을 만한 설계였다. 디자인 작업의 대부분은 앞서 거울에 대해서도 일한 바 있는 제이콥 루브리너와 스테판 메드와도브스키에 의해 이루어졌다(흥미롭게도 메드와도브스키와 루브리너는 폴란드에 있는 같은 마을 출신이었다. 그들은 고향을 떠나 여러해 동안 다른 길을 걸었지만, 두 사람 모두 결국에는 망원경에 관한, 더구나 망원경의 같은 부분에 관한 일을 하게 된 것이다).

망원경에는 많은 부분이 있다. 우선 거울 받침이 있다. 그것은 그림에 보여진 것처럼, 복잡한 강철 격자 구조를 가진다. 14톤의 유리와 6톤의 거울 조각 지지대, 그리고 4톤의 각종 기기들을 유지하기 위해서는 그런 구조가 필요하다. 이 디자인은 메드와도브스키에 의해 이루어졌다. 둘째로는 망원경 경통이 있는데 이것 역시 격자 구조를 갖는다. 경통의 주요 임무 중 하나는 부경을 지지해 주는 것이지만 망원경의 광학 부분들이 정확하게 조준되도록 하기 위해서는 이것 역시 수톤이나 되는 기계들을 무리 없이 지탱해 주어야 한다. 주경에서 반사된 입사광은 부경에 모아지고, 부경은 다시 주경의 중앙에 있는 구멍을 통해 모아진 빛을 보내거나, 혹은 수평축 플랫폼에 있는 관측장비들로 빛의 진로를 바꾸는 3차 거울로 반사시킨다.

망원경 경통은 고도축을 움직이는 수압 베어링들 위에 얹혀져 있다. 이 베어링들의 역할은 망원경을 상하로 움직이게 하는 것이다. 베어링들은 망원경의 중량을 아래의 교각 지지대로 전달해 주는 요크의 상단부에 부착되어 있다. 요크는 망원경의 무게뿐 아니라 망원경에 미치는 강풍의 압력을 견디어 낼 수 있을 만큼 충분히 견고해야 한다. 요크에는 또한 나스미스 플랫폼이라고 하는 두 개의 수평축 플랫폼이 부착되어 있다. 이 플랫폼 각각은 그 위에 놓이게 될 10톤의 관측 기계를 지지할 수 있어야만 한다.

망원경 가대 바닥에 있는 방위축 베어링은 얇은 윤활유를 사이에 하고 그 위에 159톤의 중량을 떠받치고 있다. 망원경은 비교적 작은 네 개의 1/2마력 모터들에 의해 방위각 방향으로 움직여진다. 그리고 망원경의 모든 움직임은 컴퓨터로 통제되게 된다.

드라이브, 기어, 보조 교각 지지 등등의 기계 부분은 대부분은 한스 보에스가아드의 감독하에 디자인되고 건축되었다. 그는 1984년에 고문으로 이 프로젝트에 참여해서, CARA가 구성된 뒤에는 켁 망원경의 구조 부분 매니저가 되었다. 보에스가아드는 일찍이 하와이 대학교의 2.2미터 망원경과 NASA 적외선 망원경에서도 일한 바 있었다. 덴마크의 코펜하겐 출신인 그는 1953년에 몬트리올로 이주했고, 그 뒤 뉴욕의 뒤퐁과 캘리포니아의 카이저 엔지니어링에 잠시 머문 후 기계 공구 엔지니어로서 리크 연구소에 일자리를 구했다. 그리고 계속해서 망원경에 관해 일해 오고 있었다.

1980년대 중반, 켁 망원경의 건설 작업은 무리없이 진행되고 있었다. 그러나 이 망원경을 어디에 세울 것인가 하는 부지 선정 문제는 아직 결정되지 않은 채로 남아 있었다.

제 5 장

계속되는 켁 이야기

1980년대 초 10미터 망원경의 부지 선정을 위한 위원회가 구성되었다. 리크 연구소의 로버트 크라프트를 위원장으로 한 이 위원회는 캘리포니아 대학교의 버클리, 로스앤젤레스, 산타크루즈, 그리고 샌디에고 캠퍼스 교수들로 이루어졌다. 그들은 흐린 날이 적고, 인공광해가 없으며, 뛰어난 시상을 보장함과 동시에 낮은 대기 수분 함량으로 적절한 적외선 관측이 가능한 장소를 물색했다. 자금이 한정되어 있었으므로 후보지들 각각을 상세히 조사할 수는 없었지만, 가능한 한 각 후보지들에 관한 많은 정보를 수집하려고 노력했다. 고려되는 장소는 모두 13곳이었다. 그리고 최종적인 후보가 5곳으로 좁혀졌다. 카나리 제도의 라 팔마, 스페인 마데리아 부근의 산, 캘리포니아의 주니페로 세라봉, 역시 캘리포니아의 마운트 반크로프트, 그리고 마지막으로 하와이의 마우나케아가 그것이었다.

초기부터 줄곧 가장 가능한 장소로 고려된 곳은 주니페로 세라봉이었다. 그러나 그곳은 시상은 좋은 반면, 고도가 단 1650미터밖에 되지 않았으므로 적외선 관측이 거의 불가능했다. 한편 4개의 인디언 부족들이 그 산을 자신들의 영토라고 주장하는 통에, 몇 달을 그리고 마침내는 몇 년을 그 문제를 해결하기 위해 법정에서 보냈다. 그럼에도 불구하고 합의에 도달하지 못했으므로 캘리포니아 대학교는 결국 그 장소를 포기해야만 했다. 캘리포니아의 또 다른 산인 화이트 마운트 역시 좋은 후보였다. 그러나 한해는 시상이 좋았는데, 그 다음해는 시상이 상당히 나빠지는 등 불안정한 대기 조건을 가지고 있는 것으로 판명돼 그들은 더이상 그 산을 고려하지 않기로 결정한다.

1979년 이전에는 마우나케아에 대한 별다른 자료가 거의 없었다. 하와이 대학교의 2.2미터 망원경이 가동되고 있기는 했지만, 처음 몇 년 동안은 그 망원경에 문제점들이 많았던 것이다. 그러나 1979년에 세 개의 망원경이 가동에 들어가게 되자 단기간 내에 시상과 정상에서의 조건들에 관한 상당한 정보가 나왔다. 그리고 곧 마우나케아가 다른 어떤 장소들보다도 우수한 곳임이 확실해지게 되면서 자연스럽게 켁 망원경의 설치에 가장 적당한 곳으로 선정되었다.

돔과 망원경 건축

돔의 디자인 작업은 1985년 8월에 시작되었고, 기초 공사는 9월에 시작되었다. 스미스는 그것이 망원경과 관련된 그의 경력에서 가장 중요한 부분이었다고 기억했다. 그는 이때 이미 그 프로젝트로 2년 동안을 일해 오고 있었지만 여전히 캘리포니아에 배치되어 있었다. 그가 영구적으로 하와이로 오게 된 것은 그 이후 몇 년이 더 지나서였다. "그것은 가슴 뛰는 흥분된 사건이었어요. 주정부와 캘리포니아로부터 많은 사람들이 참석했죠." 그는 기공식을 이렇게 기억했다. 그렇게 여러해 동안 계획된 뒤, 드디어 건축이 시작되고 있었던 것이다. 그것은 스미스와 그 프로젝트 팀의 구성원들 모두에게 중대한 순간이었다.

돔은 정상 위의 거친 기상 조건을 고려해서 디자인되어야 했다. 최고 시속 230킬로미터의 강풍에 견뎌내야 하고, 최고 시속 100킬로미터의 풍속에서도 망원경을 가동시킬 수 있어야 했다. 더욱이 가능한 한 내부 온도와 주위의 외부 온도가 비슷하게 유지되도록 절연이 잘 되어야만 했다.

비록 망원경의 크기는 팔로마의 5미터 망원경보다 두 배나 컸지만, 돔의 크기는 높이가 30미터, 폭이 36.6미터로 팔로마의 돔보다 다소 작았다. 그 이유는 켁 거울이 짧은 초점거리를 갖고 있어서 대형 돔이 필요하지 않았기 때문이다.

무게가 700톤인 그 돔은 1987년 5월에 하와이에 도착했다. 트럭이 돔을 한 조각씩 한 조각씩 정상으로 옮겨갔다. 부근에 있게 될 건물을 짓는 작업은 망원경이 도착하기 전에 이미 시작되어, 이제 거의 완성 단계에 있었다. 그 건물 안에는 통제실과 컴퓨터 시설, 거울의 알루미늄 처리 시설, 전기실, 그리고 기계 조립실들이 자리하고 있었다.

돔이 하와이에 도착할 즈음, 스페인의 TIW 시스템에서는 망원경 제작을 시작하고 있었다. 그리고 스페인을 떠나기 전에 설계 명세서와 잘 맞는지를 확인하기 위해 일부가 조립되어 시험된 뒤 하와이행 선박 위에 선적되었다. 망원경은 켁 프로젝트의 본부로 선정된 섬 북부 마을인 와이메아에서 단 몇 마일 떨어진 코나 해변의 카와이해 만으로 들어왔다.

"망원경은 우리 스태프가 이곳으로 이동해 온 시기와 거의 같은 때인 1989년 8월에 도착했어요." 스미스는 그때를 이렇게 기억했다. "선박이 해외에서 제작된 망원경을 싣고 항구로 들어온 그 순간은 정말로 흥분으로 가득찼답니다. 일부를 조립하자 망원경의 커다란 부분을 볼 수 있었죠." 그리고 돔의 일부가 이미 2년 전에 산 위로 끌어올려져 있었으므로, 부분적으로 조립된 망원경이 그 위로 운반되었다. 이제 파사디나에서 많은 직원들이 하와이섬으로 오고 있었다. 본부 건물은 1년 전에 시작되어 거의 완성되어 있었다. 그러므로 대부분의 과학자들과 엔지니어들이 도착

켁 I의 돔 건축 (켁 천문대 제공)

켁 I의 기초 공사 (켁 천문대 제공)

켁 I 돔 자리에 놓일 강철 대들보 (켁 천문대 제공)

했을 때는 모든 준비가 완료되어 있었다.

많은 사람들이 그 망원경의 조립과 시험에 참가했다. 캘리포니아에 있는 제트 추진 연구소의 빌 이래이스도 그들 중 하나였다. 그는 시스템의 수석 엔지니어로서 그 프로젝트의 조직과 조정 책임을 맡고 있었다. 그는 또한 상당한 시간을 주경 정렬을 원조하는 데 할애하고 있었다. 이래이스는 켁 프로젝트로 오기 전에 제트 추진 연구소에서 우주 망원경에 관해 일하면서 몇 년을 보낸 바 있었다.

"망원경 건축에는…… 구조, 광학, 전기 그리고 소프트웨어 등 여러 개의 분야가 필요합니다. 한스 보에스가아드는 구조 분야의 책임을 맡고 있었으며, 마크 시로타는 전기 배선을, 그리고 힐톤 루이스는 소프트웨어를 각각 책임지고 있었어요. 나의 주요 임무는 그들의 일을 조정하는 것이었죠." 이래이스는 이렇게 말했다.

또한 제작이 시작된 직후 캘리포니아 대학교 출신의 론 라욥이 고용되었다. 그는 시설 부분 매니저로서 정상에서 작업하는 기술자들을 총감독했다. 라욥은 수년 동안 그 망원경과 간접적으로 관련되어 있었다. 그는 천문대 디자인과 본부 건물들의 검열 위원회에 참석해 있었던 것이다. 캘리포니아에서 태어나고 성장한 라욥은 청년 시절의 대부분을 농가에서 보냈다. "젊었을 때 나는 한동안 농사를 시도했어요." 그의 말이다. 그럼에도 불구하고 그는 그것이 오래가지 못한 짧은 시도였다고 말했다. "덩치 큰 녀석들과 경쟁하는 것이 너무 힘들어서 포기하고 대학에 갔죠." 그가 처음으로 간 곳은 프레스노에 있는 칼 스테이트였다. 후에 그는 마운튼 뷰에 있는 풋힐 칼리지와 산 요세의 시티 칼리지에 입학해서 공학을 전공했다.

그의 첫번째 직장은 팔로 알토에 있는 베리안 회사였다. 베리안에 있는 동안 그는 거울에 알루미늄을 입히는 광학 코팅 기술을 익혔는데, 그것은 후에 그에게 대단히 가치있는 기술이 되었다. 그는 베리안에서 리크 연구소로 옮겨가게 되었다. "나는 그곳에 그저 1년 정도 있을 것이라고 생각했어요." 라욥은 그때를 이렇게 회상했다. 그리고는 웃으며 말을 이었다. "그런데 결국 22년을 머물게 되었죠. 그것은 내가 처음 생각했던 것보다 훨씬 더 흥미로운 일이었어요. 몇 년 뒤 나는 그곳의 책임부장이 되었어요." 그는 아직도 자신의 연구실 벽에 커다란 리크 연구소 사진을 걸어 두고 있다.

라욥이 하와이에 도착했을 때 돔은 완성된 상태였지만, 망원경 건축은 아직 초기 단계에 머물러 있었다. 이때까지 산의 정상에는 전기 회사가 배선을 연결해 놓지 않았던 상태였으므로, 이것이 그가 가장 우선적으로 해야 할 일이 되었다. 그는 결국 원료, 수송, 일정 잡기, 고용, 그리고 다른 많은 일들에 책임을 맡게 되었다. "초기에 나는 일주일의 약 3일을

론 라웁(Ron Laub)

산 정상에 올라갔어요." 그는 이렇게 말한다. 요즈음 그는 와이메아 본부에서 서류 작업 등에 점점 더 많은 시간을 보내고 있다.

첫번째 거울조각이 하와이섬에 도착한 것은 1990년 1월이었다. 라웁은 광학 코팅에 많은 경험이 있었으므로, 곧 그 거울조각에 알루미늄을 입히는 작업을 시작했다. 나는 그에게 그 작업이 어떻게 진행되었는지 물었다. "우선 거울이 세척되어야 합니다. 그 작업은 힘드는 육체 노동을 많이 필요로 하죠. 거울 표면이 아주 깨끗해야 하므로 매우 꼼꼼하게 처리해야만 합니다. 세척이 끝나면 거울을 진공통 안에 넣고 공기를 빼내지요……. 과거에는 진공을 만드는 데 1시간 반이 걸렸지만, 이제는 1시간 내에 가능하게 되었답니다.” 그는 몸을 의자에 깊숙이 묻고 편안히 고쳐 앉은 뒤 말을 계속 이었다. “렌즈 코팅에는 알루미늄을 사용했습니다. 은 도금은 몇 가지 이점을 가지고 있었지만, 너무나 빨리 산화되기 때문에 자주 재코팅해야 한다는 단점이 있었죠. 하지만 하와이 대학교 천문학연구소가 은이 약 2년 동안 견딘다는 사실을 발견하게 됨으로써 이제 켁 II에는 은이 고려되고 있답니다.”

첫 관측

1990년 10월, 최초의 거울들이 망원경 위에 올려졌다. “우리는 최초의 거울들이 제자리에 놓여졌을 때 그것들이 모두 올바른 방향으로 향해져서 하나의 거울처럼 행동할 수 있는지를 알아보기 위해 시스템을 점검하기 시작했습니다.” 스미스는 이렇게 설명한다. “세 개의 거울을 설치해 놓고 테스트 화상을 얻어 보았지요.” 그 그룹에게는 거울이 하나씩 첨가되는 순간이 그대로 하나의 획기적인 사건인 듯했다. 그들은 마침내 헤일 5미터 망원경에 상당하는 9개의 거울을 배치시킨 뒤, 첫번째 사진을 찍었다. 전하결합소자 카메라를 이용해 얻은 그 상은 에리다누스 자리에 있는 NGC 1232라고 알려진 나선형 은하의 상이었다.

거울들을 하나씩 제자리에 놓을 때마다 그들은 거울들의 정렬을 검사하기 위해 하트만 실험이라는 것을 했다. 이 실험에는 각 거울들을 덮기 위해 하트만 스크린—19개의 구멍이 뚫린 거품판—들이 사용되었다. 그 스크린들을 설치하고 망원경을 어떤 별을 향하도록 하면, 그 별에서 나온 빛이 구멍들을 통과해 후면으로 반사된다. 그러면 거울의 초점 바

36개 중 9개의 거울조각이 제자리에 놓여진 주경 구조. 첫번째 관측 사진은 이때 찍혀졌다. (캘리포니아 천문학 연구 협회 제공)

로 앞에 놓여진 카메라가 그 광선들을 검출해서 위치를 기록한다. 그리고 만일 광선들이 도달해야 할 곳을 정확히 맞추지 않으면 그렇게 될 때까지 계속해서 거울이 조정된다. 이때 필요한 조정은 대단히 미세한 양이다. 약 10,000분의 1센티미터 정도로 정밀한 이 조정은 각각의 거울 밑에 있는 뒤틀림 장치에서 이루어진다.

1992년 4월, 36개의 거울이 마침내 제자리에 놓여졌다. "그 순간은 우리 모두에게 중대한 사건이었어요." 스미스가 환하게 웃으며 이렇게 말했다. "모두들 산 위로 올라왔죠." 시험과 조정만 제외하고는 그 망원경은 이제 완성된 것이었다.

거울 작업이 계속되고 있는 동안, 기술자들은 망원경의 다른 부분의 마무리 작업을 서두르고 있었다. 망원경에는 주경과 더불어, 빛을 관측자에게로 반사시켜 줄 부경이 필요하다. 관측 유형에 따라 켁 망원경과 함께 두 개의 다른 부경이 사용될 것이다. 광학 파장에서는 f/15(f는 거울 크기에 대한 초점거리의 비를 나타낸다)인 부경이, 적외선 연구에서는 f/25인 부경이 각각 사용될 것이었다. 켁 망원경은 또한 주경의 중앙에 위치한 3차 부경도 사용한다.

f/15 거울의 연마 작업은 산타크루즈 캘리포니아 대학교의 광학 기계 제작자들에 의해 이루어졌다. 1992년 7월에 하와이에 도착한 그 거울은 지름이 1.45미터, 무게가 567파운드로 주경처럼 제로더를 재료로 써서 만들어졌다. 망원경이 적외선 연구를 위해 사용될 때는 f/15인 부경이 f/25인 부경으로 대치될 것이다. 두 거울은 망원경의 주경 위로 약 15미터 떨어져 있는 강철틀 안에 놓여지게 된다.

2차 거울에서 나온 광선은 주경에 있는 구멍으로 통과하거나, 혹은 앞에 소개한 개략도에서 보듯이, 3차 부경을 사용함으로써 나스미스 데크라는 수평 플랫폼으로 반사된다.

피터 위지노비치 (Peter Wizinowich)

대부분의 광학 문제들은 1991년 10월에 켁으로 온 광학 매니저 피터 위지노비치의 소관으로 되어 있다. 캐나다의 위니페그에서 태어난 위지노비치는 토론토 대학교에서 학사와 석사 학위를 받았다. 그곳은 또한 그가 천문학을 처음으로 경험하게 된 곳이기도 했다. "그 대학교는 칠레에 망원경을 가지고 있어요. 지름이 61센티미터인 작은 망원경에 불과하지만, 잘 설비되어 있어서 대학원생들에게 아주 좋았지요. 그것만 가지고도 많은 관측이 가능했으니까요. 나는 약 1년 동안 그곳에 내려가 상주 천문학자로 일했어요." 위지노비치는 석사학위를 마친 뒤 캐나다-프랑스

-하와이 망원경에서 광학 기술자로서 4년 동안 일했다. 그렇지만 곧 발전을 위해서는 박사학위가 필요하다는 사실을 깨닫고 아리조나 대학교로 가서 로저 앤젤 밑에서 연구했다. 로저 앤젤은 거울 제작에 관한 혁신적인 새로운 기술로 잘 알려진 인물이었다. 위지노비치의 논문은 스트레스-랩(stress-lap) 연마와 광학 실험에 관한 것이었다.

"켁 망원경의 주경에 대한 처녀 관측이 이루어질 때는 제가 여기에 없었죠. 하지만 f/15와 f/25 부경을 이용한 최초의 시험 관측은 제가 이곳에 온 다음에 행해졌습니다." 위지노비치는 씩 웃으며 자신의 오른쪽 눈을 가리키면서 이렇게 말했다. "f/15 부경에서 나온 빛이 이 눈을 때렸어요."

위지노비치와 넬슨은 그 이전 1년여 정도 광학계를 조정해서 가능한 한 최고의 분해능을 얻는 프로젝트에 대해 함께 일을 해왔다. 분해능이란 두 물체를 얼마나 잘 구별할 수 있느냐의 정도를 나타낸다. 그것은 초(원은 360도로 나뉘어지고, 도는 60분으로 이루어지며, 분은 다시 60초로 이루어져 있다)로 측정된다. 대부분의 천문대들은 1초의 시상을 얻는 데도 곤란을 겪지만, 마우나케아에서는 1/2초의 시상은 보통이다. 이것은 한 자동차의 두 헤드라이트가 800킬로미터 거리에서 구별되는 것과 동등한 의미를 갖는 것이다.

"우리는 분해능을 0.7초까지 내렸어요. 그것이 시상 때문이었는지 아니면 우리의 광학기술 때문이었는지는 아직도 확신할 수 없어요. 두 달 전 시상이 굉장히 좋은 밤이 있었는데 거울 조각들 중 어떤 것은 1/4초의 분해능을 나타내기도 했었죠."

위지노비치는 그날 밤에 대해 이렇게 말했다. "아직 망원경이 완전히 조정되지도 않았는데 그렇게 훌륭한 화상을 얻으니 정말 기분이 좋더군요." 나는 그에게 그 망원경이 궁극적으로 어떤 분해능을 제공할 수 있는지를 물었다. "그 문제는 대기 조건에 의해 제한되어집니다. 우리는 광학계의 한계로 시상이 나빠지는 경우가 없도록 하려고 합니다. 대기 시상이 허용만 한다면 이 망원경으로 1/4초의 시상을 얻게 되기를 바라고 있어요."

헌정

망원경은 1991년 11월 7일에 헌정되었다. 칼텍과 캘리포니아 대학교, 그리고 켁 재단으로부터 150여 명이 초대되었다. 그리고 켁 스태프와 많은 다른 사람들도 참석했다.

날씨는 화창하고 맑았지만 바람이 몹시 부는 날이었다. 재킷과 스웨터를 입은 사람들이 돔 안으로 쏟아져 들어왔다. 머리 위 높이 희미한 몇 조각 구름이 떠돌고 있었다. 산 위에서는 50℃라는 기온이 보통이었지만, 코트를 입지 않은 사람에게는 차가운 날씨였다. 36개의 육각형 거울 조각 중 정확히 반(18)이 설치되어 있었다. 방문객들은 그 거대한 망원경 아래의 바닥에 간이 의자를 놓고 앉아 있었고, 천문대 스태프는 머리 위의 좁은 통로를 따라 죽 서 있었다.

연설은 망원경의 교각 옆 연단에서 이루어졌다. 헌정식은 하와이 대학교의 할레나 실바가 부른 하와이 영창으로 시작되었다. 그는 망원경과 그 망원경에 관련되어 일했던 모든 사람들을 축복해 주었다. 몇 개의 연설이 진행되는 동안 망원경은 수평 자세로 미동도 없이 고정되어 있었다. 그리고 헌정식이 끝남과 동시에 생명을 얻었다. 150톤의 유리와 강철이 머리 위에서 소리없이 회전하면서 돔이 돌기 시작했다. 많은 사람들이 혹 자신들이 움직이고 있는 것이 아닌가 하며 바닥을 내려다 보았다. 망원경

돔을 열고 본 켁 망원경 (켁 천문대와 로저 리세마이어 제공)

켁 I 망원경 (캘리포니아 천문학 연구 협회와 로저 리세마이어 제공)

36개의 조각이 모두 제자리에 놓여진 켁 거울 (캘리포니아 천문학 연구 협회 제공)

이 셔터 높이에 다다르자 셔터가 서서히 위로 올라가며 열리면서 햇빛이 돔 안으로 들어오기 시작했다. 군중으로부터 박수 갈채가 터져나왔다.

이미 언급한 대로 켁 자금이 칼텍과 캘리포니아 대학교에 주어졌을 때만 해도 호프만 보조금에서 나온 돈은 아직 사용할 수 있었으므로, 첫번째 망원경 옆에 두번째 10미터 망원경을 세운다는 계획이 구상되었다. 그러면 그 두 망원경은 간섭측정법을 통해 함께 연결되어 단 하나의 망원경처럼 작동될 수 있을 것이었다. 그러나 호프만 보조금이 반환되자 두번

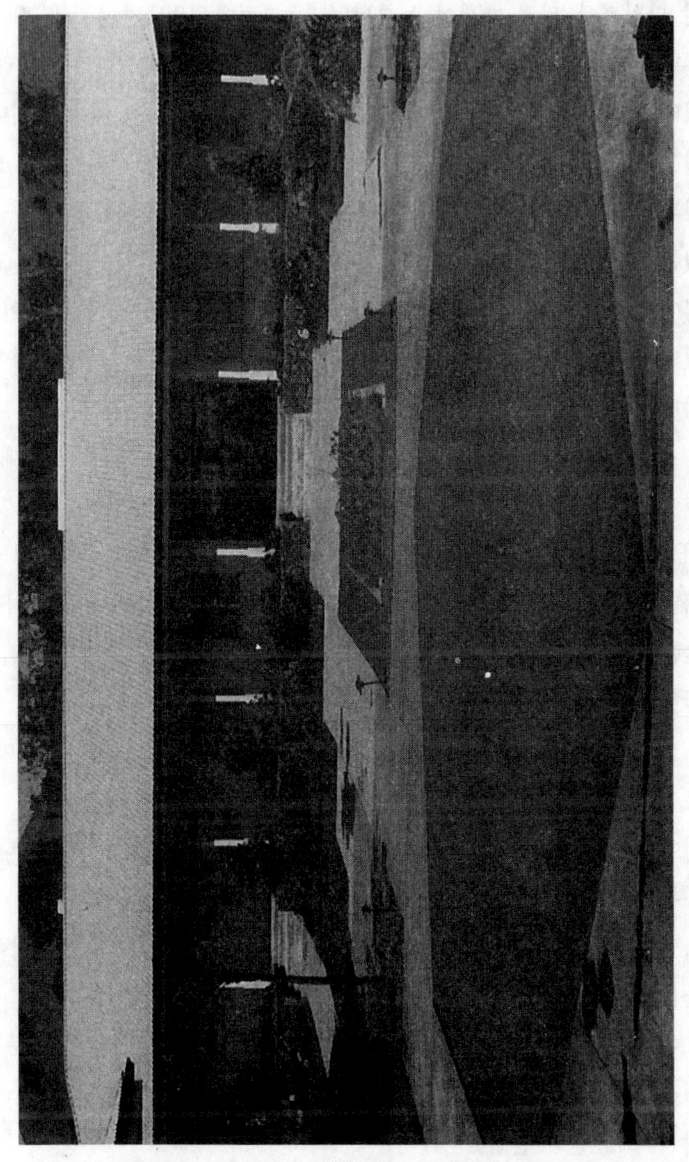

켁 망원경의 크기를 보여주는 잔디 부분을 가진 켁 본부의 안마당

째 망원경에 관한 계획이 보류되었다. 그런데 1991년 4월에 켁 재단이 두번째 망원경에 대한 자금을 지원하겠다고 발표했다. 따라서 원래의 10미터 망원경인 켁 I이 헌정되었을 때는 켁 II에 대한 계획이 이미 세워지고 있었다. 켁 II를 위한 전통적인 하와이식 축복 행사는 켁 I이 헌정된 직후 이루어졌다. 군중은 돔에서 나와 천문대 건물 끝에 줄이 쳐져 있는 곳으로 갔다. 그곳은 켁 II가 건립될 지역이었다. 정부의 고관 몇 명이 오오 막대기들—하와이 전래의 채굴 도구—을 들고 줄지어 서 있었다. 그리고 그들이 붉은 화산재를 파는 시늉을 하는 동안 하와이 영창 하나가 불려졌다.

헌정식에 이어 그 다음날에는 저녁만찬이 마련되었다. 와이메아에서 몇 마일 떨어진 해변가의 마우나케아 비치 호텔에서였다. 사회자는 전 CBS 뉴스 아나운서인 월터 크론카이트였다. "월터 씨가 참석해서 우리는 대단히 기뻤어요. 그는 만찬 전날 정상에서 열린 헌정식에도 참석했는데, 높은 고도로 인한 어떤 문제도 갖지 않은 것 같았어요." 스미스가 이렇게 말했다.

만찬석에서 주지 연설자는 칼텍의 부총장이자 물리학과 교수이며, 제트추진연구소 소장이며 CARA 회장인 에드 스톤이었다. 스톤은 그 망원경이 천문학의 미래에 담당하게 될 중요한 역할에 대해 역설했다. 그는 우주의 기원과 태양계가 어떻게 형성되었는지에 관한 물음을 특히 강조하면서, 그 망원경을 사용해서 풀어 나아가야 할 몇 가지 천문학적 난제들을 설명했다.

캘리포니아 대학교 교무처의 수석 부처장이며 CARA의 부회장인, 윌리암 프레이저는 켁 재단에 의해 이루어진 그 망원경의 자금과 CARA의 설립에 관해 연설했다.

켁의 관측 장비들

망원경은 어떤 장비들이 부착되느냐에 따라 우수한 정도가 결정된다. 천체의 상을 얻어주는 전하결합소자 카메라와 함께 켁에 사용될 주요 장비는 분광기이다. 분광기는 별에서 나온 빛을 색깔, 즉 파장별로 퍼지게 해서 여러 개의 흡수선들을 나타내 준다. 이러한 선들은 별의 외곽 대기에 있는 원자나 분자들이 특정한 파장의 빛을 흡수하기 때문에 나타난다. 별의 스펙트럼은 별의 구조와 물리적 성질들에 관한 정보를 주기 때문에 천문학자들에게는 대단히 중요한 가치를 지닌다.

켁에는 두 개의 분광기가 설치된다. 두 가지 모두 복잡한 컴퓨터 분석을 통해 디자인된 최첨단의 관측장비이다. 첫번째 것은 저분해능 화상 분광계라고 불린다. "그것은 고감도를 위해 디자인되었습니다. 따라서 아주 희미한, 멀리 있는 별들을 보는 데 이용될 것입니다. 이것은 이 망원경이 만들어진 이유 중 하나이기도 하죠. 멀리 있는 은하나 퀘이사들에 관한 한 정말 천문학의 최전선에 있다고 해도 과언이 아닙니다." 스미스는 이렇게 말한다. 스펙트럼을 얻는 것 이외에도 그 저분해능 화상 분광기는 천체들의 자세한 화상들을 얻는 데 이용될 수도 있다.

리크 연구소의 스티브 보그트와 그의 그룹은 그 망원경을 위해 계획된 관측장비들 중 가장 값이 비싼 310만 달러의 고분해능 분광기에 관해 일하고 있다. 켁의 막강한 집광력과 함께, 이 분광기는 지금까지 퀘이사와 같은 희미한 물체들로부터 얻어진 것들 중 가장 상세한 스펙트럼을 생산하게 될 것이다.

이들이 그 망원경의 두 주요 광학기계이다. 그것들은 다른 망원경들이면 몇 시간이 걸릴 스펙트럼을 단 몇 분 안에 천문학자들에게 제공해 줄 것이다. 켁의 나머지 세 가지 장비는 적외선과 관련되어 있다. 마우나케아에서의 적외선 관측의 수월함과 망원경의 거대한 크기 때문에, 켁은 적외선 천문학계에서 조만간 세계적인 선두주자가 될 것이다. 적외선 관측장비 중 두 개는 카메라이다. 단파를 위한 근적외선 카메라와 장파를 위한 원적외선 카메라가 그들이다. 둘 모두 20년 전에 생산된 적외선 기계들보다 수천 배의 감도를 가질 것이다. 예를 들어, 1980년대에 팔로마에서 사용된 적외선 기계들은 반도체를 이용한 단일 검출기를 사용했지만 켁의 근적외선 카메라는 훨씬 더 효율적인 65,000개의 검출기를 포함하는 반도체칩을 사용한다. 또 하나의 관측장비는 적외선 분광기다. 측광기와 전하결합소자 카메라와 같은 다른 관측장비들도 사용될 계획으로 있다.

"이 5개의 장비들 모두 이 망원경을 위해 특별히 디자인된 것들입니다." 스미스는 이렇게 덧붙였다.

켁 II와 간섭측정법

1991년 4월 칼텍에서 열린 한 기자 회견에서 켁 재단의 이사장인 하워드 켁은 그들이 켁 I과 쌍둥이인 두번째 10미터 망원경에 자금을 지원할 것이라고 발표했다. "첫번째 켁 망원경을 건설하는 동안 성취된 엄청난 기술적인 진보는 우리를 크게 고무시켰습니다. 이에 우리는 두번째 망원경을 지원함으로써 천문학 연구의 폭을 보다 넓게 하고자 합니다." 그리고 켁 재단이 켁 II의 건축을 위해 약 7천 5백만 달러를 제공하겠다고 밝혔다. 이것은 그 망원경 프로젝트 비용의 약 80%에 해당하는 금액이었다.

켁은 그 기자 회견에서 자신은 천문학에 개인적으로 특별한 관심이 있는 것은 아니며, 단지 가치 있는 과학적 자금을 보조하는 데만 관심이 있을 뿐이라고 언급했다. 나는 스미스에게 이에 대해 물어보았다. 그는 잠시 말없이 생각하고 나서 이렇게 답변했다. "나는 그가 자신은 아마추어 천문학자도 아니며 천문학에 관해 그렇게 잘 알지도 못한다는 뜻으로 그런 말을 한 것이라고 생각합니다. 그는 망원경의 목적과 그 기술적 발전에 대단히 관심 있는 것처럼 보였습니다."

켁 II는 켁 I에서 약 85미터 떨어진 곳에 놓이게 되며 간섭측정법이라는 기술에 의해 함께 연결되어 사용될 것이다. 그렇게 되면 그들의 집광력이야 그렇지 못하겠지만, 분해능은 지름 85미터인 거울의 분해능과 동등해진다. 간섭측정법을 통한 망원경들의 연결은 이미 오래 전부터 있어 왔다. 전파망원경의 경우 1950년대 이후로 연결해 사용했다. 그러나 간섭측정법은 가시광선 파장보다 전파에 훨씬 더 용이한데, 그것은 전파가 훨씬 더 긴 파장을 갖기 때문이다.

간섭측정법에서는 두 개 혹은 그 이상의 광원에서 나온 신호들이 함께 모아져서 중첩됨으로써 강한 신호를 주게 되므로 파장들이 정확히 같은 위상에 놓이도록 모아지는 것이 대단히 중요하다. 동일 위상은 망원경들이 머리 위를 가리키고 있고, 신호들이 그들 사이에 있는 중간 지점으로 모아질 때에 자연스럽게 이루어진다. 그러나 대부분의 경우 간섭측정법을 통해 한쪽 망원경에서 나온 신호는 다른 쪽에서 나온 신호보다 중간 지점에 도달하는 시간이 조금 더 걸릴 것이다. 이것은 한 개의 신호가 약간 지연되어져야 한다는 것을 의미한다. 그 기술은 마운트 윌슨에서 근적외선 파장에 대해 성공적으로 사용되어 왔다. 이 프로젝트에서는 31미터 떨어진 두 개의 작은 거울이 사용되었다. 그리고 현재 이와 유사한 많은 프로젝트들이 진행중이다. 하나는 로웰 천문대에서 그리고 또 다른 하나는 조오지아텍과 조오지아 대학교에서 진행되고 있다.

힐로 항구에 있는 바지 (barge) 에서 옮겨지고 있는 켁 II의 강철 대들보

건축중인 켁 II의 돔

켁의 간섭측정법에 대한 상세한 계획은 아직 완성되지 않았다. "개발되어져야 할 기술들이 아직 많아요. 85미터라는 두 거울 사이의 긴 광학 거리는 적외선에 대해서조차도 깁니다. 만일 우리가 두 개의 신호를 적절히 모으려고 한다면 매우 정확한 기준선들을 가져야만 할 것입니다." 스미스는 이렇게 말한다.

두 개의 켁 망원경들은 몇 년 내에 4개의 더 작은 망원경들에 의해 보조될 것이다. 그것들은 지름이 1.5에서 2미터의 거울을 가지게 될 것이며, 망원경의 화상 능력을 상당히 발전시킬 것이다. 현재 계획에 따르면 이 4개의 작은 보조 망원경들은 고정된 18개의 지점들 중 어디로든 이동될 수 있도록 되어 있다. 보조 망원경들과 켁 I, 그리고 켁 II에서 나온 신호들은 켁 II의 지하에 있는 광선조합실로 모아져 분석된다.

켁 II는 1996년에 완성될 예정이며 망원경들간의 간섭측정법은 2년 내에 이루어질 것이다. 그러나 보조 망원경들의 경우는 2000년 전에 완성될 것으로 보이지는 않는다.

현재 간섭측정법에 관한 계획들은 적외선에 국한되어 있다. 가시광선에서의 간섭측정법은 언제쯤 가능할까? 스미스는 그것이 대단히 어려운 도전이므로 가까운 미래에는 희망이 없는 것 같다고 말했다. 이 분야에서 연구해 오고 있는 해군연구소의 켄 와일러는 가시광선 간섭측정법을 "물침대 위에서 굴러 대면서 부글부글 거품이 가득한 어항에 비친 신문을 읽으려는 것"에 비유했다.

몇 년을 더 기다려야 하는지는 아직 모른다. 그러나 분명한 것은 그 날이 반드시 온다는 것이다.

적응광학계

간섭측정법이 적외선과 가시광선 모두에서 완벽해진다면 시상 면에서 천문학자들에게 굉장한 편의를 주게 될 것이다. 그러나 그것이 분해능에 도움을 줄 수 있는 유일한 기술은 아니다. 현재 천문학에는 적응광학이라고 하는 또 하나의 최첨단 기술이 있다. 최초의 아이디어는 현재 워싱턴의 카네기 연구소 천문대에 있는 호레이스 밥콕에 의해 제시되었다. 밥콕은 망원경에서 시상을 제한하는 주요 원인이 지구 대기와 관련되어 있다는 것을 깨달았다. 별에서 나온 빛은 대기를 통과해 내려오면서 계속적으로 흔들리게 된다. 그러므로 빛은 마치 초점이 다른 많은 작은 렌즈들을 지나오는 것처럼 행동하게 된다. 이것이 광선을 왔다갔다하게 함으로써 결과적으로 또렷하지 않은 상을 만든다. 이런 이유 때문에, 지상에서 현재 얻어질 수 있는 최고의 분해능은 약 0.5초가 되는데, 이것은 이론적인 '최고 품질'의 상과 비교했을 때 약 10배가 되는 분해능이다. 즉 지상에서도 0.05초의 분해능에 도달하는 것이 가능해져야 한다는 말이다. 1953년에 밥콕은 이 한계에 도달할 수 있는 방법을 찾기 시작했다.

하나의 완벽한 상의 경우 광파의 진행면은 직선(그것은 사실 아주 큰 원의 호이다)이다. 그러나 대기 안에서의 요동이 이 선을 뒤틀리게 한다. 천문학자들은 적응광학이 그것을 똑바르게 펴주기를 희망하고 있다. 적응광학에서는 광선의 파면에 있는 경사와 흔들림을 검출해서 거울을 이용해 이를 보상한다. 예를 들어, 약간의 경사는 반대 방향으로 기울어진 편평한 거울을 이용함으로써 수정될 수 있다. 그리고 흔들림은 밑에 조정기를 갖고 있는 휘기 쉬운 얇은 거울을 이용해 매끄럽게 만들 수 있다. 그러한 시스템을 사용함으로써 또렷하지 않은 상을 초점으로 다시 가져오는 것이 가능한 것이다.

그 시스템에서는 기준별이 아주 중요하다. 만일 적응광학계에 있는 조정기가 '기준'별을 정확한 상으로 유지할 수만 있다면, 같은 시야에 있는 나머지 별들은 자동적으로 정확해질 것이다. 이를 위해서는 기준별이 상당히 밝은 별이어야만 하는데 아쉽게도 밝은 별은 그다지 흔하지가 않다. 이런 이유로 인공적인 별이 이용된다. 대부분의 인공별들은 이제 레이저를 이용해 만들어진다. 일리노이스 대학교의 래어드 톰프슨은 자외선 레이저광의 맥동이 망원경이 가리키는 방향의 하늘로 내쏘여지는 시스템을 개발했다. 대기는 그 빛을 반사시켜 인공별을 만들어낸다. 불행한 것은, 반사가 대기 상부에서는 일어나지 않고 약 20마일 상공에서만 일어남으로 그 위에서 산란된 광선들이 완벽하게 평행하지 않다는 것이다. 그러나 아주 최근에는 더 강력한 레이저들이 개발되어 왔는데 그것들은 인공별들을 훨씬 더 멀리에 만들어낼 수 있다.

HRCam이라는 간단한 적응광학계가 몇 년 동안 캐나다-프랑스-하와이 망원경에 사용되어 왔다. 이 시스템은 다소 간단한 보정을 했을 뿐이었지만, 시상을 개선시키는 데에는 아주 효과적이었다.

적응광학은 켁 망원경에도 사용될 예정이지만, 상세한 것은 아직 밝혀지지 않았다. "지금은 적응광학에 대한 개발 전략과 운용 계획을 제안하는 단계일 뿐입니다. 이 문제는 현재 중요한 논제이고 많은 사람들이 그 시스템이 어떻게 이루어져야만 하는가에 대해 나름대로의 견해를 가지고 있습니다." 스미스는 이렇게 말한다. 비록 켁에 위원회가 구성되기는 했지만, 아직 어떤 확고한 결정도 내려지지 않았다.

그 시스템 안에는 이미 간단한 적응광학 장치가 들어 있다. 따라서 이것을 이용해 경사조정 같은 것이 이루어질 수 있다. 적외선 부경은 아주 빠른 반응을 가지므로, 광파 진행면의 경사 오차를 감지해서 그것들을 조정하는 것이 가능하다.

나는 위지노비치에게 적응광학계가 부착되면 시상이 얼마나 좋아질 것으로 기대하는지 물어 보았다. 그는 시상을 0.05초까지 내리기를 희망하지만, 잘만 하면 0.02초까지 낮출 수도 있을 것이라고 말했다. 이것은 자동차에 달린 두 개의 헤드라이트를 25,700킬로미터 떨어진 곳에서 구별하는 것에 상응하는 굉장한 분해능이다.

프로젝트들

켁 I은 1993년 중반에 첫 프로젝트를 위한 준비가 완료되었다. 가시광선 파장과 적외선 파장 모두에서 세계 최고의 관측기기인 그 망원경을 사용해, 천문학자들은 거의 우주의 시작이라고 할 수 있는 먼 과거를 연구하게 된다. 그들은 천지창조 이후 약 30억 년 뒤에 존재한, 120억 광년 거리에 있는 퀘이사들을 보게 될 것으로 기대한다. 더욱이 1996년에 켁 II가 켁 I과 함께 가동되게 되면 천지창조 후 10억 년 되었을 때 존재했던 은하와 퀘이사들을 볼 수 있으리라 기대한다. 두 망원경은 함께 마운트 팔로마에 있는 5미터 반사망원경의 8배에 해당하는 집광력을 갖게 될 것이다.

천문학자들은 이 망원경을 이용해 어떤 문제들을 탐구하려고 하는가? 특히 중요한 것은 우주가 어떻게 현재의 대규모 구조를 갖게 되었는가 하는 것이다. 아주 거시적으로 보면, 우주는 얼룩덜룩한 모양을 하고 있어서 마치 초은하단들이 우주 안에 있는 거대한 구형 공간 둘레로 길게 줄지어 이어져 있는 것처럼 보인다. 켁 망원경은 아마도 이런 구조가 어떻게 그리고 무엇 때문에 만들어지게 되었는지에 대한 이해를 도와줄지도 모른다.

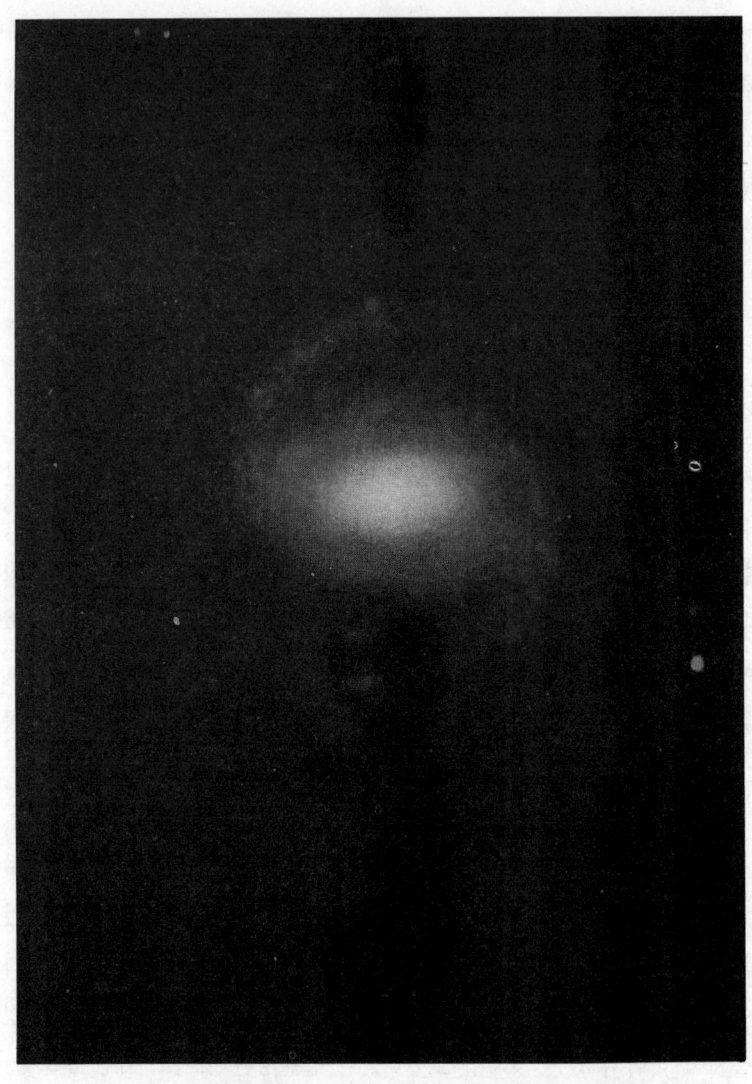

켁으로 찍은 첫번째 사진들 중 하나 (캘리포니아 천문학 연구 협회 제공)

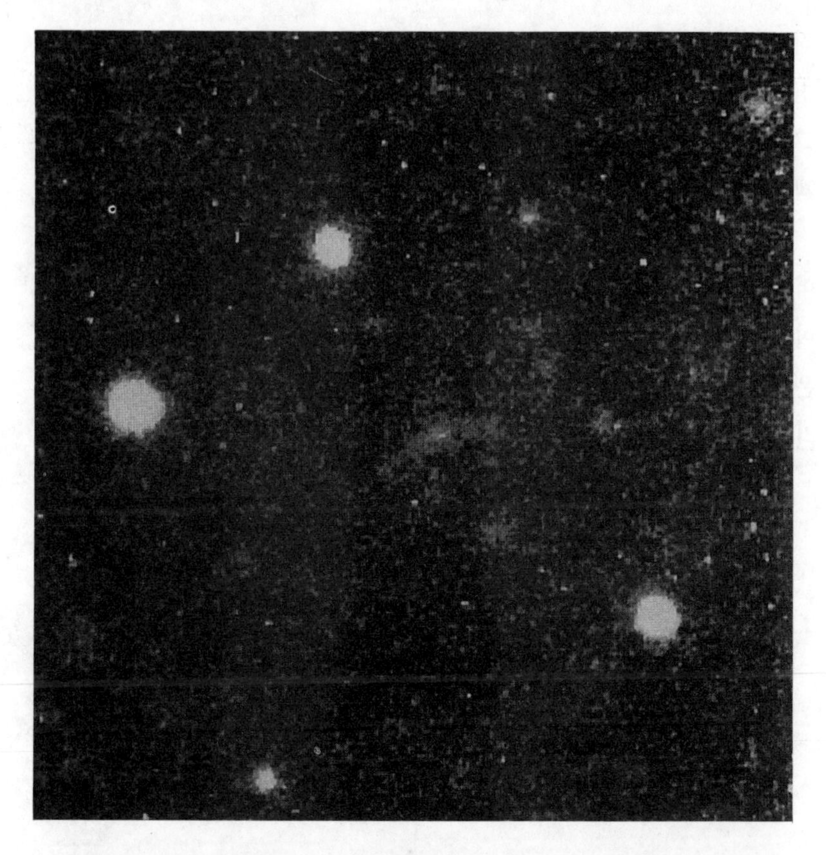

중앙에 있는 물체가 지금까지 상으로 만들어진 것 중 가장 먼 은하이다. 켁 I 에 의해 관측된 사진이다 [케이스 매튜스(칼텍)와 캘리포니아 천문학 연구 협회 제공]

또 하나의 중요한 물음은 우주가 무엇으로 이루어져 있는가 하는 것이다. 우주의 대부분은 암흑 물질로 구성되어 있는 것으로 알려져 있지만, 천문학자들은 아직도 이 암흑 물질이 도대체 어떤 것인지 모르고 있다. 켁의 막강한 능력으로 희미한 물체들의 스펙트럼을 얻을 수 있으므로 어쩌면 그 해답을 찾게 될지도 모른다.

또한 외계 태양의 행성 수색에 관한 계획들이 진행중이다. 행성들을 직접 본다는 것이 불가능하지는 않지만 대단히 힘들다. 이런 이유 때문에 천문학자들은 일반적으로 행성에 의해 야기되는 별의 '흔들림'을 찾는다. 그러한 흔들림을 보여주는 몇 개의 별이 이미 발견되었다. 천문학자들은 켁을 이용해 가장 가까이에 있는 100개의 별을 탐색할 것이다.

천문학자들은 또한 별의 형성에 대한 단서를 탐색할 것이다. 별들은 어떻게 형성되는가? 행성계는 어떻게 이루어지나? 우리 은하인 은하수는 어떻게 이루어졌나? 우리 은하의 중심에는 무엇이 있는가? 그리고 다른 은하들은? 켁이 가동에 들어간 후 많은 흥미로운 발견들이 우리를 기다리고 있을 것임에 틀림없다.

제 6 장

세계의 지붕을 방문하면서

거의 4300미터에 달하는 마우나케아는 태평양 상의 최고봉이다. 마우나케아는 록키산맥의 최고봉보다도 더 높다. 멀리서 보았을 때는, 어쩌면 그 높이를 제대로 가늠하지 못할지도 모른다. 왜냐하면 마우나케아는 록키산맥의 많은 봉우리들처럼 들쭉날쭉하지 않기 때문이다. 사실 그 산은 정상이 둥글려져 있어서 두더지가 쌓아 놓은 아주 큰 흙더미처럼 보인다. 외양으로는 별로 높은 것 같지 않지만, 사실상 이 산은 정말 높은 산이다. 더욱이 운전을 해서 산 위로 올라가 보면 그것을 느낄 수 있다. 해면 고도에서부터 운전을 시작하기 때문이다. 록키산맥의 경우에는 항상 상당한 고도에서 운전해 올라가게 마련이다.

첫번째 여행

마우나케아가 온통 눈으로 덮여 있다가 서서히 녹아 내리기 시작하는 모습을 힐로에서 며칠 동안 지켜본 뒤, 나는 그 정상에 몹시 가보고 싶은 충동을 느꼈다. 나는 초기 등반자들이 겪는 고산병, 기억상실증, 그리고 사고력 저하와 같은 고통에 대해 많이 읽은 적이 있었으므로 그 고도가 내게 어떤 영향을 미칠지 몹시 궁금했다. 하지만 내가 정말로 보고 싶었던 것은 그 산의 정상 위에 배치되어 있는 거대한 망원경들이었다.

나는 힐로의 연합 천문학 센터를 통해 그 여행을 준비했다. 안내는 케빈 크리시우나스가 맡기로 되어 있었다. 곱실곱실한 머리를 가진 마라톤 선수인 크리시우나스는 우리가 떠나기로 한 날 내게 전화를 걸어 일정이 약간 지연될 것이라고 말했다. 우리가 사용하기로 되어 있었던 4륜 자동차가 사고를 당했다는 것이었다. 영국에서 온 사람이 운전을 하고 있었는데, 천문대로 올라가는 새들 로드의 중간쯤 달릴 때 앞에 있는 언덕에서 갑자기 승용차 한대가 나타났고, 자신이 미국에 있다는 사실을 망각한 그가 왼쪽으로 핸들을 꺾었던 것이다.

우리가 힐로를 떠났을 때는 폭우가 내리고 있었다. 나는 뒷좌석에 앉아 있었고, 케빈은 영국에서 온 천문학자 한사람과 함께 앞에 앉았다. 운전은 그 영국 학자가 고집스럽게 맡았다. 나는 다소 염려스러웠지만, 그는 자신이 미국에서 상당히 많은 운전을 해보았으므로 사고를 낸 사람과 같은 실수는 범하지 않을 것이라고 말하며 나를 안심시켰다. 나는 또한 정상에는 비가 오지 않을 것이라는 케빈의 말을 듣고 마음이 놓였다. 정상에는 강수가 약간 있기는 하지만 겨울에는 대부분이 눈의 형태로 내린다. 12월과 1월 동안에는 보통 두 차례 정도의 눈보라가 불어와 수십 센티미터 정도의 눈을 남기게 되는데, 그 일주일 전쯤 폭풍이 지나갔다.

정상으로 올라가는 마지막 몇 킬로미터는 경사가 대단히 가파르며 곳곳이 위험하다. 그러므로 천문학과의 연구진들은 4륜 자동차를 이용한다. 사실 중간 고도 시설에는 그 위로는 4륜 자동차만 허용된다는 안내판이 붙어 있다. 더욱이 이 지역의 모든 렌터카 회사들은 계약서에 자동차를 새들 로드로 운행해서는 안된다는 사항을 명시하고 있다.

우리가 힐로 시내를 통과해 새들 로드 쪽으로 향하고 있는 동안에도 비가 계속해서 자동차의 앞유리창을 때렸다. 케빈은 몇 가지 과학적 수수께끼로 계속해서 우리를 즐겁게 해주었다. 시내의 교통이 무척 붐볐다. 이 도시에 그렇게 익숙하지 않은 나로서는 '새들 로드 행'라는 표지판을 볼 때까지 우리가 어디에 있는 건지 도무지 알 수가 없었다. 새들 로드가 그다지 멀리 떨어져 있지 않았다. 여기저기 흩어져 있는 인가와 함께 꽃과 양치류 식물과 나무들이 길가에 줄지어 있었다. 우리는 '카우마나 동굴'이라고 적힌 표지판을 지났다. 나는 그곳을 후에 방문할 만한 곳으로 마음속에 담아두었다.

마침내 새들 로드에 도달했다. 그 길에 관해서는 들은 것이 많았다. 정말 사람들이 말하는 것처럼 그렇게 위험할까? 그 도로는 2차대전 중 섬 중앙에 있는 군사시설로 접근할 수 있도록 닦여진 것이었다. 이름이 나타내듯, 그것은 그 섬에 있는 두 개의 주요 화산 사이의 '안장'에 있는 길이다. 사실 새들 로드는 그 섬의 내부를 가로지르는 유일한 도로이다. 새들 로드 입구에는 이런 표지판이 있었다. "라이트를 켜시오." 새들 로드가 구름 속에 들어가 있는 경우가 많으므로 낮에도 라이트를 사용하라는 권고였다.

처음 몇 마일은 매끄럽게 포장되어 있었지만, 곧 마치 비틀어지는 롤러코스터를 타고 있는 것같이 느껴졌다. 똑바른 직선코스 같은 것은 없었다. 언덕 다음에는 또 다른 언덕이, 그리고 굴곡이 지나면 또 다른 굴곡이 나타났다. 놀랍게도 도로상에는 상당한 교통량이 있었고 따라서 사고가 잘 나겠다는 생각이 들었다. 그렇지만 생각했던 것만큼 그렇게 나쁘지는 않았다.

빗줄기가 마침내 이슬비로 가늘어지기 시작했지만 공기는 여전히 무겁고 습했다. 케빈은 우리에게 천문대와 그곳에서 일했던 사람들에 대해 많은 이야기를 해주었다. 나는 계속해서 주위를 둘러보았다. 사진 찍을 준비를 해오기는 했지만 막상 찍을 만한 것이 그다지 많지 않았다. 식물들이 빽빽이 밀집되어 있고 젖어 있어서, 섬의 힐로 쪽에 있는 대부분의 지역들처럼, 그곳도 발을 들여놓을 수 없는 정글처럼 보였다.

약 16킬로미터쯤 더 가자 아스팔트 포장길이 끊기고 가운데 부분만 매끄럽게 포장된 채로 남아 있었다. 그 길이 원래 만들어졌을 때는 이 가운데 부분만으로 이루어졌다고 한다. 그러나 전쟁 후 일반 사람들이 그 길을 이용하기 시작하자 일꾼들이 가운데 부분을 백색선으로 칠하고는 양쪽 땅에 일시적으로 아스팔트를 발라 버렸다. 그렇지만 그 땅을 잘 포장하지 않아, 이제는 그 기워진 부분이 깊이 패인 구멍과 갈라진 금으로 가득 채워져 있다. 그러므로 대부분의 사람들은 반대편에서 차가 오지 않으면 매끄러운 가운데 부분에서만 차를 몰려고 한다. 문제는 너무나 많은 커브와 언덕이 있어서 자동차들이 언제 튀어나올지 전혀 예측할 수 없다는 것이다.

나는 올라가는 동안 몇 가지 메모를 하려고 했지만, 차가 어찌나 튀어오르고 덜커덩거리는지 도무지 그렇게 할 수가 없었다. 계속 올라가자 주위의 풍경이 급격히 변했다. 해수면에서 약 1800미터까지는 식물들이 빽빽이 우거져 있었다. 이 지역에는 연중 7600밀리미터의 강수량이 있다. 힐로 자체는 강수량이 평균 약 3800밀리미터여서, 그 전지역은 푸르고 기름진 곳이다.

그러나 점차적으로 식물 생태계가 변하기 시작하더니, 주위가 낮은 나무들과 관목으로 덮여 있었다. 가장 흔한 나무들은 코아(역자주:하와이산 아카시아)와 오히아였다. 한때는 이곳에도 양이나 염소, 그리고 야생 수퇘지 같은 상당한 사냥감들이 있었다고 한다. 그러나 이제는 몇 마리의 길 잃은 가축들을 제외하면 야생 수퇘지만 남아 있을 뿐 양과 염소는 찾아볼 수 없다. 모두 총으로 사살되었기 때문이다.

우리는 갑자기 길 한쪽에 몇 마일이나 뻗쳐 있는 거대한 용암대와 만났다. 나는 그 용암대가 어디서 왔을까 궁금했다. 물론 마우나케아는 화산이지만, 모든 실제적인 정황으로 미루어 보아 마지막 폭발은 최소한 3000년 전에 있었음이 분명하다. 그러나 새들 로드의 왼쪽에 있는 마우나로아는 여전히 활동하고 있어서 최근인 1984년에도 용암이 그 산밑으로 흘러내렸다. 하지만 우리 주위에 있는 용암은 1984년의 폭발로 나온 것이 아니었다. 그 용암은, 나중에 발견한 사실이지만, 1800년대 중반에 마우나로아에서 발생한 폭발로부터 나온 것이라고 한다.

마침내 우리는 용암류에서 나무와 관목과 잔디가 있는 지역으로 다시 나왔다. 초원에 군데군데 작은 나무숲들이 있는 훤히 뚫린 지역이었다. 45킬로미터 표시가 나오자 우리는 새들 로드에서 나와 잘 포장된 비교적 곧게 나 있는 도로로 들어섰다. 케빈은 이곳에서 할레 포하쿠에 있는 중간 고도 시설까지는 이제 단 몇 킬로미터에 남아 있지 않다고 말해 주었다. 주위의 건조한 초지 경사면에는 소들이 방목되고 있었고, 멀리에 대여섯 개의 오래된 구조물들이 보였다.

길은 이제 훨씬 더 매끄럽고 넓어졌지만, 얼마 되지 않아 전보다 더 가파른 길을 올라가고 있었다. 우리의 운전자가 기어를 2단에서 1단으로 바꿨다. 차가 급격한 커브길을 따라 산 위로 천천히 올라가고 있는 동안 나는 주위를 둘러싸고 있는 땅을 관찰했다. 생태학적으로 볼 때 이곳이 그 산에서 가장 흥미있는 지역으로, 마메인과 나이오 나무들이 풍부하며, 지구상의 다른 어떤 곳에서도 찾아볼 수 없는 새와 동물들이 서식하고 있다. 앞서 언급했던 팔리아 새도 이곳에 있다. 매와 거위, 그리고 메추라기와 목도리뇌와 같은 새들도 그 지역에 모여 살며, 야생 수퇘지도 있다.

그 지역은 황폐하고 메마른 것처럼 보였는데, 사실 거의 비가 오지 않는다고 한다. 그날 머리 위의 하늘은 몇 조각의 구름이 떠도는 것을 제외하고는 청명했다. 드디어 낮은 수풀과 나무들 사이로 많은 작은 봉우리들을 가진 긴 구조가 보였다. 중간 고도 시설에 도착한 것이었다. 그 시설의 이름은 챌린저호의 사고로 사망한 하와이인 우주비행사 엘리슨 S. 오니주카의 이름을 따서 최근에 오니주카로 명명되었다.

할레 포하쿠

할레 포하쿠의 식당 베란다에서 내려다 본 전경은 정말 놀라웠다. 아래에는 조그만 나무와 초원들이 산재해 있는 새들 계곡이 있고, 저 멀리에는 마우나로아가 보였다. 힐로 쪽을 바라보면 대개 역전층에 의해 형성된 구름 상부가 보이는데 그날도 예외는 아니었다. 그리고 케빈이 말했던 것처럼 우리는 이 구름대 위로 올라와 맑은 날을 즐기는 것이다. 그러나 이 지역이 항상 맑은 것은 아니다. 새들 로드에서 할레 포하쿠로 올라가는 길 부분은 떠도는 구름 때문에 위험할 수 있다. 곳에 따라 때로 짙은 안개 속에 파묻혀 있기 때문이다. 한번은 할레 포하쿠에서 안개 속으로 몇 마일 운전해 내려갔는데 안개가 어찌나 짙던지 길 위에 그려진 차선을 거의 볼 수 없었다.

할레 포하쿠에 있는 시설은 적당한 규모의 알파인 호텔을 생각나게 한다. 식당의 베란다에서 보면 아래에는 천문학자들의 숙소와 그 숙소까지 이어지는 나무로 만들어진 긴 통로가 있다. 이 숙소가 필요한 것은 높은 고도 때문에 천문학자들이 24시간 동안 산 정상에 남아있을 수 없기 때문이다. 더욱이 그들이 일단 새로운 환경에 익숙해지면 관측 일정(며칠 동안 지속될 수 있는) 동안 낮은 고도로 돌아올 수 없다. 2760미터 고도에 있는 할레 포하쿠는 정상보다 산소량이 훨씬 더 많기 때문에 수면 시간과 휴식 시간 동안에는 천문학자들에게 이상적인 고도이다. 그러므로 천문학자들은 정상에서 밤을 보내고 중간 고도 시설로 내려와 주간 동안 수면을 취한 뒤 음식을 먹고는 아무 어려움 없이 다시 정상으로 돌아갈 수 있다.

정상으로 올라가는 사람은 누구나 적어도 한 시간 동안을 반드시 할레 포하쿠에서 머물러야 한다. 때로 사람들은 이 과정을 뛰어넘지만, 보통은 그것을 후회하게 된다. 환경에 적응하지 않으면 정상에서 고생을 하게 되기 때문이다. 중간 고도에서 머무는 한 시간은 사람들을 희박한 공기에 익숙해지게 함으로써 꼭대기의 더 희박한 공기에 적응할 수 있도록 도와준다.

중간 고도 시설 주위의 분위기는 유쾌하다. 주방과 식당 홀에는 항상 음악이 흐르며 벽면은 정상에 있는 멋진 돔들의 사진들로 장식되어 있다. 식당 홀이 내려다보이는 발코니로 가보면 한쪽 면으로 당구대가 놓여 있고, 작은 도서실이 나온다. 커다란 유리문을 밀고 밖으로 나오면 널찍한 베란다에 편안한 의자가 여러 개 놓여 있다. 맑은 날에는 이 베란다에 나와 편히 햇볕을 쬐고 싶다는 생각도 들지만, 일단 밖으로 나오면 여기가 햇볕 쬐며 편히 있기에는 그다지 좋지 않다는 것을 알게 된다. 중간 고도 시설 지역의 온도는 정상보다는 높기는 하지만, 그래도 몹시 춥기 때문이다. 따라서 외부에서 오래 있을 생각이면 반드시 재킷을 입어야 한다.

천문학자와 기술자, 그리고 다른 사람들을 숙박시키는 72개의 방에는 작으며 촘촘히 맞춰진 블라인드가 설치되어 있다. 이들에게는 주간과 야간이 뒤바뀌게 되므로 방들이 가능한 한 편안하고 안락하게 꾸며져 있다. 이런 환경에도 불구하고, 대부분의 사람들은 낮밤이 뒤바뀐 생활에 적응하는 데 하루 정도면 충분하다.

식당 홀 위층에는 천문학자들이 사용할 수 있는 연구실과 컴퓨터실

할레 포하쿠에 있는 천문학자들을 위한 숙소

할레 포하쿠의 식당에서 내려다 본 숙소의 모습

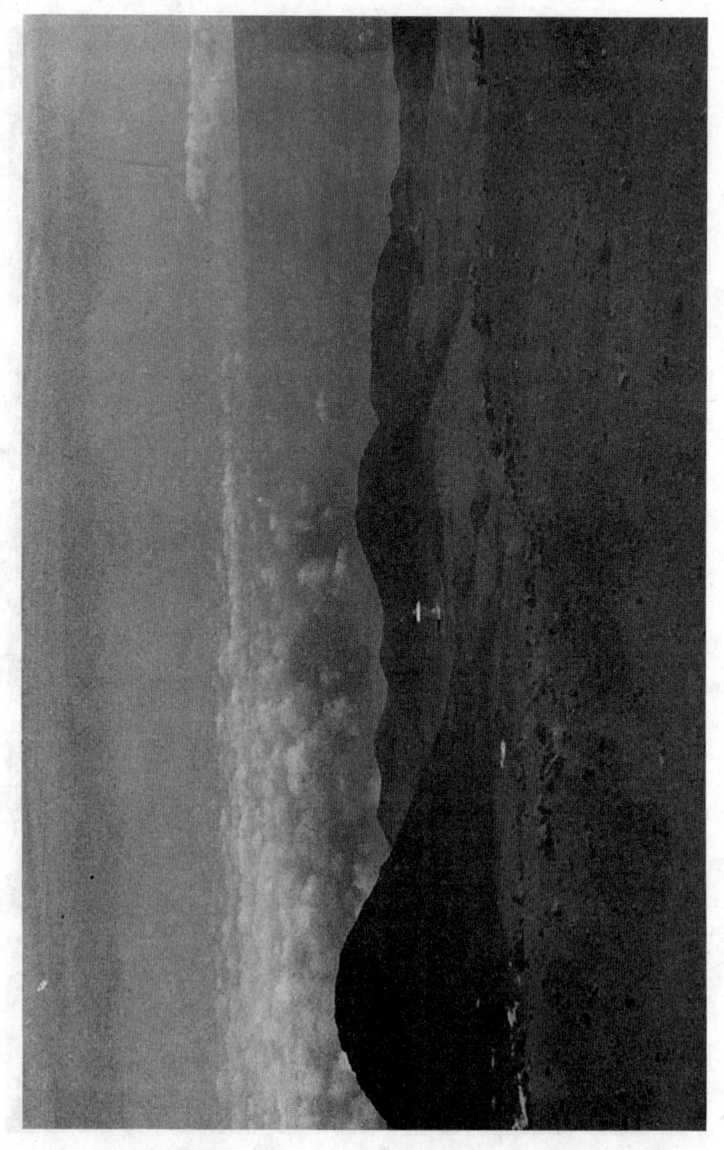

역전층에 형성된 구름 모습. 전경에 전파망원경(VLBA)이 보인다.

정상 부근의 도로

들이 있다. 이곳에서 천문학자의 하루는 보통 오후 늦게 시작된다. 대부분이 한낮쯤 일어나서 야간 관측 동안 요구되는 컴퓨터 작업을 한 뒤 4시에서 6시 사이에 식사를 마치고 곧장 정상으로 향한다.

정상으로 오르며

할레 포하쿠에서 한 시간쯤 머문 뒤, 우리는 재킷을 입고 정상을 향해 출발했다. 이곳에서 정상까지는 어림잡아 13킬로미터 정도였지만, 길은 우리가 막 올라온 길보다 훨씬 더 가파랐다. 이번에는 크리시우나스가 운전을 했으며 몇 명의 새로운 승객들이 동승하고 있었다. 매릴랜드의 조세프 타타레윅즈 박사와 그의 아내와 아들이 그들이었다.

우리는 이 시점부터는 오직 4륜 자동차만 허용된다고 적혀 있는 안내판을 지났는데, 그 이유를 쉽사리 알 수 있을 것 같았다. 도로가 가파르고 포장이 되어 있지 않았다. 그러나 이 도로는 헤링과 다른 초기의 관측자들이 사용했던 것보다는 상당히 나은 편이었다. 운전하면서 크리시우나스가 우리에게 원래의 도로를 가리켰다. 그 도로는 너무나 가파라서 누군가가 그 도로를 이용해서 운전해 갔다는 사실이 좀처럼 믿어지지 않았다(정상으로 올라가는 노선의 대부분은 원래의 도로와 같으며, 아랫 부분이 다를 뿐이다).

할레 포하쿠를 지나자 모든 식물들이 사라졌다. 3450미터 고도 위에는 풀 포기 하나 자라지 않았다. 그러나 아래로 내려다 보이는 전경은 정말 장관이었다. 힐로는 역전층 밑에 묻혀 있었지만, 이웃섬 마우이에 있는 할레아칼라 산도 볼 수 있었다. 마치 다른 세계에 와 있는 것 같았다. 우리 양편에는 용암대와 암석, 그리고 자갈들이 보였다. 그 모습은 이상하게도 화성의 표면을 연상케 했다. 사실 암석과 모래 일부는 화성에 있는 것처럼 붉은색을 띠기도 했다.

거칠고 황폐해 보이는 이곳에는 대부분이 작은 것들이기는 하지만 생물들이 상당히 많이 있다. 하지만 3450미터 위에서 발견되는 유일하게 큰 식물은 특이한 실버 스워드라는 것인데, 비교적 긴 수명 동안 단 한번만 꽃을 피우는 놀라운 식물로 뾰족한 잎을 가지고 있다. 그 외엔 대부분이 이끼류 식물들이다. 동물들은 거의가 거미와 진드기, 그리고 지네와 나방 등의 절지동물과 같은 벌레들뿐이었다.

산 위로 계속 올라가자 쌓여 있는 눈들이 보이기 시작했다. 일주일 전만 해도 산꼭대기 전체가 눈으로 덮여 있어서, 밑에서 올려다 보면서 정상 부근에는 60센티미터 정도의 눈이 있을 것이라고 생각했는데, 우리 주위에는 눈이 여기저기 점점이 흩어져 있을 뿐이었다. 그리고 대부분의 지역에는 이미 눈이 없었다. 어떤 분석구 쪽은 완전히 덮여 있는 곳도 있었지만, 몇 개의 눈더미를 제외하고는 눈은 몇 센티미터 깊이로만 남아 있었다. 본토의 스키 애호가들에게는 다소 실망스럽게 여겨질지도 모르나 하와이에서는 이곳이 스키를 탈 수 있는 유일한 지역이다. 리프트가 없으므로 스키를 타고 내려온 다음에는 언덕 위로 다시 걸어 올라가야만 한다. 그러나 사실은 차를 주차시킬 수 있는 장소들이 있으므로, 경사면 아래로 스키를 타고 내려와서는 누군가가 꼭대기까지 태워다 주도록 하면 된다. 다른 섬, 특히 오아후섬의 스키 애호가들은 눈이 제법 온 후에는 급히 하와이섬으로 달려간다. 내가 등정했던 그 날은 언덕 중턱에 많은 트랙이 보이기는 했지만 스키를 타는 사람은 없었다.

곳곳에 고드름 같은 것들이 땅바닥으로부터 자라나 있는 것이 보였다. 그것을 보면 눈이 없어진 주요 방법이 승화였음이 분명하다. 0℃의 온도와 따스한 햇빛에도 불구하고, 언덕 중턱 아래로는 물이 전혀 흘러내

정상에서 내려다본 몇 개의 돔. 중앙에는 캐나다-프랑스-하와이 돔이, 오른쪽에는 하와이 대학교와 영국 돔들이 있으며, 그리고 앞에 보이는 것이 칼텍 돔이다.

정상의 눈. 오른쪽에 켁 돔이 있다.

리지 않고 있었다. 하지만 그 녹은 눈에서 약간의 물이 나온다. 정상 부근에는 녹은 눈으로 만들어진 와이아우 호라는 작은 호수가 있는데, 도로에서는 보이지 않지만 3에이커 정도로 놀랄 만큼 크다.

또한 정상 부근에는 까뀌돌 채석장이 있다. 초기 하와이인들은 연장을 만들 돌을 구하기 위해 이곳까지 올라왔던 것이다. 그들은 이 채석장에서 나온 돌들을 쪼개서 뾰족하게 만든 뒤 장대에 묶어 도끼와 괭이 같은 연장들을 만들었다.

도로의 마지막 6.5킬로미터는 이제 포장되어 있다. 주간에는 그 도로에 차량 통행량이 상당히 많다. 그 도로가 포장되기 전에는 차량이 하나 지나갈 때마다 뒤에 먼지구름을 남기는 바람에, 먼지가 시상을 방해했다고 한다. 따라서 먼지를 줄이기 위해 도로가 포장되었다. 그러나 불행히도, 겨울 동안에는 비포장 도로보다 훨씬 더 미끄럽기 때문에 포장도로가 더 위험하다.

정상에서

정상까지 운전해 가자 땅바닥에 넘어져 있는 강철 표지판들이 보였다. 그것은 일주일 전에 이 지역을 강타한 시속 160킬로미터의 강풍이 남기고 간 흔적이었다. 아직도 서 있는 표지들 몇 개는 바람에 날려 가지 않도록 그 표면에 드릴로 적당히 구멍들이 뚫려져 있었다.

정상에 도달하자 우리는 차에서 뛰어내렸다. 내가 처음으로 느낀 것은 생각했던 것보다 그다지 춥지 않다는 것이었다. 그러나 케빈은 긴소매 셔츠와 조끼를 입고 있는 내게 돔 안에서는 재킷이 필요할 것이라고 말해주었다.

희박한 공기 속에서는 기분이 어떨까? 이곳의 산소량은 해수면에 비해 60%에 불과하다. 이러한 고산지대에서 나타나는 증세들에 대해서는 책에서 많이 읽은 적이 있었다. 두통과 어지럼증은 일반적인 것으로 여겨졌다. 비록 호흡하는 데는 어떤 어려움도 없었지만, 높은 고도에 있다는 것은 쉽게 느낄 수 있었다. 가만히 서 있을 때는 아무것도 느끼지 못했는데, 걷기 시작하는 순간 무리하게 움직일 수 없으리라는 것을 깨달았다. 그러나 나는 머리가 심하게 어찔어찔한 것을 제외하고는 그렇게 기분 나쁜 것은 느끼지 못했다. 그리고 금방 기분이 상당히 편안해졌다. 내가 듣기로는 20세 미만의 젊은이들이 가장 고생을 한다고 했는데 우리의 경우를 보면 이것이 정말인 것도 같았다. 우리들과 함께 있었던 10대 아이는 조금 걷다가 곧 차 안으로 돌아가 휴식을 취했다.

높은 고도는 사람들에게 각각 다른 방법으로 영향을 준다. 어떤 사람은 건망증이 심해지고, 또 어떤 사람은 더 자신 있게 느끼는가 하면, 이상한 행동을 하는 사람들도 있다. 사실 높은 고도에 대한 사람들의 반응에 대해서 많은 에피소드가 있다. 예를 들어 한 유명한 대중과학작가가 산에 TV쇼를 하러 왔었다. 그런데 장비가 모두 준비되어서 쇼가 진행되려고 할 즈음, 그가 기절해 버리는 바람에 쇼에서 그의 역할을 취소시키지 않으면 안되는 상황이 벌어졌다고 한다.

그 산에 대한 얘깃거리가 된 또 하나의 사건은 어느 일요일에 발생했다. 어떤 천문학자가 잠겨진 천문대 문을 두드리는 소리를 들었다. 그가 문을 열자 한 여자가 그 얼어붙을 듯한 온도에도 불구하고 발가벗은 몸으로 눈앞에 서있는 것이 아닌가. 그녀는 천문대를 둘러보고 싶다고 말했다. 그는 그녀에게 옷이 어디 있는지를 물었지만, 그녀가 모르는 것 같아 보이자, 돔으로 달려가 그녀의 몸을 덮을 만한 것을 가져온 뒤 천문대를 둘러보게 했다는 것이다.

또한 돔을 건축한 노동자들 중 어떤 사람들은 쉽게 피로해지고, 또 방향감각이 둔해지기도 하며, 때문에 부품들을 잘 맞추지 못했다는 이야기들도 있다.

와이메아로부터의 등정

정상으로 가는 사람들이 모두 힐로에서 출발하는 것은 아니다. 켁과 캐나다-프랑스-하와이 천문대의 본부들은 모두 섬 북부에 있는 와이메아에 위치하고 있다. 이곳에서 출발한 천문학자들은 다른 쪽으로부터 새들 로드로 접근해 간다.

내가 와이메아로부터 등정을 시작한 그 날은 가끔씩 가는 이슬비가 내리기는 했지만, 대체로 맑은 날이었다. 앤디 페랄라와 에릭 힐, 그리고 파사초프와 나는 약 오전 8시경에 와이메아를 떠나 켁 천문대로 향했다. 켁의 섭외 사무 전문가인 페랄라가 우리의 안내자이자 운전자였다. 에릭 힐은 『앵커리지 데일리 뉴스 *Anchorage Daily News*』지의 사진작가이며, 제이 파사초프는 천문학자이다. 페랄라는 일찍이 앵커리지에서 힐과 함께 일한 적이 있었다. 사실 그들은 『앵커리지 데일리 뉴스』지에 알라스카에서의 알콜중독에 관한 연속 기사를 실은 것으로 퓰리처상을 공동 수상하였다. 힐에게는 이번이 그 천문대로 가는 첫번째 여행이었다.

이 방향에서 올라가려면 우선 코나로 가는 길을 따라가야 한다. 우리 양편에는 미국 최대 목장인 파커 랜치의 광활한 잔디밭과 선인장 목초지가 놓여 있고 경사면에서는 소들이 한가롭게 풀을 뜯어먹고 있었다. 코나 로드에서 벗어나 새들 로드로 들어가자 뒤편 저 멀리로 바다가 보였다. 이쪽에서 가는 새들 로드는 힐로 쪽에서 난 길만큼 그렇게 커브가 많지는

하와이 대학교의 2.2미터 망원경 돔

않지만, 그렇게 잘 포장된 길은 아니다.

보슬비가 곧 멈추고 하늘이 맑아졌다. 페랄라와 힐은 정상에 오르기 위해 물병에 담아 온 물을 조금 마셨다. 내가 뒷좌석에 앉아 힐과 얘기를 나누고 있는 동안 파사초프가 페랄라에게 망원경에 관한 질문 공세를 펴고 있었다. 4륜 자동차가 도로에 나 있는 구멍과 갈라진 금을 따라 마구 덜거덕거렸다. 한 시간쯤 뒤 우리는 포하쿨로아 군 주둔지를 지났다. 주둔지 밑에 있는 길에는 군대가 연습하고 있다는 것을 나타내는 붉은 깃발이 꽂혀 있었다. 그 왼쪽에서는 몇 대의 헬리콥터와 비행기 한 대가 비행장 활주로를 떠나고 있었다. 헬리콥터들을 보면서 앤디는 정상에 있는 천

켁 I 의 관측실에 있는 앤디 페랄라 (Andy Perala)

문대 근처에 헬리콥터를 착륙시켰다가 헬리콥터를 이륙시킬 수 없었다는 어떤 파일럿의 이야기를 떠올렸다. 조종사가 무선으로 도움을 요청하자 또 하나의 헬리콥터가 그를 원조하기 위해 왔다. 그러나 몇 분 후 그들은 두번째 헬리콥터 역시 이륙시킬 수 없다는 사실을 알았다. 그리고 마침내 문제가 공기 때문이라는 것을 깨달았다. 공기가 너무나 희박해서 이륙할 수 없었던 것이다. 두 헬리콥터는 결국 트럭에 실려서 산밑으로 내려져야만 했다.

군 주둔지 바로 밑에는 마우나케아 주립공원이 있다. 그 지역은 주로 등반가들과 하이킹 하는 사람들에 의해 이용된다. 공원 주요 시설 위쪽에 있는 경사면에는 몇 개의 임대 오두막들이 점점이 흩어져 있다. 모든 것에서 멀리 떨어져 쉬고 싶을 때는 이보다 더 적당한 장소를 찾기는 힘들 것 같았다.

와이메아에서 등정하는 것은 힐로에서보다 약 16킬로미터 정도 더 멀다. 힐로에서 시작했던 여행에서처럼, 우리는 할레 포하쿠에서 1시간 정도를 보낸 뒤 정상으로 향했다. 우리는 대부분의 시간을 거대한 켁 망원경을 구경하고 또 그 사진을 찍으면서 보냈다.

천문대 탐방

현재 정상에는 총 9개의 천문대들이 있고 두 개의 새로운 망원경에 대한 건설이 시작되고 있다. 산 위에 있는 망원경들의 현재 총 집광력은 세계의 다른 어떤 천문대보다도 크다. 이와 경쟁할 수 있는 유일한 시설은 칠레의 유럽 남반구 천문대(European Southern Observatory)이지만, 그것은 남쪽 하늘만 관측할 수 있다.

사실 하와이라는 곳의 주요 이점 중 하나는 북반구와 남반구 하늘을 모두 관측할 수 있다는 것이다. 이론상으로 적도에 설치된 망원경은 양반구에 있는 모든 별들을 관측할 수 있다. 마우나케아는 북위 20도에 있으므로 하늘의 작은 부분만을 놓칠 뿐이다.

정상 조금 아래에 서브밀리미터 계곡이라고 불리는 곳에는 제임스 클럭 막스웰 망원경(James Clerk Maxwell telescope ; JCMT)이 보였다. 그 돔에 대한 첫인상은 마치 거대한 흰색의 커피깡통 같았다. 돔의 외부보다 내부가 훨씬 더 춥게 느껴져서 재킷을 입고 온 것이 다행스럽게 여겨졌다. 내부가 춥게 느껴지는 것은 부분적으로는 햇볕이 들어오지 못하기 때문일 수도 있다. 그러나 모든 망원경의 돔은 망원경 문이 열리고 관측이 시작될 때 거울이 온도 평형을 이루는 데 많을 시간이 걸리는 일이 없도록, 야간 온도에 가까운 일정한 온도로 유지되도록 되어 있다.

제임스 클럭 막스웰 망원경은 전자기 스펙트럼의 서브밀리미터 영역에서 사용된다. 이런 이유 때문에 그 겉모습은 광학망원경이라기보다 오히려 전파망원경처럼 보인다. 이 망원경의 접시형 안테나는 지름이 15미터로, 켁 망원경의 거울보다도 크지만 금속으로 만들어져 있다. 이 안테나에 의해 수집된 복사는 부경으로 반사된 뒤 다시 주경에 있는 구멍을 통해 카세그레인 초점이라고 불리는 곳으로 반사된다. 이곳으로 들어오는 신호를 받아들이기 위해 여러 개의 관측장비들이 설치될 수 있다.

이 망원경의 관측장비로는 두 가지 유형의 검출기가 사용된다. 넓은 진동수 범위에 걸쳐 받아들여진 에너지를 측정하는 볼로미터와 집에 있는 라디오가 하는 식으로, 고분해능을 가진 헤테로다인식 수신장치가 그것이다. 측량은 수신기에서 나오는 잡음을 최소한으로 줄이기 위해 액체 헬륨 온도(−270℃)에서 이루어진다. 복사량 측정은 관심있는 천체와 그 배경 하늘 뿐만 아니라 근처의 빈 하늘에 대해서도 행해진다. 빈 하늘의 측정값은 이전의 측정값에서 자동적으로 감해지면서 대상 천체만의 복사량을 제공하는 것이다. 이와 같은 작업은 '흔들리는' 부경을 이용해 이루어진다. 이 부경은 빈 하늘의 측정을 위해, 조금 옆으로 움직이거나 약간 기울어져 있다가 대상 천체로 다시 돌아오는 것을 반복한다. 이런 기술을 '초핑(chopping)'이라고 한다.

막스웰 망원경에서 조금 떨어진 곳에 칼텍 서브밀리미터 망원경

칼텍과 제임스 클럭 막스웰 돔을 보여주는 서브밀리미터 계곡

(Caltech Submillimeter telescope ; CSO)이 있다. 그 망원경 거울의 지름은 10미터이며 디시가 금속이기 때문에 막스웰 망원경같이 전파망원경처럼 보인다. 칼텍 망원경 돔은 3층으로 이루어진 200톤 무게의 건물로 은빛 거품 방울처럼 생겼다. 이 돔 안에는 관측실과 전기기구실, 라운지와 도서실, 그리고 작은 전시관이 있다. 망원경은 관측실 안에 있는 컴퓨터에 의해 통제되며 천문학자들이 비교적 편안히 작업할 수 있도록 관측실 내부는 따뜻하게 유지된다.

막스웰 망원경의 경우처럼, 탐지기는 액체 헬륨 온도로 냉각되어 있으며, 진동 방식의 부경이 장착되어 있어 배경 하늘의 복사를 자동적으로 감해 주어 관측하는 천체의 복사량 측정을 용이하게 해준다.

이 칼텍 망원경 시설은 힐로에 주둔하고 있는 10명의 현지 직원들에 의해 가동된다. 총본부는 캘리포니아의 파사디나에 있으며, 그곳에 다른 과학자와 기술자들이 배속되어 있다.

칼텍 망원경에서 주위를 둘러싸고 있는 능선을 올려다 볼 때 가장 눈에 띄는 돔 중 하나는 캐나다-프랑스-하와이 망원경의 돔이다. 그것은 마치 산봉우리 위에 우뚝 솟아 있는 거대한 버섯처럼 보인다. 망원경 자체는 17미터 지름에 5층 높이인 실린더 기둥 모양의 콘크리트 위에 서 있다. 기둥은 속이 비어 있으며 세 개의 방을 가지고 있다.

그 망원경을 보고 있을 때 가장 먼저 눈에 띄는 것은 북쪽 베어링으로 작동하는 커다란 크기의 편자형 기어이다. 그것은 망원경이 별들을 추적하는 것을 도와주는 받침대의 일부이다. 망원경의 무게는 100톤이며, 3.6미터 되는 거울의 무게는 20톤이다. 망원경은 그 부속 장치의 배치 방법을 변형시킴으로써 가시광선과 적외선 모두에 사용될 수 있다. 편자 기어는 교환이 가능한 세 개의 '머리고리'들로 갖추어져 있다. 주경 고리는 주초점 위치에서의 관측을 허락한다. 이런 배치에서 천문학자들은 때로

캐나다-프랑스-하와이 망원경 돔 (캐나다-프랑스-하와이 연합 제공)

망원경 윗부분에 있는 작은 방에서 작업하기도 하지만 이제 대부분은 따뜻한 관측실의 안락함을 선호한다. 다른 두 개의 고리는 주경 바로 뒤에 있는 카세그레인식 초점에서 관측을 허락한다. 하나는 적외선 관측을 위한 것이고, 다른 하나는 가시영역 관측을 위한 것이다. 돔 안에 있는 커다란 크레인은 고리들을 바꾸는 데 사용된다.

거울은 일년에 한 번씩 세척되고 알루미늄으로 재코팅되어야만 한다. 이 작업은 주경 구조물에서 거울을 분리시키는 것으로 시작된다. 거울은 수레에 실려 망원경 바닥에서 밖으로 옮겨진 뒤 크레인으로 내려져서 아래에 있는 알루미늄 코팅실로 실려 간다. 이것은 보통 머리끝이 쭈뼛해지는 중요하고도 위험한 작업이다. 자칫 실수라도 한다면 모든 것이 깨어지고 망쳐질 수도 있기 때문이다.

캐나다-프랑스-하와이 망원경에서 능선을 따라가면 하와이 대학교의 2.2미터 반사망원경이 있다. 한쪽에 뿔같이 생긴 돌출부가 있는 그 돔은 산 위에서 가장 독특하다. 이 돌출부에는 중장비를 돔 안팎으로 이동하는 데 이용하는 크레인이 들어가 있다. 망원경 자체는 돔으로부터 독립되어 있는 콘크리트 기둥 위에 올려져 있으므로, 회전하는 돔으로부터의 진동이 망원경으로 전달되지 않는다. 다른 망원경의 경우처럼, 그것 역시 위층에 있는 난방된 관측실로부터 통제된다. 아래층에는 실험 공간과 기계실과 전기시설실, 그리고 라운지와 식당이 있다. 또 알루미늄 코팅실도 있다.

이 망원경에는 많은 측정기기들이 사용된다. 그것들은 주초점이나 카세그레인식 초점에 놓인다. 건물 남쪽에는 또 커다란 쿠데(Coudé) 분광기실이 마련되어 있다.

캐나다-프랑스-하와이 망원경에서 조금 떨어진 화산 봉우리 위에 놓여 있는 NASA의 3미터 적외선 망원경(IRTF) 역시 하와이 대학교에 의해 관리된다. 그 망원경은 주로 행성들의 적외선 관측을 위해 건립되었다. 이 기계의 가장 놀랄 만한 특징은 망원경을 붙들고 있는 육중한 강철 요크이다. 각 면이 약 1.8미터 두께인 전체 요크가 마루바닥 양끝에 있는 교각들 위에 앉혀져 있다. 이들이 망원경 경통부를 튼튼히 유지시킴으로써 망원경이 별에 정확하게 맞춰지도록 한다.

비록 산 위에 있는 대부분의 망원경들이 가시광선과 적외선 모두에 이용될 수 있다고는 하지만, 이 망원경은 특별히 적외선만을 위해 디자인되어 있어서 다른 망원경들이 할 수 없는 일들을 할 수 있다.

1979년에 이 천문대가 최초로 개관되었을 때는 단일 소자 측정기로 관측을 했으므로 한번에 하늘에 있는 단 한 개의 점만을 분석할 수 있었

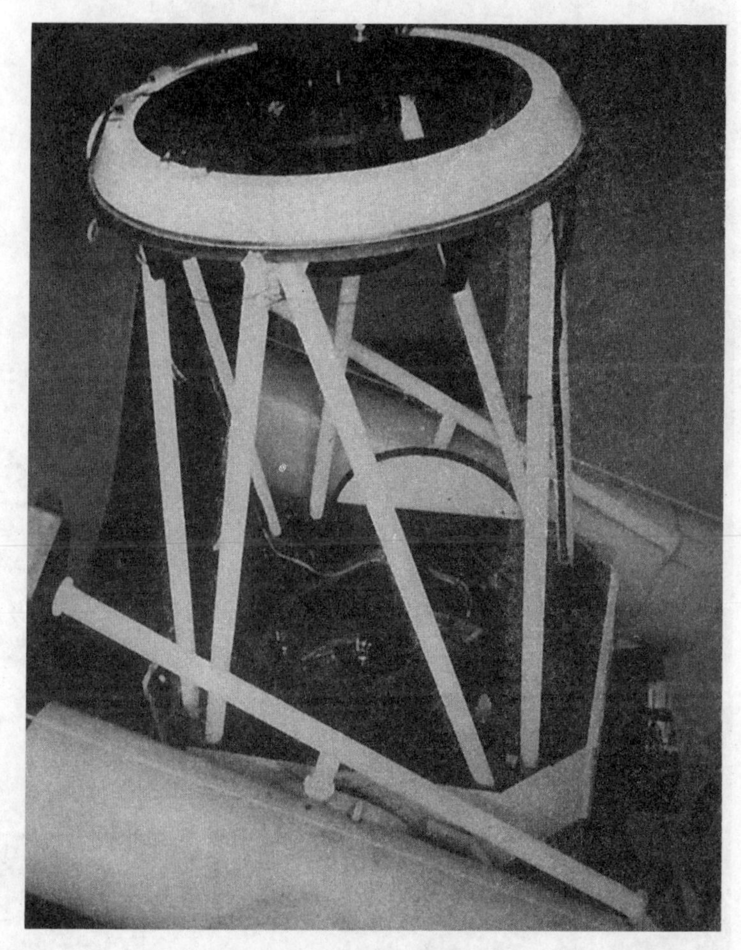

캐나다-프랑스-하와이 망원경 (캐나다-프랑스-하와이 연합 제공)

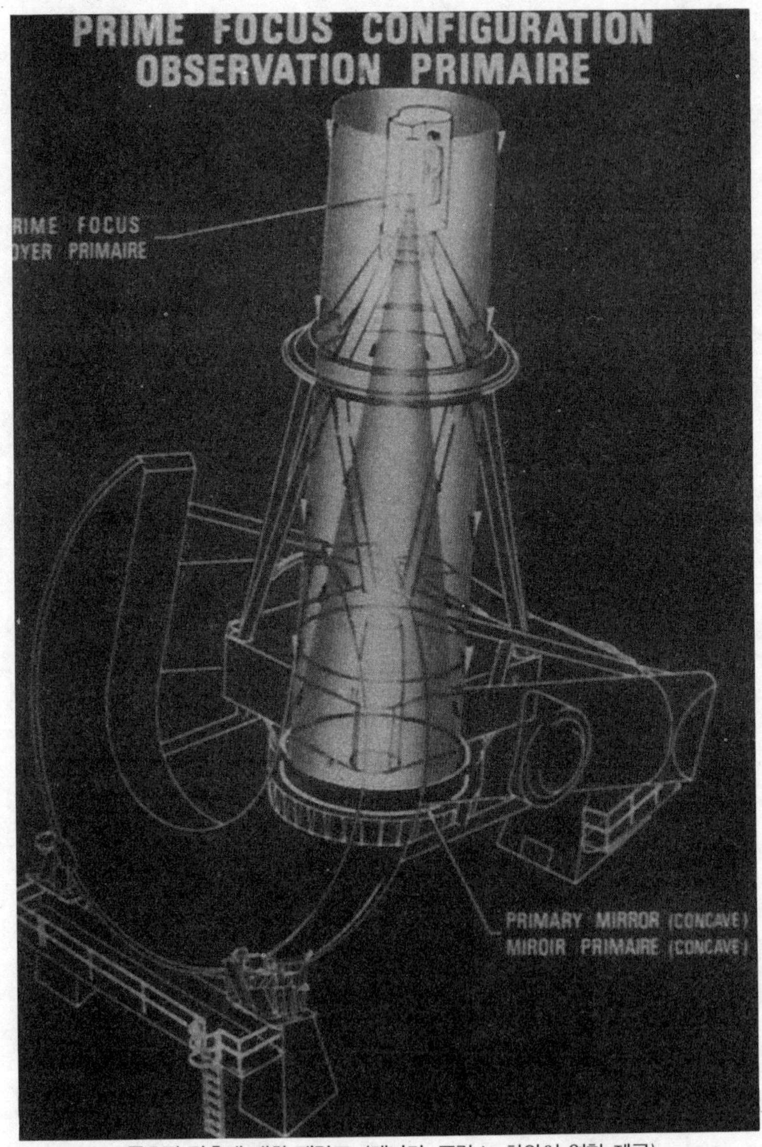

주초점 관측에 대한 개략도 (캐나다-프랑스-하와이 연합 제공)

카세그레인식 관측에 대한 개략도 (캐나다-프랑스-하와이 연합 제공)

하와이 대학교의 2.2미터 망원경 돔

다. 따라서 특정 영역에 대한 2차원 화상을 얻기 위해서는 망원경을 천천히 지그재그로 움직여서 대상 천체를 전부 훑어야 했다. 이 과정은 대개 여러 시간이 걸리는 작업이었다. 그러나 이제는 더 정교하고 민감한 적외선 카메라들 덕분에, 약 15초 안에 화상 하나를 얻는 데 필요한 충분한 자료를 수집할 수 있다.

NASA 적외선 망원경은 단 1층이지만 기계실과 전기실, 그리고 라운지와 관측실을 갖고 있다. 망원경의 이동 부분들은 그 무게가 137톤이나 나간다.

영국 또한 그 산 위에서 적외선 망원경(UKIRT)을 가동시킨다. 이 망원경의 주경은 3.8미터의 지름을 가지고 있다. 앞서 설명했던 것처럼, 이 망원경은 6.5톤밖에 나가지 않는 특별히 얇은 거울을 가지고 있다. 그리고 망원경 구조는 비슷한 크기의 다른 망원경들보다 상당히 가벼우며 3.8미터라는 거울의 크기를 고려할 때 돔의 크기는 지름 18미터로 상대적으로 작은 편이다.

정상 위의 모든 망원경들처럼, UKIRT의 돔과 기초는 상당한 강도의 지진을 견딜 수 있도록 디자인되었다(지진은 하와이에서 아주 흔하다). 설사 큰 지진이 있어 망원경이 옆으로 몇 밀리미터쯤 움직였다고 하더라도, 특별한 디자인 덕택에 그것을 원래의 위치로 다시 가져오는 데는 한 시간도 채 걸리지 않을 것이다.

그 망원경의 개봉식 경통은 NASA 적외선 망원경과 유사한 디자인을 갖지만, 그렇게 두껍지 않은 직사각형의 요크 안에 올려져 있다. 두 개의 강철 교각 사이에서 요크 자체가 회전한다. 그 망원경과 함께 많은 측정 기계들이 사용되고 있으며, 다른 적외선 망원경의 경우처럼, 측정기기들은 액체 헬륨 온도로 유지되고 부경 또한 초핑을 위해 디자인되었다.

하지만 마우나케아 산 정상의 거인은 역시 켁 망원경이다. 현대적인

NASA 적외선 망원경 돔

겨울에 본 켁 I의 돔 (캘리포니아 천문학 연구 협회 제공)

모습을 갖춘 그 망원경의 돔은 30미터 높이에 지름이 36미터로 NASA 적외선 망원경에서 멀지 않은 또 다른 화산 봉우리 위에 자리잡고 있다. 켁 II에 대한 작업은 현재 진행중이며 머지않아 두 개의 쌍둥이 돔이 정상을 장식하게 될 것이다.

하와이 대학교는 여전히 두 개의 작은 61센티미터 망원경을 잘 활용하고 있다. 그 망원경들은 2.2미터 망원경이 제작되고 있을 때인 1968년과 1969년에 가동에 들어갔으며 측광기와 분광기, 그리고 적외선 측광기들을 포함한 몇 가지 다른 종류의 관측기기들과 함께 사용될 수 있다.

망원경들도 정말 대단하지만, 마우나케아 정상에서의 진정한 스릴은 뭐니 뭐니해도 그 곳의 밤하늘이다. 어두워진 후에 다시 정상에 올라오게 될 것이 몹시 기다려졌다.

제 7 장

천문대의 밤

우리가 정상에 도달했을 때는 바람이 약간 불고 있었다. 해가 지평선에 가까워지고 있었고, 고르게 펴져 있는 저 아래 역전층 위쪽으로 신기하게 생긴 구름 덩어리들이 머리를 내밀고 있었다. 오렌지빛 석양이 구름으로 반사되어 멋진 장관을 이루었다. 또한 공기는 우리 밑에 있는 지역과는 아주 대조적으로 쾌적하고 습도도 낮았다.

힐로에 있는 하와이 대학교의 빌 히콕스와 그의 몇몇 학생들은 61센티미터 망원경 중 하나로 관측할 것을 계획하고 있었다. 빌은 돔의 열쇠를 찾으려고 커다란 열쇠고리를 더듬었다. 그런데 열쇠 하나를•넣어보더니 얼굴을 찡그렸다. "열쇠고리를 잘못 가져온 것 같은데요." 그는 두번째 것을 시도하면서 이렇게 말했다. 파카와 모자와 무거운 부츠로 몸을 감싸고 있던 학생들이 모두 믿을 수 없다는 듯이 서로를 바라보았다. 그런데 열쇠들 중 하나가 마침내 돌아가자 그의 얼굴에 미소가 번졌다. 그는 문을 밀고 안으로 들어가 불을 켰다. 그 망원경은 산 위에 있는 다른 것들에 비해서는 작았지만 아직도 종종 사용되고 있었다. 빌은 그 대학교가 막 구입한 새로운 전하결합소자(charge-coupled device ; CCD) 카메라를 준비해 왔다. 그것은 그가 사용해 오던 카메라들보다 훨씬 좋은 성능을 갖고 있었으며 그는 그 전하결합소자가 얼마나 잘 작동하는지 몹시 궁금해 했다.

"어떤 튜브에도 발을 디디면 안되요." 빌이 전하결합소자를 위한 냉각계를 조립하면서 큰소리로 이렇게 말했다. 학생 중 몇 명은 전하결합소자에 연결된 소형 컴퓨터 앞에서 손잡이를 조정하거나 다양한 실험을 하고 있었다. 조그만 전열기 위에서는 곧 커피 물이 끓기 시작했고 얼룩덜룩하게 페인트가 칠해진 낡은 라디오에서는 음악이 흘러나오고 있었다.

빌이 망원경의 접안부 앞으로 걸어가 어댑터를 장착하는 동안 그의 입에서 하얀 입김이 뿜어져 나왔다. 어댑터를 좀더 조정해야 전하결합소자가 맞을 것이라는 것을 발견하고 그가 우리 쪽으로 몸을 돌렸다. "2.2미터 돔에 있는 기계실로 올라가 봐야 할 것 같군요." 기계실이 가까운 거리에 있었으므로, 나는 그와 동행하기로 했다. "망원경이 작동하도록 온갖 이상한 부속들을 사용하는 것이 내 전공이죠." 4륜 자동차에서 뛰어내려 문쪽으로 걸어가면서 그가 이렇게 농담했다.

우리가 더 작은 돔으로 돌아왔을 때는 모든 것이 설치되어 관측 준비가 완료되어 있었다. 남은 일은 전하결합소자 카메라를 거는 일뿐이었다. 날이 어두워지고 있었다. 서쪽 하늘에는 금성이 높이 떠서 그 어느 때보다도 밝게 빛나고 있었고, 머리 위에는 붉은색 행성 화성이 떠 있었다.

하늘이 어두워지자 그 아름다움은 산의 아름다움을 초월하는 것이었다. 별들이 정말 밝게 빛나고 있었다. 마치 검은 우단 위에 가지각색의 다이아몬드들이 여기저기 흩뿌려져 있는 것 같았다. 머리위 저 높은 곳엔 오리온자리가 곁에 있는 시리우스와 함께 두드러지게 또렷이 보였다.

빌은 돔의 문을 열고 망원경이 돔의 틈새를 가리키도록 움직였다. 그리고는 위치 조정과 자료 수집이 시작되었다. 몇 시간이 지나자 발이 얼음장처럼 느껴지기 시작했다. 콘크리트 위에 서 있기 때문이었다. 저녁 늦게 나는 돔 밖으로 걸어나와 주위를 둘러보았다. 멀리에 다른 망원경들

별과 가스 성운 (캐나다-프랑스-하와이 연합 제공)

의 돔이 희미하게 보였다. 돔들은 깜깜하게 보였지만, 그 안에서 천문학자들은 관측 자료를 얻느라 바쁘게 움직이고 있을 것이다. 나는 그들이 무엇을 하고 있을까 궁금했다. 그러나 그들 어느 누구도 망원경의 접안렌즈를 들여다보고 있지는 않으리라. 천문학자들은 더이상 망원경을 통해 별을 직접 보지 않는다. 사실 특별한 경우를 제외하고는 더이상 사진 촬영 같은 것도 하지 않는다. 더욱이 나는 그들이 우리처럼 이렇게 추운 곳에서 떨고 있지 않다는 것도 알고 있었다. 천문학자들은 이제 대부분의 시간을 따뜻한 관측실에 편안히 앉아 TV 스크린과 컴퓨터 모니터를 보면서 보낸다. 이런 변화의 주요 원인이 바로 전하결합소자 카메라이다.

전하결합소자 관측장비

1970년대와 1980년대 초에 걸친 전하결합소자의 도입은 천문학에 중대한 변화를 가져왔다. 이러한 변화는 1960년대 벨 연구소에서 이루어진 연구들 때문이었다. 당시 과학자들은 실리콘과 인듐 안티모니, 그리고 갈륨 아세니드와 같은 특정한 반도체들이 입사광에 반응을 하고, 빛이 그 원소들을 때리면 전자들이 튀어나온다는 사실을 발견했다. 예를 들어, 실리콘 원자를 때리는 빛의 광자는 한 개나 그 이상의 전자를 방출한다. 이들 전자들이 모아지면 증폭되어 측정될 수 있는 크기의 작은 전류를 만들게 된다. 다시 말해서 광신호를 전류로 변환시켜 상을 만들어 내는 데 이용할 수 있다는 것이다.

이것이 어떻게 이루어지는지를 알아보려면, 사진판을 생각해 보는 것이 가장 좋다. 물체에서 나온 광자가 사진 건판을 때리면 광자는 건판에 있는 감광결정들을 활성화시키고 그것이 현상되면 물체의 상을 주게 되

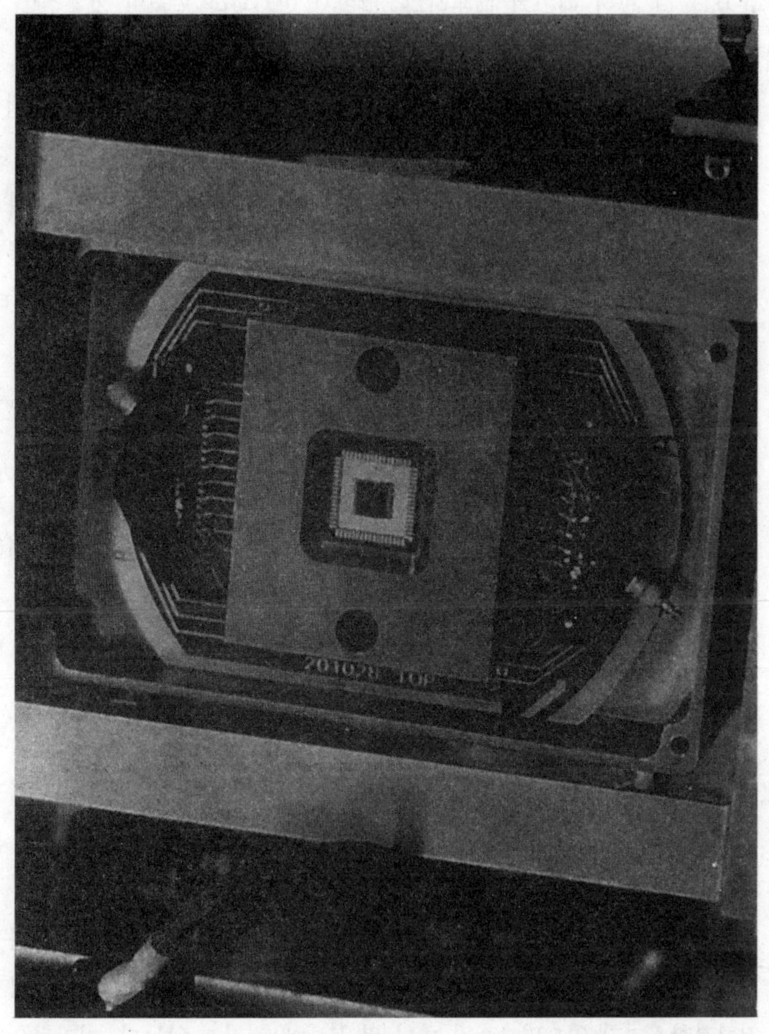

적외선 배열. 외양으로 보면 가시 영역에서 쓰이는 전하결합소자와 유사하다. (연합 천문학 센터 제공)

는 것이다. 우리가 화상을 본다는 것은 입사 광자들이 특정 부위를 다른 곳보다 더 많이 때리기 때문이다. 따라서 입사광이 강하면 강할수록 그 지점에 나타난 상이 더 강해진다.

같은 방법으로, 전하결합소자 칩은 많은 작은 광 검출기, 즉 픽셀들이 보통 사각형 모양으로 배열되어 있다. 이 배열이 광자에 노출되면 픽셀들을 때려서 전류를 만들어내는데 모든 픽셀에서 나온 전류는 0이나 1로 표현될 수 있는 전기맥박으로 전환된다. 그러면 이들 숫자들이 컴퓨터에 입력되고, 다시 재구성된 상이 되어 TV 스크린으로 나타나게 된다. 특히 중요한 것은 픽셀이 많으면 많을수록 사진이 더 선명해진다.

전하결합소자는 사진보다 많은 이점을 갖고 있다. 첫째, 컴퓨터로 쉽게 조작될 수 있는 디지털 데이터로 되어 있어서, 상의 질을 높이거나 자유자재로 조작할 수 있다. 둘째, 전하결합소자는 사진판보다 훨씬 더 효율적이다. 사진의 상을 얻기 위해서는 광자 하나가 건판의 원자들을 때려서 활성화시켜야만 하는데 이는 대단히 비효율적인 과정이다. 실제로 건판의 원자들을 활성화시키는 것은 입사광의 약 1~2%의 광자들일 뿐 나머지는 모두 소실되기 때문이다. 하지만 전하결합소자는 그렇지 않다. 픽셀 하나를 때리는 거의 모든 광자가 기록되므로, 거의 100%에 가깝다. 따라서 전하결합소자는 사진 건판에 비교했을 때 50~100배나 그 감도가 좋은 셈이다. 그러므로 전하결합소자를 이용함으로써 훨씬 희미한 물체의 존재도 알아낼 수 있다.

전하결합소자는 또한 사진 촬영에 비해서 훨씬 신속한 관측이 가능하다. 사진 건판으로는 몇 시간이 걸릴지도 모르는 상 하나를 얻는데도 전하결합소자가 있으면 단 몇 초나 몇 분밖에 걸리지 않는다. 마지막으로 적외선과 서브밀리미터 복사에 민감한 반도체를 이용한 배열도 전하결합소자 형식으로 만들어질 수 있다. 물론 전하결합소자의 결점이 전혀 없는 것은 아니나 그 단점들이 점차적으로 극복되고 있다. 결점의 예를 들자면 전하결합소자는 사진판만큼 넓은 지역을 커버할 수 없다. 각 픽셀은 마치 빛을 모으는 작은 빛 '바구니' 같아서, 빛 바구니가 많으면 많을수록 모을 수 있는 빛의 양이 더 많아진다. 사진판에 가까워지려면 이러한 빛바구니들이 수억 개가 필요할 것이지만, 사용되는 대부분의 전하결합소자는 이렇게 많은 픽셀을 갖고 있지 못하다. 따라서 그것으로부터 얻을 수 있는 사진은 속성 필름의 경우와 같이 몹시 거칠다고 할 수 있다. 그러나 과학기술이 발전함에 따라 전하결합소자의 픽셀 수가 급속히 증가하고 있어서, 이제 100만 픽셀 이상을 갖고 있는 소자들도 있다.

전하결합소자가 갖고 있는 또 하나의 문제점은 잡음이다. 다행히 이제 첨단 시스템의 경우 그 잡음의 대부분이 제거될 수 있다. 잡음이란 무엇인가? 그것을 이해하기 위해 한 가지 사고 실험을 해보도록 하자. 하늘에 있는 어떤 천체에 대해 동일한 노출을 4번 주었다고 가정해 보자. 그리고 첫번째 노출 때는 10,003개의 광자가 판을 때렸고, 두번째는 9995개가, 세번째에는 9997개의 광자가, 그리고 네번째에는 10,005개의 광자가 각각 판을 때렸다고 하자. 그렇다면 평균은 10,000개의 광자이다. 그러나 노출을 계속 반복해서 준다고 해도 정확히 10,000개의 광자가 때리는 경우는 가끔만 측정하게 될 것이며 대부분의 경우는 그 값이 약간씩 다를 것이다. 이런 무작위 변화를 잡음이라고 한다.

천문학자들은 이제 잡음의 출처가 크게 네 가지로 분류된다는 것을 알고 있다. 첫째는, 광자 잡음이다. 그것을 이해하기 위해, 비가 내리고 있을 때 정사각형 판을 가지고 나가 5분 동안 그것을 때리는 빗방울수를 세었다고 해보자. 비가 일정하게 내린다고 가정하고, 이 숫자를 그 다음 이어지는 5분 동안 때린 수와 비교한다면, 두 개의 숫자가 약간 다르다는 것을 발견하게 될 것이다. 픽셀을 때리는 광자의 경우도 이와 같은 상황이다. 그러나 이 잡음은 노출을 증가시킴으로써 어느 정도 극복될 수 있다.

두번째 유형의 잡음은 열적 잡음이라고 하는데, 이것은 전하결합소자에 아무런 입사광이 없는 경우에도 그것들이 작은 신호를 만들어내기 때문에 발생한다. 이 잡음은 온도에 비례하므로, 온도가 높으면 높을수록 신호가 더 커진다. 천문학자들은 이 문제점을 극복하기 위해 탐지기들을 때로 −270℃만큼이나 낮게 냉각시킨다. 초핑 방식에서처럼 배경 하늘의 광량을 빼면 대부분의 열적 잡음 또한 없어지게 된다.

다른 두 가지 유형의 잡음은 판독 잡음과 양자화 잡음이라고 하는 것들이다. 판독 잡음은 시스템 안에 있는 전자들에 의해 발생된다. 예를 들면, 증폭기는 전자의 완벽한 검출기가 아니기 때문이다. 그러나 좋은 품질의 전하결합소자일수록 이것에 심각한 영향을 받지 않는다. 양자화 잡음은 디지털 자료를 다루고 있다는 사실과 관련되어 있는데 최소화시킬 수는 있지만, 궁극적으로 제거되지는 않는다.

천문학자들이 얻는 상에는 상당한 잡음이 있으므로, 그것을 최소화하기 위해 많은 작업들이 요구된다. 이 잡음 제거 작업은 보통 자료가 수집된 뒤 이루어진다.

자, 이제 천문학자들이 전하결합소자와 다른 천문학적 기기들을 어떻게 사용하는가 하는 문제로 넘어가 보자.

영국 적외선 망원경 돔 안에서

컴퓨터 터미널에는 "오늘 당신의 망원경을 껴안아 보셨습니까?"라는 글귀가 붙어 있었다. 그리고 위에 있는 커다란 창문으로 내려다보니 오렌

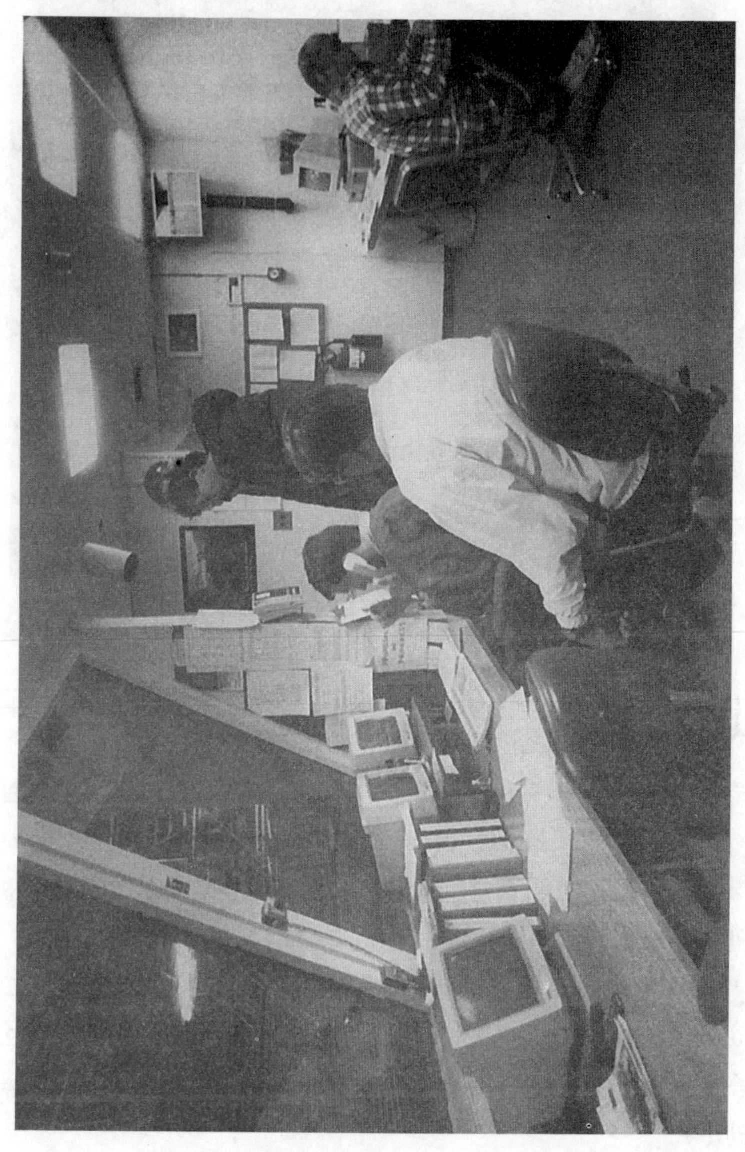

영국 적외선 망원경의 관측실

콜린 아스핀 (Colin Aspin)

지색과 청색의 거대한 적외선 망원경이 있고, 바닥에는 몇 개의 기기들이 부착되어 있었으며 디지털식 계기판에 장착된 붉은색 숫자들이 관측실도처에서 번쩍거리고 있었다. 화려한 색상의 천문학 사진들이 벽면 몇 개를 장식하고 있고, 선반 위에는 밤참을 위한 스낵들이 놓여 있었다. '칩스아호이' 쿠키 한 봉지와 오렌지 하나, 그리고 두 병의 주스가 있었다.

천문학자 한 명이 큰 회전의자에 앉아 앞에 있는 스크린을 살피고 있었다. 이곳이 바로 망원경에서 수집된 자료가 들어오는 곳이다. 옆으로 좀 떨어진 곳에는 하늘의 전경을 보여주는 작은 TV 스크린 하나가 놓여 있었다.

늦은 오후였지만 야간 직원은 앞으로 두어 시간 동안은 망원경에 도착하지 않을 것이었다. 나는 일찍이 힐로 연합 천문학 센터의 상주 천문학자인 콜린 아스핀과 대화를 나눈 적이 있었는데, 그는 한달에 2, 3일 밤은 이 방에서 보낸다고 했다.

"나는 보통 오후 6시경 정상에 올라갑니다." 그의 말이다. 상주 천문학자로서의 그의 주요 임무는 방문하는 천문학자들을 도와주는 것이지만, 그는 또한 자신의 연구 프로그램도 갖고 있다. 대개의 경우 관측실 안에는 망원경 오퍼레이터와 함께 두세 명의 천문학자들이 있다. "정상에 올라가 우리가 가장 먼저 하는 일은 망원경을 점검해서 모든 것이 잘 작동하고 있는지를 확인하는 것이죠. 그리고는 망원경에 설치되어 있는, 그날밤 우리가 사용할 기기로 가서 망원경에서 나온 빛이 그것으로 들어가도록 하는 것입니다." 영국 적외선 망원경(UKIRT)은 모든 기기들이 망원경 아래쪽에 카세그레인식 초점에 부착되어 있다.

관측실로 돌아오면 콜린은 그날밤 사용할 컴퓨터 소프트웨어를 점검함으로써, 어떤 기술적인 문제도 없이 관측이 잘 될 것인지를 확인한다. 그리고는 검출기를 점검한다. "그것들이 순조롭게 작동되고 있는지, 잡음이 이상하게 많지는 않은지를 확인하기 위해 거쳐야 할 시험들이 있습니다." 그는 이렇게 말한다. 최종적으로 모든 것이 준비되면, 그들은 어두워지기를 기다렸다가 첫번째 별이 보이자마자 시상을 점검한다. 왜냐하면 그들이 계획했던 야간 프로그램의 성공여부가 시상이 좋은지의 여부에 달려 있을지도 모르기 때문이다.

"일단 시작하게 되면 대단히 기계적인 일이 될 수 있습니다. 노출을 시키거나, 필터를 바꾸기 위해 명령어를 치거나, 혹은 망원경 오퍼레이터에게 다른 물체로 이동하라고 말하는 것 같은 일들을 하죠." 아스핀은 이렇게 말한다.

천문학에 대한 아스핀의 관심은 고등학교 때 시작되었다. "마지막

해에는 어느 정도 스스로 과목을 선택할 수 있었죠. 그런데 지방의 한 아마추어 천문학자가 천문학 강의를 하나 하고 있었어요. 3,4개월 동안의 강의이기는 했지만 나는 그 강의를 택하기로 했죠. 나는 정말로 그 강의를 즐겼고, 그 이후 천문학에 푹 빠져 버렸어요." 그는 작은 7.6센티미터 반사망원경을 사서 자기집 뒷마당에서 변광성들을 관측하기 시작했다.

그는 천문학자가 되고 싶었다. 하지만 그가 다녔던 영국의 라이체스터 대학교에 있던 그의 지도교수가 천문학을 물리학과 결합시키는 것이 가장 좋다고 조언해 주었으므로 그는 두 분야의 과목을 모두 수강했다. 그는 라이체스터 대학을 졸업한 뒤 석사학위를 위해 서섹스 대학교로 갔고 다시 글라스고우 대학교로 가서 박사학위를 했다. 그의 논문은 가까운 쌍성계에서의 광학적 편광의 변이에 관한 것이었다. "그 당시엔 관측은 많이 하지 않았어요. 그것은 기본적으로 이론적 논문이었거든요." 아스핀은 이렇게 말한다. 하지만 졸업 후, 그는 에딘버라 대학교에 연구원으로 가게 되었고 그곳에서 전하결합소자 시스템에 관해 연구했다. 그리고 그 시스템은 아리조나를 비롯해 여러 곳에서 실험되었다.

1984년에 그는 연합 천문학 센터의 운영을 관리하는 에딘버라 왕립천문대로 갔다가, 1987년에 하와이로 옮겨 왔다.

나는 그에게 마우나케아 천문대에서 가장 기억에 남는 밤이 언제였느냐고 물었다. 그러자 그는 눈동자를 약간 굴리며 몸을 의자 뒤로 기대더니 잠시 후 미소를 지으며 이렇게 말했다. "몇 년 전이었어요. 나는 이곳에서 사용될 첫번째 적외선 카메라를 만드는 일에 관여하고 있었죠. 그 프로젝트는 1984년 에딘버라에 있을 때 시작된 것인데 1987년까지 그것에 관한 일을 했죠. 그리고 내가 이곳에 왔을 때 우리는 그 적외선 카메라를 망원경으로 가져가서 오리온 성운을 가리키도록 한 뒤, 첫번째 적외선 사진을 찍었어요. 그 카메라를 위해 5년여 동안을 작업한 뒤에 화상을 직접 보니 얼마나 감격스러웠는지 몰라요."

그때가 바로 UKIRT에 있는 천문학자들이 처음으로 적외선 사진을 찍을 수 있게 된 때였다. 과거에는 앞뒤로 스캔해서 모자이크라고 불리는 것을 만들어 내야만 했다. 오리온 성운같이 큰 물체의 경우엔, 이 작업을 하는 데 며칠 밤이 걸릴 수도 있었다.

적외선 카메라로 알려진 IRCAM은 UKIRT에서 중요한 발전으로 여겨졌다. 천문학자들로 하여금 하늘의 따뜻하고 차가운 구조를 눈으로 보게 하는 첫번째 기기 중 하나였다. 적외선 검출기 배열은 하늘의 작은 부분의 상을 만들어 주는 가로 62개, 세로 58개(모두 3596개)의 촘촘히 모여 있는 적외선 감지기들로 구성되어 있다. 그것은 저온 유지 장치 속에 들어 있으며 −270과 −200℃ 사이로 냉각되어 있다.

아스핀은 현재 두 가지 프로젝트에 이 카메라를 이용하고 있다. 우선 그는 젊은 별들을 탐색하고 있다. 내가 그것에 관해 묻자 그가 내 앞에 커다란 화려한 인쇄물 하나를 내밀었다. "여기가 우리가 관심 있는 지역 중 하나입니다." 그것은 GGD 27 성단의 적외선 사진이었다. "적외선 사진을 보면 이곳에 있는 물체들 중 어떤 것이 젊은지 —즉 그 가스 구름에서 태어났는지— 아니면 가스 구름을 통해 보여지는 배경 물체들인지를 알 수 있습니다." 그는 GGD 27이 적어도 3개의 대단히 젊은 별을 가진 젊은 성단임을 확신한다고 말했다. 그는 적외선 사진 하나를 다시 내게로 내밀며 자신의 두번째 프로젝트를 계속 설명했다. "몇 년 전까지만 해도 이 물체는 보통의 오래되고 재미없는 행성상 성운으로만 여겨졌습니다. 하지만 우리 연구팀이 그것에서 나오는 커다란 제트를 발견했죠. 물질이 반대되는 두 방향으로 강하게 분출되고 있었던 거예요. 우리는 그것을 적외선으로 조사하기로 했고, 적외선으로 보여지는 제트는 가시광선에서 보여지는 제트와 다른 방향으로 자라나 있다는 것을 발견했어요."

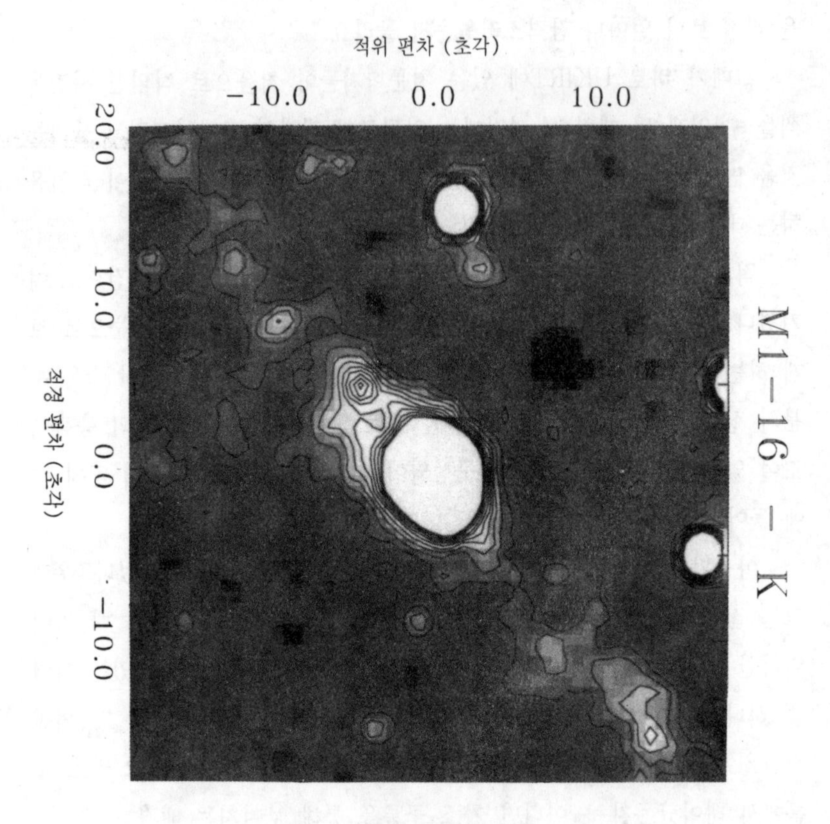

IRCAM을 이용해 얻은 적외선 사진 (콜린 아스핀 제공)

그는 잠시 멈추었다가 다시 말을 이었다. "그것은 정말로 흥미로운 천체예요."

아스핀의 초기 연구의 대부분은 IRCAM을 이용해 이루어졌다. 그러나 IRCAM은 1994년에 더 발전된 적외선 카메라인 IRCAM Ⅲ로 교체되었다. 그것은 가로 세로 256개의 픽셀 배열을 가지고 있어 모두 65,536개의 검출기를 갖춘 셈이었다. 정보판독 잡음도 훨씬 더 낮으므로, 더 빨리 정확한 자료를 얻을 수 있었다. 아스핀은 그것이 현재 시스템에 비교해서 20배 정도의 발전이라고 평가한다. 이런 크기의 배열은 이미 그 산 위에 있는 몇 개의 다른 망원경에서도 사용되고 있다.

모든 상주 천문학자들이 자신의 프로그램을 갖고 있기는 하지만, 천문대에서 이루어지는 관측의 대부분은 방문 천문학자들에 의해 이루어진다. 캐나다, 프랑스, 영국, 그리고 그 외의 다른 나라 출신의 천문학자들이 그 망원경에서 몇 일 밤을 지내기 위해 하와이로 날아온다. 그들은 관측 시간을 어떻게 얻는가? 그것은 관측자들이 위원회로 보내는 신청서로 시작된다. 대부분의 망원경의 경우 신청되는 관측 시간은 사용 가능한 관측 시간에 대해 보통 약 세 배가 되므로, 위원회 구성원들이 신청서들의 순위를 매기면 상위 1/3이 그 망원경에 대한 관측 시간을 얻게 된다. 보통은 이틀에서 나흘밤 정도이다. 이렇게 해서 관측 시간을 얻으면 천문학자들은 하와이로 날아와 할레 포하쿠로 간다.

연합 천문학 센터의 케빈 크리시우나스는 마우나케아의 정상에 있는 UKIRT 돔에서 많은 밤을 보냈다. "모든 점검과 조정이 되어도 약 오후 8시까지는 보통 시작하지 못합니다. 보통 그 방 안에는 2명의 관측자와 한 명의 망원경 오퍼레이터가 있습니다. 관측자 중 한 명은 측정기기를 작동시키고 다른 사람은 자료들을 수정합니다. 그리고 망원경 오퍼레이터는 망원경의 방향을 가리키게 하고 기계들의 적절한 사용에 대해 관측자들에게 조언을 해주죠. 오퍼레이터는 망원경의 절대적인 통제권을 갖게 됩니다. 만약 안개가 끼기 시작해서 오퍼레이터의 생각에 망원경에 지장이 있겠다고 느껴지면, 오퍼레이터는 관측자들이 아무리 큰소리로 불평해도 관측 중에 멈춤 단추를 누르고 돔을 닫을 수 있는 권한이 있어요." 관측자에게 이것은 쓰라린 경험이 될 수도 있다. 그들에게는 관측을 완성하는 데 특정한 수의 밤—대개는 이틀에서 나흘—밖에 주어지지 않은데다, 이 날들마저도 항상 맑지는 않은 것이다. "관측자에게 관측을 멈춰야만 한다고 말하는 것은 어려운 일입니다." 크리시우나스는 말한다. "하지만 그 망원경을 기다리고 있는 또 다른 사람들이 있으므로, 그것이 손상되도록 내버려둘 수는 없는 거죠."

천문학자들에게 가장 힘든 일의 하나는 특히 관측 일정 중 첫날밤에 밤새도록 깨어 있어야 하는 일이다. 밤낮이 뒤바뀐 데서 오는 졸음을 견뎌야 할 뿐 아니라, 정상적인 경우보다 상당히 적은 산소를 포함하는 대기 안에서 생활해야 하기 때문이다. 그렇다면 그들은 어떻게 이 졸음을 이겨낼까? 도움을 주는 몇 가지 것들이 있다. 우선, 과일과 크래커 등등의 스낵이 있다. 그리고 음악이 있다. "음악은 관측의 중요한 부분입니다." 크리시우나스는 이렇게 말한다. "초저녁에는 클래식과 가벼운 음악을 듣지만, 시간이 흐름에 따라 관측자들은 보통 무언가 훨씬 더 생동감 있는 록음악을 틀게 되죠."

새벽 3시경이 되면 많은 천문학자들은 졸음을 이기려고 안간힘을 쓰게 된다. 그리고 4시쯤 되면 그 정도가 더욱 악화된다. 하지만 그 고비만 넘기면 잠이 깨기 시작한다. 졸음의 상태는 물론 일이 얼마나 잘되고 있느냐에 달려 있다. 긴급 상태가 발생하거나, 구름이 밀려와 관측을 멈추게 하든지 혹은 바람이 몹시 강해서 오퍼레이터가 천문대를 닫아야만 하면, 피곤함은 어디론가 사라지고 한시 바삐 조건이 호전되기를 말똥말똥 기다리게 된다.

나는 크리시우나스에게도 그 천문대에서 가장 기억에 남는 밤이 언제였는지 물었다. 그는 한동안 생각에 잠기더니, 내가 그에게 아주 중요한 천문학적 발견을 한 밤에 대해서 묻고 있다고 받아들인 듯 이렇게 말을 했다. "자료를 얻고 있는 동안에는 어떤 특별한 발견을 했는지 어쨌는지 거의 알 수 없어요. 가끔 스펙트럼이나 다른 자료를 얻을 때, 특히 만일 그것이 새로운 기계라면, 그 작동에 대해 흥분하게는 되죠. 하지만 대개의 경우 관측기기가 말썽 없이 작동해 주고 있고, 또 기상 조건이 괜찮다면 그것으로 만족하지요. 천문학적인 발견의 흥분은 돌아와서 자료 분석을 하는 단계에서 오게 됩니다."

서브밀리미터 계곡에서

영국 적외선 망원경에서 경사면 아래를 내려다 보면 제임스 클럭 막스웰 망원경의 돔이 보인다. 이곳의 관측실은 영국 적외선 망원경에 있는 것과 아주 유사하다. 관측실의 커다란 창문 앞에 서면 막스웰 망원경의 장대한 모습이 보인다. 관측자들은 이 창문 앞에서 회전의자에 앉아 TV 스크린과 컴퓨터를 주시하고 있다.

내가 그 방을 방문했을 때는 1월 중순의 추운 오후였다. 몇 명의 사람들이 오후 관측을 위해 망원경을 준비하고 있었다. 누군가가 키보드 앞에 앉아 컴퓨터 자판을 두드리고 있었고, 그의 옆에는 뜯어진 쿠키 봉지 하나가 놓여 있었다. 그리고 한쪽 구석에 있는 컴퓨터 스크린 상에는 화려한 색상의 체스판이 나타나 있었다. 내가 망원경 오퍼레이터에게 다가가려고 할 때 전화벨이 울렸다. 그러나 어느 누구도 움직이지 않았다. 전화벨이 다시 울렸고 마침내 몇 번의 벨이 울린 뒤에야 누군가가 수화기를 들더니 낮은 목소리로 말하기 시작했다. 그의 바로 뒤에는 스트립 차트 기록기가 있었다. 나는 디지털 자료와 컴퓨터가 있는 이런 시대에도 스트립 기록기가 사용되는 것을 보고 몹시 놀랐다.

그 뒤 나는 중간 고도 시설로 내려와 그날 저녁 막스웰 망원경에서 관측 일정을 갖고 있었던 영국의 퀸 메리 칼리지에서 온 마이클 로완-로빈슨과 대화를 나누었다. 주방에서는 접시들을 달그락거리는 요란한 소리가 나고 볼륨이 높이 올려진 라디오에서는 시끄러운 록 음악이 울려 퍼졌다. 많은 다른 천문학자들이 우리 주위에 있는 테이블에 앉아서 그들의 일에 관해 이런저런 얘기를 나누고 있었다. 시상은 어떤지? 지난밤에는 기분이 어떠했는지? 몇 명은 자신들의 연구에 대해 상세한 부분까지 토론해 들어가고 있기도 했다. 천문학자가 아닌 사람에게 그것은 또 다른 외국어처럼 들렸으리라.

"막스웰 망원경은 반드시 야간에 일할 필요가 없다는 점에서 좀 색다르죠." 로완-로빈슨은 이렇게 말한다. "대기 상태가 좋으면 일몰 전에 올라가 관측을 시작할 수도 있어요. 나는 보통 오후 4시경에 저녁 식사를 하고 날씨가 좋으면 위로 올라갑니다. 그리고 아직 빛이 있어도 즉시 관측을 시작하죠."

권운은 얼음 결정체이므로 서브밀리미터 관측에는 거의 영향을 주지 않는다. 하지만 젖은 구름은 문제가 될 수 있다. 만일 자료를 얻고 있는 동안 구름이 망원경 앞으로 지나가면 방해물이 될 수 있다.

막스웰 망원경에서 필요한 관측 준비는 다른 망원경들의 경우와 크게 다르지 않다. "정상에 올라가 가장 먼저 해야 하는 일은 기기들을 점검해서 잘 돌아가도록 하는 것입니다." 로완-로빈슨의 말이다. "그뒤 화성이나 목성 같은 행성을 찾죠. 왜냐하면 그것들이 관측 기기 조정에 중요한 역할을 하기 때문입니다." 일단 모든 기본적인 작업이 끝나면, 본격적으로 관측이 시작된다. "실제 관측은 전부 오래 걸리는 것들이죠……. 매우 지루합니다." 로완-로빈슨은 이렇게 말한다. "자료가 들어오면 바로 분석을 해서 과연 뭔가가 있기는 있는가를 결정해야지요. 항상 하늘에서 오는 잡음 등과 싸움을 벌이고 있는 셈이에요. 어떤 천체의 화상 하나를 만드는 데는 저녁 나절 대부분이 걸리기도 합니다."

하지만 적외선 관측에서도 그랬던 것처럼 서브밀리미터 영역에서의 관측 방식도 조만간 크게 바뀔 것이다. 스쿠바(SCUBA)라고 불리는 기계가 곧 막스웰 망원경에서 가동되기로 되어 있다. "내년에 SCUBA가 가동에 들어가면, 서브밀리미터 천문학에 혁명을 일으키게 될 것입니다." 막스웰 망원경의 대장인 이안 롭슨은 이렇게 말한다. "그것은 마치 단일소자 관측에서 전하결합소자 배열로 넘어가는 것과 같을 것입니다. 그렇게 되면 최초로 서브밀리미터 영역에 있는 은하의 사진을 찍을 수 있을 겁니다. 또한 현재는 밤새도록 걸리는 M82와 같은 은하를 지도로 나타내는 작업도 단 몇 분 안에 해낼 수 있을 것입니다."

산 위에 있는 대부분의 망원경들처럼 막스웰 망원경에도 망원경 오퍼레이터가 있으므로 관측자가 망원경 자체를 만지지는 않는다. 그러나 근처에 있는 칼텍 서브밀리미터 천문대는 그렇지 않다. "우리는 천문학자들로 하여금 그들이 직접 망원경과 다른 모든 장비들을 작동시키도록 합니다." 칼텍 망원경의 테크니컬 매니저인 안소니 쉰켈은 이렇게 말한다. "저나 혹은 우리 직원들 중 한 명이 새로운 관측자들과 함께 올라갑니다. 대개의 경우 새 관측자는 하룻밤의 훈련을 받지요. 우리는 그들에게 그 시스템 전체를 설명해 주고 발생할 수 있는 문제점들을 지적해 줍니다. 그 나머지는 그들에게 달려 있습니다." 그는 잠시 말을 멈추고 책상 위에 있는 서류들을 뒤적거렸다. "망원경을 작동시키는 것은 정말로 쉽습니다. 말 그대로 사용자에게 친근한 시스템이죠. 그렇지만 나는 프로젝트가 좀 색다르다거나 특별히 어려울 때는 가끔 올라가 경험 없는 관측자들을 도와주기도 합니다."

그날 밤에는 칼텍 망원경의 대장인 톰 필립스와 세 명의 칼텍 천문학자들이 천문대에 있었다. 그리고 그 다음 며칠 밤에 걸쳐 그들은 중앙 부분에서 별들이 폭발적으로 탄생하고 있는 충돌하는 밝은 은하 그룹—스타버스트 은하—을 조사할 계획이었다. 이 물체들은 은하수가 만들어 낼 수 있는 크기의 최대 100배에 해당하는 막대한 양의 에너지를 만들어 낸다. 그 연구팀은 관측을 통해 별의 생성이 진행되는 동안 어떤 일이 일어나는지에 관한 더 나은 이해를 하게 되기를 희망하고 있었다.

그들이 돔에 도착했을 때, 산 정상에 구름이 몰려와서 야간 관측이 취소될 것처럼 보였다. 그러나 몇 시간을 기다리자, 구름이 걷히고 망원경이 스타버스트 은하로 맞춰졌다. 많은 조정이 이루어지자 그들이 광원을 찾았음을 나타내주는 자료가 스크린 상에 표시되었다. 밤이 깊어지자 오디오를 통해 음악이 흘러나왔다. 더 많은 보정과 조정이 이루어지는 동안 모든 것이 계속 작동되었다. 새벽 4시경이 되자 그들은 피로를 느끼기 시작했다. 그러나 그날 밤은 성공적인 것 같았다. 새벽 직후 그들은 할레 포하쿠로 운전해 내려갔다. 수면을 취한 뒤 다시 그 다음날 밤을 시작하기 위해서였다.

캐나다-프랑스-하와이 망원경 돔 안에서

캐나다-프랑스-하와이 망원경 돔에 있는 관측실은 망원경 오퍼레이터들이 관측자로부터 상당한 거리에 떨어져 있어서, 마이크를 통해 통신을 주고받는다는 점에서만 다른 대부분의 망원경과 다르다. 그밖의 천문학자들은 TV 스크린과 컴퓨터 모니터 앞에 앉아서 저녁을 보낸다. 이들 중 한 사람이 상주 천문학자인 올리비에 르 페브르이다. 르 페브르의 주요 책임은 방문 천문학자들을 도와주는 일이다. 그는 그들에게 기계들을 어떻게 사용하는지, 자료를 어떻게 얻는지를 가르쳐 주며, 기계들을 설치하는 것도 도와준다. 하지만 그는 또한 자신의 연구에도 상당한 시간을 할애하려고 애쓰고 있다. 그가 관심 있는 분야는 우주론과 외부 은하 천

캐나다-프랑스-하와이 망원경의 관측실 (캐나다-프랑스-하와이 연합 제공)

문학이지만 최근에는 중력렌즈에 관한 상당한 양의 연구를 하기도 했다. 중력 렌즈 효과란 퀘이사나 은하와 같은 먼 물체에서 나온 빛이 시선에 있는 어떤 물체에 의해 휘어지거나 해체되는 것을 말한다.

"관측을 위한 초기 작업의 대부분은 주간에 이루어집니다." 르 페브르는 이렇게 말한다. "관측 일정 동안 필요한 모든 기계들을 설치해야만 합니다. 분광기라든가 혹은 다른 시스템을 설치하려면 하루나 이틀 정도 일을 해야 하는 경우도 있지요. 일단은 긴장을 풀고 일을 시작하는 것이 중요합니다." 앞서 보았던 것처럼, 캐나다-프랑스-하와이 망원경은 세 개의 다른 배치로 사용될 수 있다. 즉 주초점, 가시광선이나 적외선을 위한 카세그레인식 초점, 그리고 쿠데 초점이 그것이다. 각각의 경우에, 그 망원경에 물리적 변화가 가해져야만 한다. 이 변화가 필요한 경우에는 그 작업에만 몇 시간이 걸릴 수도 있다.

파리에서 태어나고 자란 르 페브르는 파리 대학교를 졸업한 뒤 은하단에 관한 연구로 툴루스 대학교에서 박사학위를 받았다.

"나는 내가 천문학자가 되고 싶어한다는 것을 일찍부터 알았습니다. 나는 아마추어 천문학자로 시작했어요. 고등학교 때 친구들과 학교 창고에서 낡은 반사망원경 하나를 찾아 내어 많은 시간을 그것으로 밤하늘을 보면서 보냈어요. 후에 나는 망원경 만들기와 거울 연마를 시작했고, 20 센티미터 반사망원경 몇 개를 만들었답니다."

그는 혼자서 망원경 만드는 것을 시작했는데, 그뒤 친구들 몇 명이 망원경을 갖고 싶어한다는 것을 알았다. "거울을 가는 것은 대학에서는 훌륭한 수입원이었어요." 그는 이렇게 말했다.

그의 부모는 모두 그래픽 아티스트였으므로, 그가 천문학자가 되고 싶다고 말했을 때 대단히 놀랐다. "처음에 부모님들은 나를 '이상한 눈' 으로 보셨어요. 그분들은 과학에 대해서는 거의 몰랐고 천문학에 대해서는 더욱이 문외한이었으니까요. 하지만 내가 천문학에 얼마나 심취해 있는지를 아시고는 나를 격려하시기 시작했죠. 그리고 그 뒤로는 모든 것이 결국 잘 되었어요."

천문대에서 보낸 밤에 대한 르 페브르의 설명은 내가 전에 들었던 것과 거의 다르지 않았다. "그저 컴퓨터 스크린 앞에 앉아서 자료를 얻고 그 결과를 분석하면 돼요. 하지만 망원경에서 얻은 사진은 다듬어지지 않은 형태이므로 세련되지 않은 상이죠. 따라서 정보를 빼내기 위해서는 그 상을 가지고 컴퓨터 작업을 해야 합니다. 제거해야 할 잡음들이 아주 많아요." 그는 몸을 뒤로 기대면서 미소를 지어 보였다. "하루 저녁 천문대에서 관측을 하고 나면, 그 자료는 앞으로 6개월 이상 달라붙어 일을 해야 할 정도의 양이 되고 말죠. 하지만 심지어 훨씬 더 오랫동안 그 관측이 성공했는지의 여부를 알 수 없기도 합니다."

캐나다-프랑스-하와이 천문대 시설에 있는 또 한 명의 상주 천문학자는 프랑스와 리고이다. 그 역시 프랑스 출신으로, 파리에서 태어나고 자랐다. 그는 천문학에는 전혀 관심도 없이 물리학으로 시작했다. 하지만 그가 수강한 몇 개의 물리 과목들을 통해 천문학을 접하게 되었다. 그것은 너무나 흥미가 있었고, 그는 그뒤 천문학을 전공하기로 결심했다. 그의 첫번째 경험은 10센티미터 반사망원경으로 시작되었다.

리고는 프랑스의 리용 대학교에서 물리학과 수학으로 학사학위를 받고 파리 대학교에서 박사학위를 했는데 파리 천문대에서 상당한 관측을 했다. 캐나다-프랑스-하와이 망원경에서 방문 천문학자들을 도와주는 것 외에, 리고는 그 망원경의 새로운 적응광학계에 관해 연구하고 있다. 그의 박사논문 프로젝트는 COME-ON이라는 적응광학계와 관련되어 있었다. 우리가 초기에 보았던 것처럼, 적응광학은 망원경의 분해능을 향상시키는 기술이다. 천문학자들은 망원경으로 들어가는 광파의 파면을 분석

프랑스와 리고 (François Rigaut)

해서 그 안에 있는 뒤틀림을 교정한다.

최초의 적응광학계는 미국에서 군사 목적으로 만들어졌다. 리고가 일하고 있던 그룹은 그것을 천문학에 적용하기 위해 1988년에 초기 모형 제작을 시작해 1989년에 그것을 완성했고 프랑스와 칠레에서 실험한 뒤 그 성공에 대단히 만족해 했다.

리고는 이 프로젝트에서 얻은 정보와 경험을 이용해 캐나다-프랑스-하와이 망원경에 맞는 새로운 적응광학계를 만드는 것을 돕고 있다. "나는 정상에 그렇게 많이 올라가 보지 못했어요. 넉 달 동안 이곳에만 있었고 적응광학계 일로 무척 바빴죠. 그것이 완성되려면 아마도 2년 정도 더 있어야 할 것입니다. 그러고 나면 그 위에 훨씬 더 많이 올라가게 되겠죠."

하와이 대학교 역시 캐나다-프랑스-하와이 망원경과 2.2미터 망원경에 사용할 적응광학계에 대해 연구하고 있다.

원격 관측

원격 관측 —즉, 망원경에서 수킬로미터 혹은 수천 킬로미터 이상 떨어져 있는 관측 콘솔에 앉아 자료를 수집하는 것—은 그 산 위에서 점차적으로 일반적인 일이 되어가고 있다. 켁 망원경이 완성되면, 그 망원경으로 하는 관측의 대부분은 원격 관측이 될 것이다.

그 산 위에서 행해진 원격 관측의 대부분은, 물론 막스웰 망원경과 혹은 캐나다-프랑스-하와이 망원경을 이용해서도 이루어졌지만, 지금까지는 영국 적외선 망원경으로 이루어졌다. 영국에는 그 적외선 망원경에 연결될 수 있는 몇 개의 원격 관측소들이 있다. 주요 원격 관측소 중의 하나는 에딘버라에 있는 로얄 천문대에 있다.

원격 관측은 수동적이거나 능동적일 수 있다. 수동 관측에서 관측자는 자료가 들어오는 과정을 지켜보지만, 관측의 어떤 것도 통제하지 못하므로 보통 정보를 거의 갖지 못한다. 반면 능동 관측에서의 원격 관측자는 관측의 어느 정도를 통제하고, 결정하고, 총체적인 관측 과정과 직접적으로 관련되어 있다. 대부분의 원격 관측은 능동 관측이었다.

영국의 캠브리지 천문학연구소에 있는 캐롤라인 크로포드는 에딘버라 로얄 천문대의 영국 적외선 망원경 원격 관측자였다. 그녀는 그 경험에 대해 이렇게 쓰고 있다. "내게는 에딘버라에 있는 두어 개의 워크스테이션을 갖춘 조용한 방이 주어졌죠. 한 워크스테이션은 관측자가 필요로 하는 망원경 상태와 기계 상태, 그리고 통제 스크린들을 계속적으로 갱신해서 보여주는 데 이용되었고 두번째 워크스테이션은 사용 가능한 표준 소프트웨어 패키지 중 어떤 것을 사용하든 우리의 관측자료들을 신속히 수정해서 보여주었어요. 그리고 하와이에 있는 관측자와 전자통신을 하기 위한 또 하나의 터미널이 있어서 하와이의 망원경 시스템에 들어가서 자료 파일들을 복사할 수 있었어요. 또한 두 개의 외부 전화선이 있었죠. 자료들은 하와이 망원경에 있는 디스크에 기록되자마자 이용할 수 있어요. 따라서 나는 금방 나온 IRCAM 모자이크들을 몇 분내에 에딘버라 스크린으로 뽑아낼 수 있었죠."

크로포드는 자료수정과 분석을 하는 동안 몇 가지의 작은 문제들을 만났을 뿐이라고 말했다. 하지만 그녀는 그것들이 자신이 그 시스템에 익숙하지 못한 탓일 것이라고 솔직히 털어놓았다. "내가 부딪혔던 문제들은 비교적 하찮은 것들이었어요. 나는 사실 그 시스템의 뛰어난 성능에 놀랐답니다." 그녀는 이렇게 말한다.

그녀는 또 원격 관측의 가장 긍정적인 면은 관측자인 자신이 관측에 분명히 관련되어 있다고 느낀다는 것이라고 말했다. "망원경에서 관측하고 있는 사람에게 바로 조언을 해줄 수 있었죠. 신호 대 잡음 비라든가, 화상에 과다 노출이 된 부분들에 대해서, 그리고 얼마나 더 많은 노출을 주어야 하는지를 들어오는 자료를 검토하면서 바로 연락해 줄 수 있었다는 이야깁니다. 전체적으로 불필요한 관측 시간의 낭비와 실수를 줄일 수가 있었죠. 그러나 가장 중요한 것은 현재 이루어지는 관측에서 내가 동등한 동반자로 느꼈다는 것입니다. 그리고 나는 실질적으로 관측의 질이 이러한 능동적인 참여를 통해 향상되었다고 생각해요." 그녀는 처음에는 원격 관측에 대해 대단히 회의적인 견해를 가졌지만 실제로 사용해 본 뒤 그 결과에 대단히 만족하게 되었다고 말한다.

제 8 장

천문대의 운영 : 천문대장들

30년 전 제라드 쿠퍼가 천문대 부지 조사를 위해 마우나케아 상공을 비행하며 이 황량한 민둥산을 내려다 보았을 때, 그는 아마도 우리가 오늘날 보는 광경을 결코 상상하지 못했을 것이다. 이 천문대는 지난 몇 년간 놀라울 정도로 성장했을 뿐만 아니라, 현재 진행중인 망원경 프로젝트들과 함께 앞으로 몇 년 동안 더 급격한 성장을 계속할 것이다. 그 운영면에 있어서 마우나케아 천문대는 대부분의 다른 천문대 단지들과 다르다. 아리조나의 키트 피크 국립천문대와 칠레의 유럽 남반구 천문대(European Southern Observatory ; ESO) 모두 많은 망원경들을 가지고 있지만, 각각 단 하나의 행정기관에 의해 운영되는 반면 마우나케아의 천문대들은 별개의 연구 센터들로서 따로따로 관리된다. “그것은 하나의 연구단지라고 할 수 있습니다.” 호놀룰루에 있는 천문학연구소의 마우나케아 부소장인 밥 맥라렌은 이렇게 말한다.

천문대들의 연구소들은 따로 분리되어 있을 뿐 아니라 지리학적으로도 크게 떨어져 있다. 천문학연구소(IfA)는 다른 주요 시설들과 함께, 하와이 대학교 캠퍼스의 북단에 있는 마노아라는 호놀룰루 근교에 자리잡고 있다. 영국 적외선 망원경과 제임스 클럭 막스웰 망원경을 감독하는 연합 천문학 센터는 힐로에 사무실을 두고 있으며, 켁 천문대와 캐나다-

프랑스-하와이 망원경은 하와이섬의 북쪽에 있는 와이메아에 사무실을 두고 있다. 여러 천문대에서 온 천문학자들은 할레 포하쿠에 있는 중간 고도 시설에서 함께 지내며, 자주 기계들을 함께 쓰고 아이디어를 서로 나누기는 하지만, 동일한 관리하에서 일하지는 않는다. 그들을 하나로 이어주는 주요한 끈은 천문대 부지의 임차자이자 관리자로서 그들 모두의 일부인 하와이 대학교이다.

천문학연구소

호놀룰루 공항에서 내려 천문학연구소(IfA)로 가는 동안 폭우가 내리더니 이른 아침의 복잡한 교통을 뚫고 마노아에 도착했을 때는, 이미 비는 그치고 어느새 햇빛이 빛나고 있었다.

하와이 대학교의 일부인 천문학연구소는 푸르게 우거진 초록의 언덕으로 둘러싸인, 커다란 2층짜리 콘크리트 건물이다. 내가 마우나케아의 부소장인 밥 맥라렌의 사무실 안으로 안내되자, 그가 밖으로 나와 악수를 청했다. 그의 연구실은 컸으며 한 면이 모두 유리창으로 되어 있고, 천문대들과 하와이 전경 사진들이 벽면을 가득 메우고 있었다.

그 연구소에는 이제 200명이 넘는 풀 타임 고용인들이 있으며 연간 예산만도 1,500만 달러에 달한다. "천문대의 역사로 따지자면 마우나케아 천문대는 상당히 젊은 편에 속하지요." 맥라렌은 이렇게 말한다. "우리가 그 산 위에서 일한 것은 30년밖에 되지 않았으니까요." 그는 내게 그 천문대를 관리하는 하와이 대학교의 역할에 대해서 말해 주었다. "마우나케아의 3,600미터 위에 있는 땅의 대부분은 과학 보호 지역으로 지정되어 왔습니다. 그 땅이 65년 계약 기간으로 하와이 대학교에 임대되

마노아 소재 천문학연구소

어 있죠. 그러므로 하와이 대학교는 임차자인 셈이고, 천문대 관측 시간을 대가로 다양한 천문대에 그 땅을 다시 빌려주고 있는 것입니다."

따라서 하와이 대학교가 몇 가지의 책임을 지고 있다고 맥라렌은 설명했다. 첫째, 하와이 대학교는 실제로 그 땅의 소유주인 하와이주와의 중개자이다. 둘째, 부지의 관리인으로서 과다한 인공광해나 전파의 간섭을 억제하는 동시에 좋은 시상이 유지되는지를 확인할 책임이 있다. 셋째, 정상으로 올라가는 도로를 관리하며 할레 포하쿠에 있는 중간 고도 시설을 유지해야 한다. 앞서 보았던 것처럼, 그 도로의 정상 부분은 먼지가 나는 것을 방지하기 위해 포장되었다. 맥라렌에게 그 아래쪽의 6.5킬로미터도 포장할 계획이 있느냐고 묻자 그는 이렇게 대답했다. "결국 그렇게 될 것입니다. 하지만 아마 서기 2000년 전에는 되지 않을 것입니다."

그는 천문학연구소에 있는 다양한 사람들의 업적들에 대해 장황하게 설명했다. 그리고는 잠시 말을 멈추고 씽긋 웃었다. "우리는 대부분의 천문학연구소들이 누리지 못하는 큰 이점을 갖고 있어요. 즉 세계 최고의 시상과 함께 산 위에 있는 모든 망원경들에 출입할 수 있다는 점이죠."

맥라렌은 1990년에 그 연구소에 왔다. 캐나다 출생인 그는 박사학위를 포함해 모든 학위를 토론토 대학교에서 취득했으며, 많은 천문학자들처럼 물리학으로 출발했다. 1973년에 완성된 그의 박사학위 논문은 레이저를 이용해 고체 네온의 탄성상수를 측정함으로써 희박한 가스 상태에서 분자력에 관해 알아보는 것이었다.

나는 그에게 천문학에 입문하게 된 경위를 물었다. "내가 박사학위를 취득했을 때쯤 레이저 분야로 들어가기 위해서는 단 두 가지 길밖에 없었습니다. 전자광학과 같은 응용 분야로 들어가든지 아니면 분자물리학—응축된 물질과 상호 작용하는 분자들의 성질들을 측정하는—을 더 깊이 연구하는 것이었죠. 하지만 전자에는 관심이 없었어요. 그렇다고 후자에 정말로 관심이 있었던 것도 아닙니다. 그래서 무언가 다른 것을 하기로 결심하게 된 거죠." 그는 몸을 의자 뒤로 기대고는 혼자 웃었다. "나는 또한 5년 동안이나 지하 실험실에서 일해야 했죠. 정말 지긋지긋했답니다."

그는 NATO 박사후 연구원 과정에 지원했고 버클리 캘리포니아 대학교에서 노벨상 수상자인 찰스 타운스와 함께 일하게 되었다. 그는 그곳에 있는 동안 레어 제트를 이용한 적외선 고공 관측 프로젝트와 천문학에 응용된 분광학에 관해 연구했다. 이것이 그가 천문학을 처음으로 접하게 된 계기였고, 그는 이 분야에 머물러 있기로 결심했다.

1975년에 토론토 대학교의 천문학 교수 자리 하나가 나오자 맥라렌은 그곳에 지원했다. 그리고 7년 동안 토론토에서 강의와 연구를 했다. 1982년에 그는 안식 휴가로 캐나다-프랑스-하와이 망원경에 오게 되었는데, 그곳에 있는 동안 상주 천문학자 자리 하나가 비게 되었다. 소장이 그에게 관심 여부를 묻자 그는 곧 마음을 결정했다. 길고 추운 토론토의 겨울을 생각하면 하와이는 정말 좋아보였던 것이다. 그는 곧 캐나다-프랑스-하와이 망원경의 천문대 부대장이 되었고, 이어서 그 천문대 대장직에도 오른다. 그리고 1990년에는 마우나케아 담당 부소장 직책으로 천문학연구소로 옮겨왔다.

맥라렌의 연구소 옆방에는 그 연구소의 소장인 돈 홀이 있다. 그는 1984년에 그 연구소로 왔다. 호주 시드니에서 태어난 홀은 1966년에 시드니 대학교에서 학사학위를 했고 하버드 대학교로 가서 1970년에 박사학위를 받았다.

졸업하자마자 홀은 아리조나에 있는 키트 피크 국립천문대에서 태양망원경과 대형 4미터 망원경의 설치에 관해 일했다. 그때까지 그의 주요 관심사는 태양이었지만, 곧 별의 형성과 변광성, 그리고 우리 은하와 다

밥 맥라렌 (Bob McLaren)

른 은하들의 핵으로 그 관심이 바뀌었다. 1982년에 그는 볼티모어로 옮겨 NASA의 우주 망원경 과학연구소의 부소장으로서 그 연구소의 발전을 도왔다. 그는 또한 허블 망원경이 발사되어서 진행하게 될 여러 과학 프로그램을 집행하는 데 필요한 기계 장치의 대부분을 제작하는 책임을 맡게 되었다.

1984년 홀은 천문학연구소의 소장이 되었다. 그가 그곳에 있었던 9년 동안 그 연구소는 130명의 고용인에서 200명 이상의 고용인을 둔 연구소로 성장했다.

연합 천문학 센터

연합 천문학 센터는 하와이 대학교 힐로 분교의 위쪽으로 힐로 시가가 내려다보이는 곳에 위치해 있다. 붉은색의 커다란 2층 건물인 연합 천문학 센터에는 약 60여 명이 고용되어 있다. 영국의 적외선 망원경과 제임스 클럭 막스웰 망원경의 매일매일의 운영은 이곳으로부터 지휘되며 상주 천문학자들과 보조 스태프들은 산 위가 아닌 바로 이곳에서 일한다. 그리고 연합 천문학 센터는 에딘버라 로얄 천문대와 캐나다와 네덜란드에 있는 본부로부터 관리된다.

내가 방문중일 때 그 센터의 소장은 말콤 스미스였다. 구불구불한 흰 머리가 인상적인 원기 왕성해 보이는 스미스는 100개가 넘는 논문들을 발표한 사람이다. 그는 아주 어린 시절부터 천문학자가 되기를 꿈꾸었다고 말한다. 영국의 데본쉬어에서 태어난 그가 처음으로 천문학에 관심을 갖게 된 것은 약 8살이었을 때였다. 한 지방 신문에 연재되고 있던 소설에 나오는 댄 데어라는 주인공이 그를 매료시켰다. 그 소설에서 데어는 화성과 금성, 그리고 목성과 같은 많은 신기한 곳들을 여행하고 다녔다. 스미스는 그것들에 관해 전혀 들어본 적이 없었으므로 서가에서 낡은 백과사전을 꺼내 먼지를 떨어내고 찾아보았다. 곧 그는 천문학에 관해서 그가 찾을 수 있었던 모든 것들을 탐독했고 10살이 되면서 천문학자가 되기로 결심했다.

힐로에 있는 연합 천문학 센터

말콤 스미스 (Malcolm Smith)

그러나 그가 사람들에게 그의 야망에 대해 말했을 때, 많은 사람들은 그의 머리가 약간 이상하다고 생각했다. 고등학교에서조차 그는 진로 상담 선생님에게 천문학자가 되고 싶다고 말했다가 크게 낙심했던 기억을 갖고 있다. 그 상담 선생님은 이렇게 말했다. "젊은이, 현명해지게나. 자네는 수학을 잘하지 않나. 자네는 은행에서 좋은 자리를 얻을 수 있을 것이네."

그러나 스미스는 단념하지 않았다. 그렇다고 해서 그는 천문학자들이 하는 일에 대해서 잘 알고 있었던 것은 아니었다. 그는 천문학자를 직접 만나서 이야기해 보고 싶었다. 하지만 그가 살았던 마을에는 천문학자는 커녕 아마추어 천문학자도 없었고, 천문학을 조금 알고 있던 물리 선생님이 그를 격려해 준 몇 안되는 사람들 중 하나였다. 그는 스미스에게 물리학을 개인교습해 주기도 했다. "그 선생님은 그 이후 지금까지 내게 대단히 유용했던 광학을 가르쳐 주었어요." 선생님은 스미스에게 물리학이 천문학의 기초로서 중요하니 물리학으로 시작해 보라는 조언을 해주었다. 그래서 그는 1961년 킹스 칼리지와 런던 대학교에서 물리학을 전공했다.

킹스 칼리지에 있는 X선 결정학 그룹에는 노벨상 수상자인 모리스 윌킨스가 있었다. 스미스는 이 그룹과의 관련으로 뉴욕주의 버팔로에 있는 로스웰 공원 기념 연구소 생물 물리학과의 여름 학기 연구 펠로우쉽을 얻게 되었다고 말했다. 그것이 그의 첫 미국 방문이었다. 그러나 X선 결정학을 연구하고 있었음에도 불구하고, 그의 꿈은 아직도 천문학자가 되는 것이었다. 그는 버팔로에 있는 동안 플라네타륨을 방문하기 위해 시카고로 갔다. 쇼를 본 뒤 그는 플라네타륨 사무실들이 있는 긴 복도를 걸어 내려와 한 사무실 문을 두드렸다. 그것은 플라네타륨 관장실이었다. 관장은 그를 반갑게 맞아들였고 그들은 오랜 대화를 나누었다. 스미스는 관장에게 천문학에 대해 대단히 많은 관심을 가지고 있으며 천문학자를 몹시 만나 보고 싶다는 자신의 열망을 말했다. 그는 또한 영국으로 돌아가는 길에 캘리포니아에 잠시 들를 것이라는 말도 덧붙였다. 그러자 관장은 미소를 지으며 이렇게 말했다. "당신이 캘리포니아에 머무는 동안 대형 망원경들을 방문하고 몇몇 천문학자들을 만나기를 희망한다면, 내가 당신이 그곳을 방문할 것이라는 편지를 쓰겠습니다. 당신은 그저 그곳에 도착해서 내 명함을 그들에게 보여주기만 하면 됩니다." 그리고는 스미스에게 그의 명함을 하나 주었다.

그해 늦은 여름 스미스는 캘리포니아에 도착해 파사디나의 산타바바라 거리에 있는 팔로마 천문대 본부를 찾았다. "나는 이라 보웬이라는 흰 머리 남자에게 소개되었어요. 내가 한번도 들어보지 못한 사람이었죠." 스미스는 이렇게 말했다. 그리고 혼자 웃으며 덧붙였다. "그 만남은 저에게 많은 도움을 주었어요. 나중에 그가 그 천문대의 대장이라는 것을 알았지요." 스미스는 보웬과 거의 한 시간 가량 이야기를 나누었다. 보웬은 그에게 그 연구소의 망원경들에서 나온 사진들 중 몇 개를 보여주었고, 그는 보웬에게 천문학자가 되고자 하는 자신의 꿈에 대해 말했다.

스미스는 1964년에 물리학으로 학사를 마치고, 천문학 박사 과정을 밟기 위해 영국의 맨체스터 대학교로 갔다. 그의 논문은 관측기기에 관한 것이었다. "나는 다양한 종류의 광학 간섭계들에 대한 많은 기계 작업들을 했습니다." 스미스는 이렇게 말한다. "내 박사학위 프로젝트는 간섭계를 만드는 것이었어요. 프란즈 칸이라는 교수가 특히 많은 도움을 주었습니다. 그는 학생들에게 친절했고, 학생들과 많은 교제를 나누고 있었어요. 그는 언젠가 내게 이렇게 말했어요. '팔로마나 리크, 혹은 키트 피크에서 일하고 싶지 않은가?' 나는 너무나 놀랐어요. 그런 장소에 자리를 얻는다는 것은 쉬운 일이 아니었거든요."

스미스는 1967년에 졸업한 뒤 키트 피크로 갔다. 그가 박사학위를 위해 막 간섭계를 만들었으므로, 그는 키트 피크에 있는 망원경들에 사용될 간섭계를 디자인해서 만들기로 되어 있었다. 그는 1년간의 임명을 받았는데 기계를 디자인하는 데만 8개월을 보냈다. 그리고 그가 간섭계를 만들기 시작했을 때 계약 기간이 거의 끝났다. 어느날 그는 지도 교수의 책상에서 "말콤 스미스라는 사람은 거의 1년을 이곳에 있었는데 그가 그 동안 도대체 무엇을 했는지 모르겠습니다. 프로젝트는 마쳤습니까?"라고 써 있는 메모를 발견했다.

스미스는 자신이 곤경에 처해 있다는 것을 알았지만 어떻게 해야 할지 몰랐다. 그는 일찍이 아리조나 대학교와 스튜어드 연구소에 있는 바트 복을 만난 적이 있었다. 그는 복을 만나러 스튜어드로 갔다. 복이라면 그에게 어떤 도움을 줄 수 있을 것 같았기 때문이었다. "가서 자네가 한 것을 함께 보도록 하지." 복은 이렇게 말했다. 복은 그 디자인을 살펴보고 그에게 몇 가지 조언을 해주었다. 그리고 2주일마다 키트 피크로 와서 스미스가 한 것을 훑어보았다. "그는 다른 사람들이 나를 혹독히 비평하고 있을 때, 내게 많은 격려를 해주었습니다. 그의 후원을 받는다는 것이 대단히 위로가 되었죠." 스미스는 이렇게 말했다.

스미스는 간섭계를 완성한 뒤 칠레의 쎄로 토롤로 천문대로 가지고 같다. 그는 1969년 그곳에서 어시스턴트 천문학자 자리를 제공받게 된다. "그곳은 굉장한 곳이었어요. 나는 그곳에서 내가 가장 하고 싶은 연구들을 많이 했어요……. 행정적 의무가 많지 않았기 때문이었죠." 그는 호주에 있는 앵글로-호주 천문대로 갈 때까지인, 1976년까지 칠레에 머물렀다.

1979년에 그는 스코틀랜드의 에딘버라로 돌아가 기술부장 직책으로 일했으며 1985년에 하와이로 왔다. 그는 X선과 광학, 적외선 그리고 서브밀리미터 천문학 분야를 연구했다. 그는 과거만큼 많은 연구를 하고 있지는 않지만, 여전히 몇 개의 프로젝트에 관련되어 있다. 퀘이사 주변의 가스 지역들이 그의 주요 관심사 중 하나이다. "우리는 적외선을 이용해 그 지역들을 조사하고 있습니다. 하지만 적외선으로 가스 지역들을 연구할 수 있을 만큼 충분한 감도가 있는 기계를 갖게 된 것은 아주 최근에 이르러서이죠." 그는 이 가스 지역의 가스가 퀘이사 안으로 떨어지고 있느냐, 아니면 퀘이사들로부터 밀려나오는 중인가 하는 것에 주로 관심이 있다. "그것은 간단해 보일지 모르지만, 사실은 대단히 측정하기 어려운 문제입니다." 그는 이렇게 말한다.

연합 천문학 센터에 있는 스미스의 연구실 옆방은 제임스 클럭 맥스웰 망원경의 대장인 이안 롭슨의 연구실이다. 그는 1992년 이후 계속 그 센터에서 일해 오고 있었다. 영국 북부에서 태어난 롭슨은 스미스처럼 아주 어렸을 때부터 천문학에 관심을 가졌다. 그는 밤에 침대에 누워 창문으로 보이는 별들을 바라보며 왜 별들이 그렇게 이상한 패턴으로 배열되어 있는지 궁금해 하곤 했다. 어느날 패트릭 무어라는 과학 작가가 해설해 주는 텔레비전의 천문학 프로그램을 보게 된 롭슨은 무어에게 편지를 써서, 그가 보고 있는 패턴에 대해 물어 보았다. 무어는 그것들이 별자리들이며 롭슨이 말하는 패턴 중의 하나는 오리온 자리라고 답장을 보내주었다. 무어는 또 그 편지에서 롭슨이 천문학에 대해 좀더 배울 수 있는 몇 권의 책들을 추천해 주기도 했다. 롭슨은 곧 천문학에 매료되었고 11살 때에는 반사망원경을 가진 열성적인 아마추어 천문학자가 되었다. 그는 뒷마당에서 달과 행성과 별들을 관찰했다. 그는 천문학에 관해서 그가 찾을 수 있었던 모든 책들을 계속해서 읽어 나갔다. "하늘에 있는 물체에 대해 그렇게 많은 것을 배운다는 것은 정말 신나는 일이었습니다." 그는 이렇게 말한다.

하지만 천문학에 대한 그런 관심에도 불구하고, 그는 천문학자가 되겠다고 계획하지는 않았다. 몇 년 동안 그의 야망은 전투기 조종사였다. 그러나 약 15살이 되었을 때 그의 시력이 나빠지기 시작했고 공군에 입대할 수 없으리라는 것을 알게 되자 그는 천문학자가 되기로 결심했다.

1965년에 롭슨은 런던에 있는 퀸 메리 칼리지에 입학했고, 그곳에서 물리학을 전공했다. 1969년에 학사학위를 받은 그는 계속 그곳에 머물면서 천문학 박사과정을 밟았다. 그 몇 년 앞서 우주배경복사가 벨 연구소의 아르노 펜지아스와 로버트 윌슨에 의해 발견되었다. 우주배경복사는 우주를 창조했던 대폭발로 남겨진 복사이다. 우주가 창조되었을 때 그 복사는 약 3000K의 온도를 가졌지만 이제는 냉각되어 약 3K 정도이다. 1960년대 말에는 이 복사가 정말 대폭발로 인한 것인지에 대해 여전히 밝혀지지 않은 상태였다. 만일 그렇다면, 그 온도 곡선은 특정한 모양을 가져야만 했다. 즉 진동수에 대한 복사의 강도를 도면으로 나타냈을 때 그 곡선은 증가하다가 어떤 진동수를 지나면서 감소해야만 한다. 다시 말해서, 곡선의 기울기가 전환하는 부분이 있어야 했다. 그러나 그때까지 측정되었던 자료들은 모두가 이 전환점의 한쪽에만 놓여 있었다. 그러므로 그 너머에 있는 관측값들을 얻는 것이 대단히 중요했다. 하지만 우리의 대기가 이 전환점 지역에서 복사를 흡수하므로, 이들 자료들을 대기 바깥에서 얻어야 했고 이를 위해 로켓이나 기구가 필요했다.

롭슨이 함께 일했던 그룹은 기구를 이용해 그 전환을 입증하려고 하고 있었고 그 실험이 롭슨의 박사학위 논문의 기초가 되도록 되어 있었다. 기구는 1972년에 띄워졌는데 1,800미터 상공에서 그만 터져 버리고 말았다. “그 사건은 내게 큰 충격을 주었어요. 파열된 풍선과 관측장비가 땅바닥으로 추락해서 산산조각이 났지요.” 롭슨은 그때를 이렇게 기억했다. 그러나 큰 좌절에도 불구하고 그 그룹은 다시 기구 관측을 시도했고, 7개월 뒤에는 두번째 발사 준비가 완료되었다. “두번째 발사는 학자로서 나의 일생에서 가장 흥분되고, 가장 긴장되는 순간이었어요. 모든 것이 잘 되어서 마침내 자료가 들어오기 시작했을 때 비로소 안도할 수 있었죠. 그리고 우리는 그 곡선이 정말 전환했다는 것을 입증했어요.” 롭슨은 1973년에 박사학위를 받았다.

박사학위 취득 후 롭슨은 퀸 메리에 계속 머물면서 박사후 과정을 했고, 그뒤 2년 동안은 강사가 되어 그곳에서 강의를 했다. 1978년에 그는 프레스톤에 있는 랭커쉬어 폴리테크닉(현재 센트랄 랭커쉬어 대학교)으로 가서 수석 강사가 되었고, 교수가 된 데 이어 1986년에는 마침내 그

학과의 과장이 되었다.

롭슨이 마우나케아와 인연을 맺게 된 것은 그가 하와이 대학교의 2.2미터 망원경으로 관측을 시작했던 1970년대 초였다. 그리고 후에 그는 영국 적외선 망원경을 디자인했던 연구팀의 일원이 되었다. 마우나케아 등정이 얼마나 위험할 수 있는지를 알게 된 것은 그 산을 처음 올랐던 1975년경이었다. 그날은 매서운 진눈깨비가 몰아쳤고, 정상에는 수십 센티미터나 되는 눈이 쌓였다. 그러나 이런 악조건에도 불구하고, 몇 명의 프랑스 천문학자들은 캐나다-프랑스-하와이 망원경 돔으로 올라가고 싶어했다. 롭슨은 2.2미터 망원경 돔에서 몇몇 장비들을 꺼내 와야 했으므로 그들과 함께 올라가기로 했다.

설상차 트랙터가 올라갈 수 있는 데까지 그들을 데려가 주었다. 그들은 두꺼운 파카에 모자와 장갑까지 끼고 있었으므로 막다른 길부터 정상까지 올라가는 나머지 길은 걸어서 가기로 했다. 그래서 롭슨과 동료인 운전자, 그리고 네 명의 프랑스 천문학자는 정상까지 올라가는 나머지 가파른 길을 걸어 올라가기 시작했다. 눈은 90~150센티미터 깊이였고, 때는 늦은 오후였다.

얼마 가지 않아 프랑스 천문학자들 중 두 명이 몸이 편치 않았다. 할레 포하쿠에서의 고도 적응이 적절히 되지 못했던 것이다. 설상차 운전사는 그들을 다시 차 안으로 데리고 가겠다고 했다. 나머지 다른 사람들은 얼마간 계속 걸었다. 그런데 마침내 나머지 두 명의 프랑스 천문학자들 역시 더이상 걸을 수가 없게 되었고, 롭슨의 동료가 그들을 다시 설상차로 데리고 가야만 했다. 롭슨은 그냥 돌아갈까도 생각했지만, 정상이 대단히 가까이 있다고 확신하고 있었으므로 끝까지 계속하기로 했다. 이제 날이 어두워지고 있었다. 그러나 그에겐 회중전등이 있었다.

날은 점점 어두워졌고 이제 회중전등 없이는 전혀 볼 수 없을 만큼 깜깜해졌다. 설상가상으로 그곳에는 눈더미가 훨씬 높이까지 쌓여 있었다. 그리고 그는 부근에 가파른 낭떠러지가 있다는 것을 알고 있었다.

"제대로 걸을 수가 없었죠." 롭슨은 이렇게 말했다. "말 그대로 거대한 눈더미 속을 헤치고 나아가야만 했어요." 그런데 그의 회중전등이 희미해지기 시작하더니, 완전히 꺼져 버렸다. 이제는 너무 깜깜해서 어느 방향으로 가야하는지도 전혀 알 수 없게 되었다. 그러나 그는 언덕 위로 계속 올라가기만 한다면 결국 2.2센티미터 망원경 돔에 닿을 것이라는 것을 알고 있었다. 그러므로 그는 자신이 언덕 위로 올라가고 있는지만 확인하면서 비틀거리며 계속해서 어둠 속을 걸었다. 그리고 간신히 2.2미터 망원경 돔의 후면까지 기어서 갔다. "나는 정문까지 갈 힘이 없었어요." 바람이 몹시 불고 있는데다, 눈이 여전히 내리고 있었다. 뒷문이 있다는 것을 알고 있었던 그는 더듬거려서 가까스로 문 안으로 들어갔다.

"나는 안으로 들어가자마자 샤워실로 갔어요." 그는 이렇게 말했다. "그리고 몸을 데우려고 15분 동안이나 그곳에 서 있었죠. 그러고 나서 할레 포하쿠에 전화를 걸어서 내가 무사하다는 것을 알렸지요." 그들은 롭슨의 동료가 그를 몹시 걱정해서 그를 찾아 나섰다고 말해 주었다. 그리고 얼마되지 않아, 롭슨과 거의 똑같은 몰골로 그의 동료가 나타났다.

"정말 다시는 겪고 싶지 않은 그런 경험이었어요." 롭슨은 이렇게 말한다.

1992년 11월에 롭슨은 제임스 클럭 막스웰 망원경의 대장이 되어 하와이에 왔다. 그는 두 가지 분야에 관심을 두고 있다. 적외선과 서브밀리미터를 이용해서 연구하는 별 형성 지역과 퀘이사이다. 현재 그는 블레이저(blazers)에 관해 연구하고 있는데, 이들은 퀘이사와 밀접한 관계를 가지고 있는 활성은하들이다. 퀘이사의 핵 주변에 있는 물질은 유입 물질 원반이라고 하는 나선상으로 움직이는 디스크를 이루고 있다. 주변 물질들은 이 디스크를 거쳐 중심의 블랙홀까지 내부로 흘러들어간 뒤 디스크에 수직인 두 개의 줄기를 따라 거의 광속에 가까운 0.9999c 정도의 속도로 분출된다. 따라서 만일 이 줄기가 우리 쪽으로 향해 있으면, 광학적으로 변하는 퀘이사나, 혹은 B L Lac 물체(또는 '블레이저'라고 하는 것)를 보게 되는 것이고, 줄기가 하늘 평면에 놓여져 있다면 그것이 두 날개를 가진 전파원으로 보게 되는 것이다.

롭슨은 막스웰 망원경과 다른 망원경들을 사용해 이 물체들을 탐사함으로써, 그 줄기의 메커니즘과 분출된 물질의 속도를 결정하려 하고 있다. 그가 가장 선호하는 물체는 두번째로 발견된 3C-273 퀘이사이다. "우리는 몇 년 전 3C-273에서 그 복사량이 하루만에 거의 두 배로 변화하는 것을 발견하게 되었죠. 나는 완전히 흥분되어서 즉시 산 아래로 내려갔어요. 그리고 IAU에 그 발견을 발표한다는 전보를 쳤죠." 그는 잠시 동안 앉아 있다가는 미소를 지으며 말을 이었다. "하지만 나이가 들수록 그와 같은 것에 대해 덜 흥분하게 되는 것 같아요……. 그런 개별적인 결과 같은 것에는 말이죠. 하지만 나는 요즈음 SCUBA에 대해 점점 흥분되고 있습니다." 앞서 언급했던 것처럼, SCUBA는 천문학자들에게 서브밀리미터 영역에서 화상 관측을 가능하도록 해줄 관측장비이다.

캐나다-프랑스-하와이 연합

캐나다-프랑스-하와이 망원경의 본부는 하와이섬 북부에 있는 와이메아에 자리잡고 있다. 그곳에는 거의 50명의 영구 직원이 있으며, 캐나다의 국립 연구 의회와 프랑스의 국립과학 연구센터, 그리고 하와이 대학교가 관리하고 있다.

그 본부는 큰길에서 조금 뒤쪽으로 물러나 있는 청색과 회색빛의 커다란 건물로 1982년에 완성되었으며, 이어 1986년에 증축되었다. 커다란 정문을 지나 안으로 들어가면 천문학 사진들로 장식되어 있는 라운지가 나온다. 그곳에는 캐나다-프랑스-하와이 망원경의 모형이 세워져 있고 벽면에는 망원경이 건축되고 있을 당시의 모습을 보여주는 몇 장의 역사적 사진들이 걸려 있다. 그리고 건물 안쪽으로 몇 그루의 작은 나무와 수풀이 있는 확 트인 커다란 정원이 있다.

이 곳의 대장직은 3년마다 교체된다. 내가 그곳에 있을 때 소장은 가이 모네였다. 내가 그와 이야기하는 동안 밖에서는 망치 소리와 톱질소리가 요란했다. 옆에 커다란 건물을 짓고 있는 중이었다.

나는 지난 몇 년 동안 이 망원경으로 이루어진 중요한 발견들에 대해 말해 달라고 부탁했다. "그 발견들은 크게 세 가지로 나눌 수 있다고 봅니다." 그의 대답은 이러했다. "첫째 유형의 발견은 천문학에 관한 책에 새로운 장 하나를 첨가하게 될 그런 발견입니다. 그리고 둘째 유형의 발견은 새로운 사진 한 장을 첨가시키는 것들이며, 세번째 발견 유형은 문장 하나를 첨가시키는 것들이죠." 그는 잠시 창문 밖을 내다보다가 다시 몸을 돌리며 이렇게 말했다. "나는 지난 10년간 캐나다-프랑스-하와이 망원경에서는 첫번째 유형의 발견이 단 하나뿐이었다고 생각합니다. 그것은 중력호(gravitational arc)의 발견이었습니다. 첫번째 것이 이곳에서 발견되었죠."

중력렌즈 효과는 한 물체, 보통은 은하와 같은 천체의 중력장이 그 뒤에 있는 물체에서 출발한 빛을 깨어 버림으로써 종종 그 뒤의 물체상이 두 개 혹은 그 이상으로 보이게 하는 효과이다. 그런데 만일 앞에 있는 천체와 뒤에 있는 천체가 시선상에서 그 배열이 거의 정확하다면, 호를 얻게 된다. 이론적으로는 아주 정확한 배열이 있다면, 아인슈타인의 고리

와이메아의 캐나다-프랑스-하와이 본부

가이 모네 (Guy Monnet)

라는 것을 얻을 수 있다. 이것은 중심에 어두운 원형 지역이 있는 먼 물체의 확대된 모습이다. 여러 개의 중력호가 이 망원경에 의해 발견되었다.

모네는 두번째와 세번째 유형에 속하는 몇 가지 발견들 역시 캐나다-프랑스-하와이 망원경에서 이루어졌으며, 중량급 블랙홀들에 관한 연구들이 이 부류에 속한다고 말했다.

프랑스의 리용에서 태어난 모네는 리용에 있는 폴리테크닉에서 학사학위를 했다. 그리고 마르세이유 대학교에서 은하 내부의 가스 속도를 측정하는 기계에 관한 논문을 써서 박사학위를 받았다. 그는 14년간 마르세이유에 머물렀는데, 처음에는 우주연구소에 있다가 후에 마르세이유 천문대로 옮긴 뒤 결국 그곳의 천문대장이 되었다. 그리고 다시 리용 대학교로 돌아와, 그곳에 있는 동안 은하 내부의 가스 속도에서 은하 내부의 별들의 속도로 그 관심을 바꾸었다. 그는 1987년에 그곳을 떠나 하와이로 왔다.

그가 현재 관심을 두고 있는 분야는 은하 중심에 있는 별들의 역학이다. 그는 특히 어떤 은하들 중심에 중량급 블랙홀이 있을 가능성에 주력하고 있다. "우리는 중량급 블랙홀을 찾기 위해 현재 안드로메다 은하 바로 옆에 있는 타원 은하인 M32와 솜브레로 은하를 포함해서 몇 개 은하들의 중심 1에서 2 초각 영역을 조사했습니다." 그는 이 연구를 위해 이 지역에 있는 별들의 속도를 결정하고 있다. 중심에 가까운 별들의 속도를 결정함으로써 그들 내부에 있는 질량을 결정할 수 있기 때문이다. 만일 이 지역이 충분히 작고 질량이 충분히 크다면, 그것이 블랙홀일 가능성이 있다.

부대장인 존 글래스피는 모네를 도와 그 천문대를 관리하고 있다. 흰 머리와 수염이 성성한 상냥한 말씨의 깡마른 글래스피는 그때까지 그 천문대에서 4년 반 동안 근무했다고 했다. 그의 연구실은 전통적인 천문대 사진들과 천체 사진들로 가득차 있었다.

나는 그에게 우선 이 천문대의 주요 역할에 대해 물었다. "우리는 서비스 천문대입니다." 그는 이렇게 대답했다. "그것은 우리가 비록 이곳에 몇 명의 천문학자를 두고 있기는 하지만, 그들의 주요 임무는 망원경 가동을 원조하는 것이며, 그들 자신의 연구는 2차적인 것이라는 것을 의미합니다. 따라서 전체 시설은 캐나다-프랑스-하와이 공동체와 하와이 대학교에서 온 천문학자들에게 최고 수준의 기계를 제공하도록 조정되어 있습니다."

존 글래스피(John Glaspey)

글래스피는 그 망원경의 독특함과 마우나케아 위의 시상에 대해 계속 말했다. "그 산 위에서 캐나다-프랑스-하와이 망원경 돔의 위치는 최고입니다." 그는 이렇게 말했다. "우리는 다른 천문대들이 접근할 수 없는 질의 상을 얻습니다. 예를 들어, 아인슈타인 크로스는 네 개의 상을 갖습니다. 그들의 총간격은 1.5초인데, 카트 피크의 평균 시상은 1.3초입니다. 따라서 실제로 아인슈타인 크로스와 같은 것들을 분석할 수 있는 밤들이 많지 않죠. 그러나 이곳에서, 우리는 어떤 밤에라도 그것을 쉽게

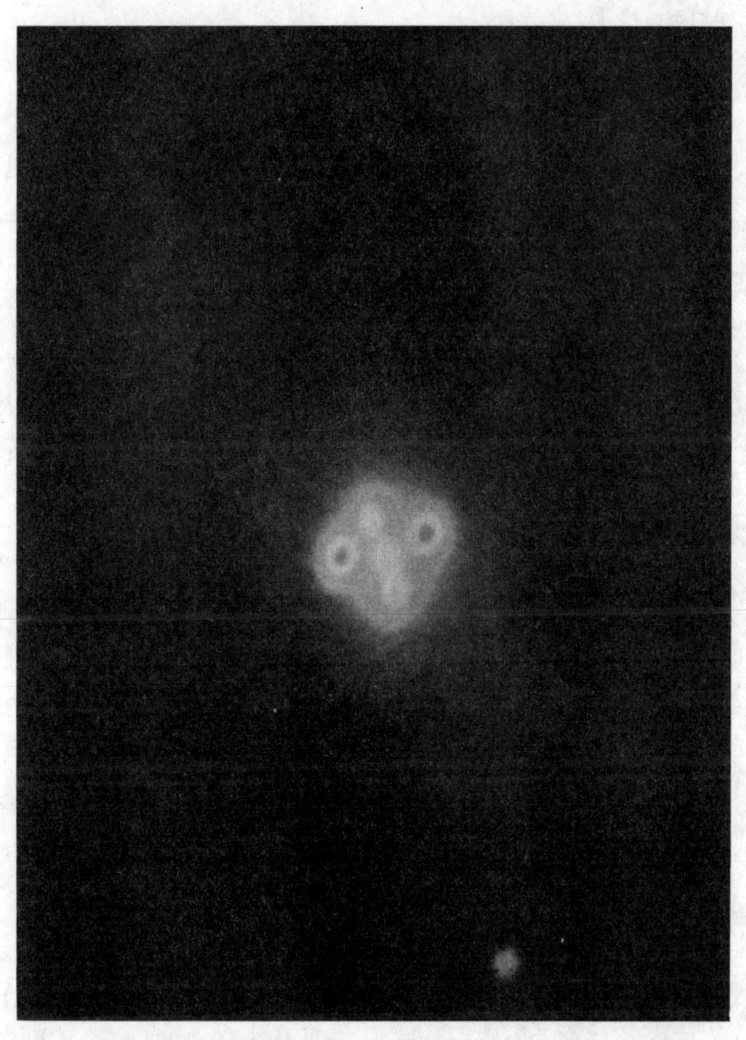

캐나다-프랑스-하와이 망원경을 통해 찍은 아인슈타인 크로스 (캐나다-프랑스-하와이 연합 제공)

분석할 수 있습니다. 우리는 자주 아인슈타인 크로스를 이용해 시상을 판단합니다.”

글래스피는 어렸을 때 롱 아일랜드에 있는 삼촌 부부를 방문한 뒤 천문학자에 대한 꿈을 키웠다. 삼촌댁 부근에는 열성적인 아마추어 천문학자 하나가 살고 있었는데, 그는 저녁이면 잔디 위에 커다란 반사망원경을 설치하고 이웃의 어린아이들에게 행성과 별들을 보게 하였다. 글래스피는 자신이 본 것에 매료되었고, 그것을 결코 잊지 못했다. 중학교와 고등학교를 거치면서 그는 천문학에 관한 많은 것을 읽었다. 하지만 그는 많은 것들이 몹시 어려웠다고 시인했다. 그럼에도 불구하고 그는 열성적이었고, 곧 천문학자가 되기로 결심했다. “나는 학부 프로그램을 천문학에 대비할 수 있도록 선택했어요. 한번도 천문학 이외의 것을 하고 싶었던 적이 없었죠.”

글래스피는 대학으로 카세 공과대학을 선택하게 된다. “그 대학에는 벽이 온통 담쟁이 덩굴로 덮여 있는 대단히 아름다운 오래된 건물이 있었어요.” 그는 말을 이었다. “그리고 그 한가운데에 0.9미터 카세그레인식 망원경 돔이 있었죠. 거기엔 많은 정교한 오래된 장비들이 있었어요. 그 천문대는 1920년대 초, 1차 세계대전 직후 건립된 것이었어요. 그래서 제가 거기에 있을 때는 정말 멋진 장비들을 가지고 일을 할 수 있었지요. 오늘날의 수준으로 보면 골동품들이라고 할 수도 있겠지만 기가 막힌 장비들이었지요.”

그는 신기한 장비들을 사용했던 두 학기의 실지 천문학 과정을 기억했다. “그 과목은 재미있었을 뿐만 아니라 내게 아주 좋은 경험이 되었어요. 그때는 물론 일이 힘들었지요. 하지만 지금은 대단히 감사하고 있답니다.”

내가 현재의 연구에 대해 묻자 그는 혀를 찼다. “모든 행정적인 의무와 연구를 병행한다는 것이 매일 점점 더 곤란해지고 있어요." 그는 잠시 생각에 잠겼다. "내가 가장 최근에 했던 프로젝트는, 몇 년 동안 진행되어 온 것인데, 별 안에서 리튬을 찾아내는 것입니다. 요즈음에는 청색 낙오성[나이에 비해 더 푸르고 더 밝은 별]을 조사하고 있습니다." 리튬이 중요한 것은 그것이 대폭발에서 작은 양만이 만들어졌기 때문이다. 글래스피와 그의 동료인 빅토리아 대학교의 C. J. 프리쳇은 은하성단 M67의 청색 낙오성 안에 리튬이 없다는 사실을 알아냈다. 이것은 뜻밖의 결과였으므로 처음에는 그들을 난처하게 했다. 그러나 그들은 이제 그것이 설명될 수 있다고 믿고 있다. 최근에 발간된 논문에서 그들은 그 별들의 표면에 있던 리튬이 큰 흐름을 통해 뜨거운 내부로 흘러들어가 파괴되고 있다고 확신한다고 밝혔다.

켁

켁 천문대 본부는 와이메아의 캐나다-프랑스-하와이 망원경 본부 바로 밑에 있다. 뚜렷한 서구식 디자인을 가진 커다란 백색 구조물인 그 건물은 유명한 파커 랜치의 본고장인 그 마을의 분위기와 멋진 조화를 이룬다. 그 본부로 다가갈 때 가장 먼저 눈에 띄는 것은 입구 위의 천장에 낸 벌집 모양의 채광창이다. 건물 내부에는 유리상자 안에 켁 망원경의 모형이 있다. 그리고 그 너머에는 나무와 잔디밭을 비롯해 산책길이 나 있는 아름다운 안뜰이 있으며, 안뜰의 한가운데에는 켁 거울과 똑같이 생긴 소형 복제품이 놓여 있다.

안뜰은 불이 훤히 밝혀진 넓은 사무실들로 완전히 에워싸여 있다. 안뜰 뒷부분에는 망원경의 관측실이 있는데 대부분의 관측자들은 산 정상

와이메아의 켁 본부

켁 망원경의 모형을 보여주는 켁 본부의 실내. 뒷면에 안뜰이 보인다.

의 망원경 관측실이 아니라 바로 이곳에서 자료를 얻는다.

주건물 뒷편에는 방문 천문학자들을 위한 숙소가 마련되어 있다. 그들이 망원경을 사용하게 될 곳은 이곳이므로 할레 포하쿠가 아니라 바로 이곳에 본거지를 만들게 될 것이다. 이 건물의 기공식은 내가 그곳에 있는 동안, 전통적인 하와이 기념식과 함께 이루어졌다.

그 섬에 있는 다른 천문대들과는 달리, 켁에는 아직 천문대장이 없다. 망원경이 아직 완성되지 않았기 때문이다. 프로젝트 매니저인 제랄드 스미스가 책임을 맡고 있는 최고위 관리이다. 그러나 켁 I 이 완성되면,

그는 시간의 대부분을 켁 II에 할애하게 될 것이다.

"켁 II는 훨씬 더 쉬울 것입니다." 스미스는 이렇게 말한다. "켁 I을 만들었던 장비들이 그대로 유지되고 있지요. 그래서 바로 켁 II 건축에 들어갈 수 있습니다. 우리는 켁 II를 3년내에 완성시킬 계획입니다. 그것은 켁 I에 소요됐던 시간보다 2년이 짧은 기간이지요."

캘리포니아에서 자란 스미스는 그곳에서 고등학교에 다녔고, 그뒤 한국전쟁 동안 공군에서 레이더 정비 기술자로 4년을 보냈다. 전쟁이 끝나자 산타크루즈로 가서 전자 공학을 전공한 뒤 계속해서 1960년에 같은 대학에서 석사학위를 받았다.

그는 대학에 다니는 동안 우주항공산업의 전기학 분야와 전자광학 분야에서 일한 경험이 있었으므로 졸업 후 파사디나에 있는 제트 추진 연구소(Jet Propulsion Laboratory ; JPL)에 일자리를 구했다. JPL에서 그는 우주로 발사되는 NASA 위성들을 위한 기계 장치들에 관해 연구했다. 그리고 그 다음 몇 년 동안 탐지기들을 만들었고 행성 탐사선인 마리너와 레인저, 그리고 서베이어 등을 위한 기계제작을 관리했다.

"나는 지상 천문학과 관련되기 전에 우주탐사선으로부터의 행성 천문학에 관한 많은 경험을 쌓았습니다." 스미스는 이렇게 말한다. 그가 처음으로 지상 천문학을 접한 것은 1975년이었다. NASA로부터 하와이에 있는 NASA 적외선 망원경 건축을 감독해 달라는 요청을 받았을 때 그는 JPL에서 일하고 있었다.

1979년에 NASA 적외선 망원경이 완성되자 그는 JPL로 다시 돌아왔고, 1981년에는 적외선 위성 프로젝트 IRAS의 매니저가 되었다. "그것은 대단히 재미있을 것처럼 보였어요." 그는 말을 계속했다. "영국과 네덜란드 등지로 많은 여행을 해야 했거든요." 하지만 문제점들이 거의 즉시 나타났다. 냉각장치에 대한 문제들이 있었을 뿐만 아니라 여러 그룹

오른쪽이 제랄드 스미스 (Gerald Smith), 왼쪽이 론 라웁 (Ron Laub) 이다.

들 간의 마찰, 그리고 여러 가지 지연 요소들이 있었다. "우리는 그 모든 문제들을 해결하느라 힘겨운 3년을 보내야 했습니다. 결국에는 만족스러울 청도의 수준으로 망원경의 질을 높여 놓았지만 말입니다. 그때까지의 기간은 만신창이가 된 듯한 3년이었어요. 마지막 순간까지 대단히 고통스러운 그런 프로젝트 중 하나였어요. 그러나 그뒤 그 관측위성이 발사된 후에는 너무나 훌륭히 작동해서, 어느 누구도 그때의 문제점들을 기억하는 사람이 없었지요."

IRAS의 완성과 함께, 스미스는 캘리포니아 대학교-칼텍의 10미터 망원경 프로젝트로 왔다. 그는 일찍이 그 프로젝트에서 파트타임으로 일한 적이 있었지만, 이번에는 풀타임이었다. 그 프로젝트는 그의 참여 직후 켁으로부터 자금 지원을 받게 되었다. 나는 그에게 켁과 IRAS 프로젝트를 비교해 달라고 부탁했다. "켁에는 불화가 거의 없었어요. 정말 도전적이고도 또 협력이 잘되는 그런 프로젝트였죠. 결과도 아주 만족스러웠습니다."

스미스가 켁 II 프로젝트로 옮겨가자, 켁 I에 대한 책임이 피터 길링함에게 주어졌다. 내가 길링함을 만났을 때는 그가 이곳에 온 지 몇 개월밖에 되지 않았을 때였다. 키가 크고, 환하게 웃는 얼굴을 가진 길링함은 자신의 새로운 업무에 대해 흥분을 감추지 못했다. 그는 그 망원경의 완성을 감독하고 사용될 기구들을 주문하며, 또 그 망원경 가동에 대한 개발 계획에 책임을 맡고 있는 켁 I의 운영 책임자이다.

호주의 브리스베인에서 태어난 길링함은 브리스베인의 퀸스랜드 대학교에서 기계공학을 전공했다. 졸업 후 몇 년간 그는 국방과학 연구소에서 일하게 된다. 그뒤 영국의 그리니치 천문대에서 관측 기계 개발, 특히 전자 화상 기기와 분광기에 관해 일했다. 그것이 그와 천문학의 최초의 만남이었다. 그는 또한 1967년에 아이작 뉴턴 망원경의 건설에도 참여한 바 있었는데 그 당시엔 이 2.5미터 망원경이 영국 최대의 것이었다.

그 당시 영국은 호주에서 건축중이던 4미터 앵글로-호주 망원경의 파트너였는데, 길링함은 그 프로젝트에 일자리를 얻어 호주로 다시 돌아가게 되었다. 그리고 12년 동안 그 망원경의 책임을 맡는 연구관이 되었다.

1991년에 그는 영국 적외선 망원경과 막스웰 망원경을 구경하기 위

피터 길링함 (Peter Gillingham)

해 하와이로 왔다. 이 기간 동안 그는 자신이 미래에 그것과 관련하여 일하게 되리라고는 꿈에도 생각지 못한 채, 켁 망원경을 잠시 방문했다. "나는 그것이 대단히 흥미진진한 프로젝트라고 생각했어요." 그는 이렇게 말했다. "대단히 깊은 감명을 받았어요. 그때는 36개의 거울 중 14개가 들어가 있었죠." 호주로 돌아와 그는 켁의 일자리 광고를 보았고, 그곳에 원서를 내서 그 자리를 따내게 된다.

길링함은 일주일에 하루나 이틀 정도만 천문대로 올라갈 뿐, 와이메아에 있는 본부에서 대부분의 시간을 보낸다고 말했다. 그의 시간의 많은 부분은 회의와 시간표 작성 등으로 꽉 메워져 있다.

그는 켁 망원경이 기대한 대로 임무를 수행하게 될 것임을 확신하고 있다. "시상이 좋을 때 켁은 다른 어떤 곳에서도 얻을 수 없는 상들을 만들어내리라고 기대합니다. 다른 망원경들을 꼼짝 못하게 만들 그런 망원경입니다."

그리고 켁은 정말 기대한 대로 작동하고 있는 것처럼 보인다. 1993년 3월 말에 켁의 천문학자들은 그들이 지금까지 본 것 중 가장 먼 은하인, 120억 광년 떨어져 있는 은하의 사진을 찍었다고 발표했다. 그 적외선 화상을 얻는 데는 단 30분이 걸렸을 뿐이었다.

그러나 망원경들은 성공적으로 이용될 때 진정한 성공을 이루는 것이다. 이제 마우나케아에 있는 망원경들로 이루어져 왔던 연구와 발견들로 화제를 돌려보자.

제 9 장

은하 중심에 사는 괴물

마우나케아 천문대에서의 연구는 다양하다. 어떤 돔에서는 혜성을 찾고 있는 천문학자들이 있는가 하면 또 다른 돔에서는 은하를 연구하는 그룹이, 그리고 다른 곳에서는 우주의 끝에 있는 천체들을 탐색하는 학자들이 있다. 한때는 천문학 연구의 많은 부분이 행성이나 달과 별에 치우쳐져 있었다. 그러나 최근 들어서는 은하와 다른 외부 은하의 물체들이 관심의 대상이 되었다. 은하들에 대해 더 많은 사실들이 알려지게 되자, 은하를 유지시키고 또 진화시키는 기본 에너지가 점차 1급 미스테리가 되었다. 은하의 심장부 깊이에는 막대한 양의 에너지를 생산하는 메커니즘이 있다. 활성 은하라고 하는 은하에서는 문자 그대로 에너지가 그 중심핵으로부터 펑펑 쏟아져 나오고 있다.

이 에너지를 생산하는 것은 무엇일까? 많은 천문학자들은 블랙홀이라는 중량급의 기괴한 괴물이 그 장본인일 것이라고 믿고 있다. 블랙홀은 너무나 강력한 중력장을 가지고 있어서, 빛을 포함해서 어떤 것도 그것으로부터 빠져나올 수 없다. 지난 1784년 영국 요크셔의 존 미셀이 이미 블랙홀의 존재를 가설한 바 있었다. 하지만 버클리 캘리포니아 대학교의 로버트 오펜하이머와 그의 학생 하트랜드 슈나이더가 아인슈타인의 상대성 이론을 별의 붕괴에 적용했을 때인 1939년까지는 천문학자들도 블랙홀에 관해 거의 들어본 적이 없었다. 천문학자들은 핵 용광로가 꺼지면 별이 중력에 의해 완전히 오그라들게 될 것이라는 것을 알고 있었다. 하지만 그 별에 종국적으로 어떤 일이 벌어질 것인가? 아인슈타인의 이론은 별의 질량이 어느 특정값 이상이라면 붕괴한 후 지름이 몇 마일 정도 되는 속이 빈 검은 구로서 종말을 맞게 될 것임을 보여주었다. 별의 모든 질량은 그 구의 중심에 자리한 블랙홀에 있게 될 것이다. 그러나 무엇인가 만일 구의 표면을 넘어들어간다면 결코 그곳으로부터 빠져나올 수 없게 될 것이다. 일단 안으로 들어가면 나올 도리가 없다.

오펜하이머가 발견했을 당시엔, 그 검은 구형체들을 블랙홀이라고 부르지 않았다. 이 이름은 1940년대 말까지 사용되지 않았다. 그럼에도 불구하고, 그것들은 흥미를 끌고 있었다. 그리고 오펜하이머는 아직 그것들에 관한 논문을 한편밖에 펴내지 않았다. 그러던 중 2차 세계대전이 발발했고 그는 곧 원자폭탄 제조를 감독하는 일을 맡게 되었다. 그러나 전쟁 뒤에도 그는 결코 그 프로젝트로 다시 돌아오지 않았고, 여러해 동안 블랙홀에 거의 관심을 갖지 않았다. 그 이유는 블랙홀이 존재한다는 증거가 없었기 때문이었다. 블랙홀은 오직 논문에서만 존재했던 것이다. 어느 누구도 하늘에서 블랙홀과 닮은 어떤 것도 발견한 적이 없었다. 물론 블랙홀의 지름이 단 몇 마일 정도이므로 직접 본다는 것은 불가능했지만, 또한 그것들에 관한 어떤 간접적인 증거도 없었다.

1941년에 터진 전쟁은 천문학 연구를 정지시켰고, 많은 천문학자들이 전시 프로젝트로 전환되었다. 어느 누구도 블랙홀에 관해 들어본 적이 없었으므로, 그것들에 관해 다시 생각하는 사람도 거의 없었다. 전쟁이 끝나자 그들은 각자의 연구소로 돌아갔고 새로운 연구 프로젝트들을 시작했다. 그들 중 많은 사람들은 이제 레이더와 전기학에 강력한 경력을 가지고 있었으므로 곧 전파 천문학자들이 특히 영국과 호주에서 활약하기 시작했다.

전파 천문학자들은 하늘에서 전파를 방출하는 물체들을 분류하기 시작했다. 1960년대 초쯤 그들은 이들 많은 전파의 출원지들이 서로 다르다는 것을 발견했다. 대부분이 은하와 같이 퍼진 천체에서 나오는 것들이었고 그 대상들도 광학망원경들로 쉽게 확인될 수 있었다. 그러나 어떤 것들은 매우 작은 점상의 천체에서 나오는 것이었고 가시광선에서는 도무지 볼 수가 없었다. 천문학자들은 여러 가지 방법을 동원해서 그런 대상들을 관측하려 노력했고, 어느 정도 시간이 지나자 한두 개를 광학망원경으로 확인할 수 있게 되었다. 그런데 놀랍게도 그 전파원들은 별처럼 보이는 것이었다. 그곳에서 나온 빛을 분광기에 통과시켜 여러 파장별로 조사해 본 결과 이들은 대단히 멀리 있는 천체들이라는 것을 발견했다. 그것들은 가장 멀리 있는 은하들보다도 더 멀리에 있었다. 더욱이 믿을 수 없을 정도로 활동적이어서 한 은하 전체의 에너지보다 더 많은 에너지를 뿜어내고 있었다. 그것은 불가능한 것처럼 보였다. 별과 같은 물체가 어떻게 1000억 개의 별(한 은하 안에 있는 별의 수)보다 더 많은 에너지를 방출할 수 있을까. 이런 것은 과거에 한번도 발견된 적이 없었다.

그 물체들은 곧 퀘이사라 불려지게 되었고, 몇 년간 그것은 천문학의 주요 미스테리였다. 이론가들은 퀘이사의 에너지 생산을 설명하기 위해 고투를 벌였다. 핵 에너지는 불가능했다. 그것은 너무 비효율적이기 때문이었다. 그러나 블랙홀들이 있었다. 적당한 조건이 주어진다면 블랙홀은 막대한 양의 에너지를 생산할 수 있을 것이다. 이론 천문학자들이 곧 블랙홀을 연구하기 시작했다.

그런데 이런 정도의 에너지를 생산하는 블랙홀은 별이 붕괴하여 만들어진 블랙홀보다 수십억 배 정도로 훨씬 무거울 것이다. 그러므로 천문학자들은 그것을 초중량급, 혹은 단순히 중량급 블랙홀이라는 이름으로

부르기 시작했다.

블랙홀은 어떻게 에너지를 생산하는가? 블랙홀 혼자만으로서는 에너지가 생산되지 않을 것이다. 그렇다면 연료가 필요한데 이 연료는 근처에 있는 별들과 가스로부터 온다. 만약 어떤 별이 중량급 블랙홀 근처를 지나게 되면 곧 블랙홀 주위를 도는 궤도로 들어오게 되고 오랜 시간에 걸쳐서 나선 모양을 그리며 블랙홀 안으로 떨어지게 된다. 중력은 별에서 가스를 끌어당기게 되고 마침내 블랙홀 주위에 거대한 고리가 만들어질 것이다. 이 유입물질 고리는 토성 주위에 있는 고리와 유사하지만 훨씬 더 크다.

만일 이 블랙홀이, 태양 질량의 10억 배되는 질량을 가지고 있고, 태양계의 중심에 놓여 있다면 블랙홀의 표면은 토성의 궤도를 가로지를 것이며, 유입물질 고리는 명왕성보다 100배 정도 더 멀리에 놓이게 될 것이다. 그러나 만일 블랙홀이 우주의 바깥쪽 끝에 있는 퀘이사에 있다면, 우리는 가장 강력한 망원경으로도 이 블랙홀을 볼 수 없을 것이다.

유입물질 고리의 바깥 부분에 있는 가스와 별의 잔재들은 점차적으로 그 블랙홀에 가까이 다가가며 회전한다. 그 원반 내에 있는 입자들이 서로 충돌하기 시작할 때 열이 발생된다. 가스와 별의 잔재들이 블랙홀의 표면으로 끌어당겨지기 직전의 온도는 수십만 도로 오르고 후에는 수백만 도까지 다다른다. 블랙홀 바로 바깥 부분에서는 온도가 굉장히 높아서 대단히 강력한 X선과 감마선이 발생되며, 이들은 굉장한 속도로 블랙홀 주변으로 흘러들어 간다. 다른 어떤 천체도 이런 굉장한 양의 에너지를 생산할 수는 없다.

따라서 퀘이사들은 주변에 커다란 유입물질 고리가 있는 블랙홀을 가지고 있다. 그리고 유입물질 원반에서 나온 물질이 퀘이사에 동력을 공급하게 되므로 굉장히 강력한 광원으로 보이게 되는 것이다. 비록 이 모

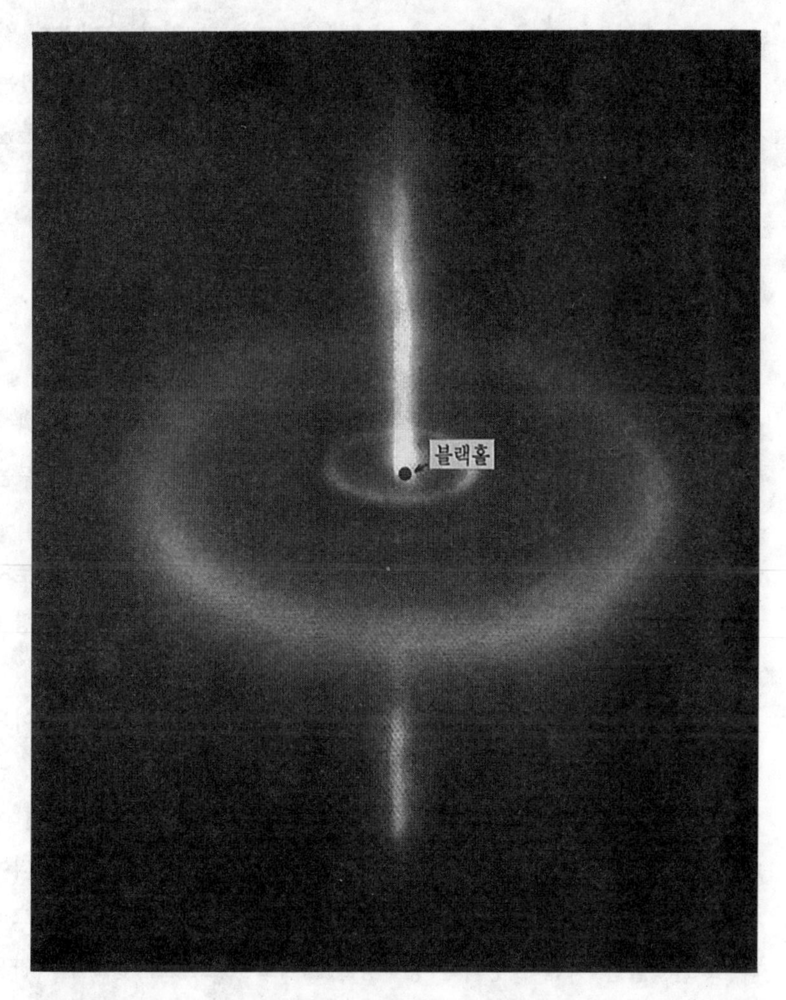

유입물질 원반과 제트를 보여주는 블랙홀의 도식도

형이 아직은 이론에 불과한 것이지만, 대체로 관측의 설명에 성공적이었고 이 이론은 우주 안의 다른 활성 천체들로 확장되어 왔다. 활성은하는 퀘이사에 비해서는 우리에게 좀더 가까이 있지만, 그 거리는 여전히 멀다. 활성은하는 강력한 전파원으로서 많은 경우에 핵이 격변 상태에 있는 것처럼 보인다. 많은 활성은하들은 이온화된 뜨거운 가스를 주위로 분출하는, 반대방향으로 뻗쳐진 제트들을 갖고 있다. 활성은하 역시 블랙홀을 포함하고 있는 것 같다. 그러나 이 경우 블랙홀의 질량은 태양 질량의 수십억 배가 아니라 수천만 배 정도에 불과한 것으로 추측된다. 하지만 에너지 발생 메커니즘은 동일하다.

가끔은 퀘이사에서도 제트가 발견되기는 하나 제트는 활성은하에 더 흔하다. 만일 블랙홀 모형이 이 물체에 적용된다면, 제트들을 설명해야 할 것이다. 계산에 따르면 유입물질 원반 중심 부근에 있는 물질 일부는 블랙홀 안으로 당겨지지 않는다. 그 대신 이들은 고압에 짓눌려져서 두 개의 작은 구멍을 통해 바깥으로 밀쳐내진다. 그리고 마치 용접공의 토치 램프에서 나오는 뜨거운 불꽃처럼 굉장한 속도로 빠져나와 두 개의 광대한 복사지역을 만들어 낸다.

그러나 모든 엔진은 연료가 떨어지면 작동을 멈추게 마련이다. 이는 퀘이사나 활성은하들이 가지고 있는 블랙홀의 경우에도 마찬가지이다. 연료가 떨어지면 그만이다. 중량급 블랙홀 주변에 있는 연료가 소모되면 어떤 일이 벌어질까? 블랙홀은 여전히 그 자리에 있을 것이나 그것은 더이상 에너지를 방출하지 않을 것이다. 즉 얌전한 블랙홀이 될 것이다. 그러나 그 블랙홀은 여전히 강력한 중력장을 가지고 있으므로 가까이 다가오는 별이나 가스 혹은 별의 잔재들이 블랙홀 주위로 떨어지게 될 것이다.

블랙홀 주위에서 궤도를 그리며 돌고 있는 별들은 천문학자들에게 특히 관심거리다. 궤도속도는 별들이 블랙홀에서 얼마나 멀리 떨어져 있느냐에 의존하므로, 가까이에서 궤도를 그리는 것들은 굉장한 속도로 운행한다. 천문학자들은 그것을 블랙홀이 존재한다는 징후로 여기고 있다.

존 코멘디

현재 하와이의 천문학연구소에 있는 존 코멘디는 은하의 구조에 관한 연구를 처음 시작했을 때 이미 퀘이사와 활성은하에 대한 이론적 아이디어에 대해 익히 알고 있었다. 그러나 중량급 블랙홀이 퀘이사 혹은 활성은하 안에 존재한다는 실제적인 관측 증거가 없다는 사실 때문에 곤란에 빠졌다. 에너지 생산은 모형으로 설명되는 것 같았지만, 이것이 그 이론이 반드시 옳다는 것을 의미하지는 않았던 것이다. 그는 더 많은 직접적인 증거가 필요하다고 확신했다.

오스트리아의 그라즈에서 태어난 코멘디는 3살 때 온타리오주의 나이아가라 폭포 부근에 있는 웰란드라는 작은 마을로 이주해 왔다. 그는 그곳에 있는 고등학교에 입학했고, 그뒤 토론토 대학교로 가서 물리학과 수학을 전공한 뒤 3,4학년 때 천문학을 전공했다. 그가 처음으로 은하에 관심을 둔 것은 이 시기였다. 방문 교수였던 케빈 펜더가스트가 여름에 은하에 관한 연속 강의를 했었다. "그의 강의는 은하의 역학과, 은하를 컴퓨터로 어떻게 모형화하는지에 관한 것이었어요. 그는 놀라운 일들을 했죠." 코멘디는 이렇게 말했다. "그의 컴퓨터 모형은 정말로 나선은하와 똑 같아 보였어요. 그것이 내 주의를 끌었고 … 흥미를 유발시켰죠."

코멘디는 졸업 후 칼텍으로 옮겨가 은하에 관한 열정을 키웠다. "칼텍은 멋진 곳이었어요. 거의 모든 사람이 큰 감화를 주는 사람들이었죠." 그는 이렇게 말했다. "그들의 과학을 향한 자세는 정말 놀라웠습니다."

존 코멘디 (John Kormendy)

그의 논문 지도 교수는 1960년대 초에 영국에서 칼텍으로 건너온 은하와 퀘이사, 그리고 우주배경복사의 전문가인 왈라스 사젠트였다. 코멘디는 자신이 사젠트에게서 배운 가장 가치 있는 것 중의 하나가 좋은 천문학적 문제를 택하는 것의 중요성이었다고 말했다. “그가 초기에 내게 무엇이 연구할 가치가 있는 것이고, 또 무엇이 그렇지 않은지에 대해 말했던 것이 기억납니다. 그리고 우리가 하고 있는 연구들을 왜 해야 하는지에 대해 생각하는 것이 얼마나 중요한지에 대해서는 귀에 못이 박히도록 들었죠.”

코멘디는 또한 마운트 윌슨과 팔로마 천문대(지금은 카네기 연구소 천문대로 불리는)에 있었던 저명한 우주론가인, 알란 샌디지와 함께 은하 천문학에 대해 많은 시간을 논의했다. "우리 둘 다 은하에 관심이 있었으므로 샌디지에게 말을 거는 것은 아주 쉬웠어요. 그는 학생들을 떠맡는 것을 싫어했으므로 나를 논문 지도 학생으로 맡으려고 하지 않았죠. 하지만 그는 과학에 관한 이야기를 나누는 것은 자진해서 할 정도로 적극적이었고, 과학을 배우는 데 그보다 나은 방법은 없는 것이죠."

칼텍에 있는 동안 코멘디가 얻게 된 또 하나의 가치 있는 경험은 피터 골드리치에게서 수강한 '논문숙독' 과정이었다. 그는 은하에 대해서 읽을 수 있는 모든 것을 읽었고 매주 골드리치와 자신이 읽은 것들에 관해 토론할 수 있었다. "그 과정은 나를 상당한 이론적 배경을 갖춘 관측자로 만들어 주었어요. 지금 내가 은하에 관한 일을 할 때, 그 이론적 배경에 대해 완전히 깜깜한 어둠 속에 있지 않게 된 것은 바로 그 덕분이죠."

졸업을 하고 코멘디는 버클리에서 2년간의 박사후 과정을 한 뒤 1년 반 동안 키트 피크 천문대에 있었다. 그리고 캐나다의 빅토리아에 있는 도미니안 천체물리학 연구소에 영구 직장을 얻었다. 그가 마우나케아의 캐나다-프랑스-하와이 망원경을 처음으로 사용하기 시작한 것도 바로 빅토리아에 머물고 있는 동안이었다. 그는 1990년에 하와이 대학교의 천문학연구소로 왔다.

코멘디는 박사학위 논문을 위해 은하들을 연구하기 시작했고, 그 이후로도 계속해서 그것들에 대해 연구해 오고 있다. 그는 곧 은하에 대해서 가장 적게 이해되고 있는 동시에 가장 흥미있는 부분이 그 중심이라는 것을 알게 되었다. "그 당시에도 중심에 블랙홀이 있다는 추측을 바탕으로 은하의 핵활동을 설명했던 훌륭하게 상술된 이론적 체계가 존재했어요. 그러나 어느 누구도 직접적으로 블랙홀을 관측한 사람이 없었죠. 따라서 이들 블랙홀들을 직접적으로 관측하는 것이 가능할까 하는 심각한 물음도 있었어요. 이 문제는 핵에 대한 나의 관심과 완전히 맞아떨어졌어요. 은하들에 관해서는 충분히 오랫동안 연구해 오고 있었으므로 나는 내가 평범한 것과는 다른 혹은 특별한 어떤 것을 인식할 수 있을 것이라고 느꼈어요."

그러나 중심에 가까운 지역을 연구하는 데는 분해능이라는 문제가 있었다. 가장 좋은 때에 빅토리아에 있는 망원경이 가질 수 있는 분해능은 단 2초에 불과했다. 이것 가지고는 아무것도 할 수 없었다. 하지만 이제 코멘디는 마우나케아에 있는 캐나다-프랑스-하와이 망원경에 갈 수 있게 되었고, 좋은 날 밤에는 1/2초의 분해능을 얻을 수 있었다.

그러나 고분해능과 함께 좋은 관측기계도 역시 필요했다. 사진판들은 은하의 핵을 연구하는 데 적합하지 않았지만, 전하결합소자는 요구되는 측정을 가능하게 했다. 그러므로 코멘디가 핵에 관해서 진지하게 연구하게 된 것은 전하결합소자의 도입과 함께 이루어진 것이라고 할 수 있다. 그는 그러나 활성은하로 그 연구를 시작하지 않았다. 활성은하의 대부분은 너무나 멀리 떨어져 있는데다, 그즈음 천문학자들은 모든 은하들이 블랙홀을 가지고 있다고 믿기 시작하고 있었다. 활성은하와 비활성은하의 유일한 차이는 연료의 출처였다. 그러므로 코멘디는 근처에 있는 수십 개의 은하들의 핵부분에 대한 광도 분포를 측정했다. 만일 은하가 정말로 중심에 중량급 블랙홀을 가지고 있다면, 많은 수의 별들을 잡아당길 것이므로 별들이 블랙홀 가까이 있는 궤도 속으로 떨어질 것이다. 따라서 그 핵도 영향을 받게 된다.

후에 더 좋은 분광기가 나오자 코멘디는 핵 가까이에 있는 별들의 속도를 조사하기 시작했다. 만일 이곳에 정말로 블랙홀이 존재한다면, 블랙홀에 가까운 궤도에 있는 별들은 굉장한 속도로 돌고 있을 것이므로 이들 속도를 이용해서 궤도 내부에 있는 물질의 질량을 결정할 수 있을 것이다.

그러던 차에 1978년에 핵과 중량급 블랙홀들에 대한 연구에 박차를 가하게 한 두 개의 논문이 피터 영과 왈라스 사젠트를 주축으로 하는 연구팀에 의해 발표되었다. 그 이전에 은하 속의 블랙홀에 관한 연구의 대부분은 대단히 이론적일 뿐인 그저 추론들에 불과했다. 그 당시에 등온모형이라고 불리는 은하의 핵에 관한 이론적 모형이 있었다. 그리고 이름이 뜻하고 있듯이, 그 모형은 별의 속도가 모든 반지름과 모든 방향에서 같다고 가정하고 있었다.

영과 그의 연구팀은 전하결합소자를 사용해 강력한 전파원인 M87이라는 거대한 타원은하를 조사했다. 그것은 활동적이고 제트를 가지고 있다는 점에서 중량급 블랙홀의 좋은 후보였다. 그들은 M87을 설명하기 위해서는 그 중심에 반드시 거대한 블랙홀이 있어야 한다고 보았다. 그리고 그들은 그 질량이 태양 질량의 50억 배여야만 한다는 결론을 내렸다.

그것은 굉장한 진전인 것처럼 보였다. 마침내 활성은하의 중심에 정말로 블랙홀이 있다는 증거를 찾은 것이었다. 하지만 그 발견은 곧 격론에 휘말리게 된다. 1980년대 중반경 코멘디를 포함한 천문학자들은 모든 은하들이 M87과 유사한 광도 곡선을 가지며 그들 중 어떤 것도 등온모형과 맞지 않는다고 밝혔다. 거의 동시에 이론가들은 또한 등온모형은 거대한 타원형 은하(타원 모양을 가진 은하들)에 적용될 수 없다는 것을 밝히게 된다. M87은 타원형 은하이다.

이것이 M87의 중심에 블랙홀이 존재하지 않는다는 것을 의미했을까? 반드시 그렇지는 않다. 그러나 블랙홀이 있다 없다라는 확답은 여전히 미궁에 빠진 상태에 놓여 있었다. 코멘디는 사실 그곳에 블랙홀이 있을 것이라고 믿고 있다. 하지만 그것을 입증하기 위해 필요한 정보를 추출해 내는 것이 어렵다. "그 은하의 중심부는 활성 핵에서 나온 빛으로 덮여 있습니다. 다시 말해 블랙홀과는 아무 관련이 없는 빛으로 말이죠. 그것이 그 문제를 혼란시킵니다."

중량급 블랙홀의 존재를 입증하려는 혹은 반증을 들려는 노력으로, 코멘디는 비활성인 가까운 은하들에 전력을 기울여왔다. 그는 안드로메다 은하(M31), 그것의 이웃에 있는 타원형 은하인 M32, 그리고 NGC 3115 (NGC는 New General Catalogue의 약자이다), NGC 4594, NGC 3377 등을 포함해서 몇 개의 은하들의 핵을 연구해 왔다. 각 경우에서 그는 중심을 가로지르는 광도를, 특히 광도가 중심에서 어떻게 변하는지를 측정했다. 그는 또한 중심 부근에 있는 별들의 속도도 측정했다. 코멘디는 현재 중량급 블랙홀로서 가장 좋은 두 개의 후보로 안드로메다 은하와 NGC 3115를 들었다. 두 은하 모두 불활성 은하이다. "중심핵의 활동을 비교하면 그들은 정말 지루한 은하들이지요." 코멘디는 이렇게 말한다. "하지만 그것은 우연이 아닙니다. 만일 중심에 핵의 활동이 있다면 블랙홀의 증거를 가려 버릴 것입니다. 안드로메다 은하는 특히 좋은 후보인데, 그 이유는 그것이 아주 가까워서 좋은 공간 분해능을 얻을 수 있기 때문이죠. 중심 질량을 좀더 정확히 구해 낼 수 있지요."

안드로메다 은하 핵의 광도는 중심에 가까워질수록 점차적으로 증가하다가 중심에서는 평평해지는 것을 볼 수 있다. 중심 부근에서의 증가는 그 지역에서 빠른 속도로 회전하고 있는 성단에 의한 것이다. 중앙으로 향함에 따라 빠른 회전과 속도 분산의 급격한 증가가 있다는 사실은 그 내부에 커다란 질량이 있다는 증거이다.

코멘디는 이들 물체들 안에 블랙홀이 있다고 확신하는가? 그는 입장을 분명히 하지 않는다. "우리는 크기가 10분의 몇 초각 미만이고, 질량이 태양 질량의 약 1000만 배 정도 되는 어떤 중심 물체가 있어야만 한다는 것을 보였다고 확신합니다. 그것이 블랙홀을 찾았다는 증거는 아니죠. 그것은 단지 어둡고 질량이 대단히 큰 중심 물체를 찾았다는 증거일 뿐입니다."

앞서 보았던 것처럼, 태양계 중심에 있는 태양 질량의 10억 배 되는 질량을 가진 블랙홀은 토성의 궤도(어림잡아 15억 킬로미터)까지 뻗어 나갈 것이다. 코멘디는 약 3,4광년의 반지름, 즉 3천5백만 조 킬로미터 반지름 이내에 태양 질량의 10억 배 되는 질량이 있다는 것을 보였다. 공간적인 크기를 고려하면 M31의 무거운 물체는 블랙홀이 아닐 가능성도 있다.

그렇다면 그것들은 무엇일까? 그것은 백색왜성이나 중성별들의 성단일 수도 있다. 둘 모두 무거운 별이 붕괴될 때 남겨진 밀도 높은 물체들이다. 그것은 심지어 단 하나의 거대한 블랙홀이 아니라, 작은 블랙홀들의 군집일 가능성도 있다. 코멘디는 그러나 이들 대안들 모두에 반대하는 심각한 논의들이 있다고 믿는다. "잔여별(백색왜성이나 혹은 중성별)들의 성단은 그 지역에 있는 별들보다 상당히 큰 질량을 가져야만 할 것입니다." 코멘디는 이렇게 말한다. "따라서 그 지역에 있는 질량의 90%는 이미 이러한 잔여별들로 진화해 버렸어야 할 것입니다. 그러나 그곳에서 보여지는 다른 별들은 정상처럼 보입니다. 그렇게 많은 별들이 잔여별로 진화하는 동안 나머지 별들에 아무런 영향을 안 미쳤다는 것은 믿기가 힘들지요."

그것이 블랙홀이라는 것을 조금의 의심도 없이 어떻게 입증할 수 있을까? 코멘디는 이렇게 하기 위해서는 중심에 극단적으로 가까운 상대론적인 속도(적어도 광속의 1/2 정도 되는 속도)를 측정해야만 할 것이라고 말한다. 그러나 이런 속도가 나타나는 반지름은 1/10,000초 미만이

안드로메다 은하. 중심에 블랙홀을 갖고 있을 가능성이 있다.
(국립 광학 천문학연구소 제공)

근접 촬영한 안드로메다 은하의 핵. 왼쪽 아래. (리크 연구소 제공)

며, 이것은 우리가 현재 측정할 수 있는 어떤 것보다도 훨씬 더 작은 수치이다.

그 탐색의 다음 단계는 말할 것도 없이 분해능을 증가시키는 것이다. 켁 망원경이 도움을 줄지도 모르므로, 코멘디는 그것을 사용할 수 있을 것이다. 더욱이 허블 우주 망원경도 충분히 가동되면, 아마도 도움을 줄 것이다. 코멘디는 블랙홀을 찾기 위해 허블 우주 망원경의 시간을 따 낸 연구팀의 일원이다. 그러나 그러한 것들 중 어떤 것도 그가 필요한 분해능에 접근하지 못할 것이다.

코멘디는 연구를 진행시키면서 노력의 일부를 통계학 쪽으로 돌리기 시작했다. 그가 해답을 찾고자 하는 물음들은 이런 것들이다. 얼마나 많은 은하들이 블랙홀을 갖는가? 은하 질량에 대한 블랙홀 질량의 분포는 어떤가? 이제 그는 연구 시간의 거의 절반 정도를 이 부분에 할애하고 있다.

퀘이사와 블랙홀

블랙홀로 떨어지는 유입 가스에 의해 생성되는 에너지로 퀘이사가 유지된다는 앞 장의 설명은 사실상 너무 간단한 것이다. 최근의 발전을 보면 이 문제는 훨씬 더 복잡하다고 느껴진다.

우주론가들은 이제 일부 퀘이사들, 그리고 어쩌면 모든 퀘이사들이 충돌하는 은하들일 것이라고 믿고 있다. 현재 모형에 따르면, 충돌하고 있는 은하들 각각은 그 중심에 거대한 블랙홀을 가지고 있어서 충돌할 때 한쪽 은하에서 나온 가스가 다른 쪽에 있는 블랙홀로 빨려 들어가게 됨으로써 에너지가 방출된다. 그리고 우리는 그 에너지가 방출될 때 발생하는 밝은 현상을 퀘이사로서 보게 되는 것이다. 하지만 퀘이사는 대단히 멀리 있는 물체이다. 어떤 것들은 시간과 공간에서 너무나 멀리 있어서 우주의 나이가 10억 년(현재 우주의 나이는 약 150억 년이다) 미만이었을 때 나타났을지도 모른다. 따라서 이것은 퀘이사들을 만드는 가스가 풍부한 은하들이 심지어 그 이전에 존재했어야만 한다는 것을 의미한다. 그러나 이 경우 은하들이 형성될 만한 충분한 시간이 있을 것 같지 않다는 문제가 발생한다.

또 하나의 문제는 얼마나 많은 은하들이 퀘이사가 되었는가 하는 것이다. 현재 은하 100,000개당 단 1개의 퀘이사만이 존재한다. 그러나 천문학자들은 우주가 젊었을 때인 100억 년 전에는 은하 100개당 1개꼴로 퀘이사가 존재했다는 것을 밝힌 바 있다. 이것은 은하들의 약 1퍼센트만이 퀘이사가 된다는 것을 나타낸다. 왜 나머지 은하들은 그렇게 되지 않는 것인가. 이 문제를 해결할 방법이 없는 것은 아니다. 퀘이사 현상은 한 은하의 일생 중 비교적 짧게 거치는 한 상태일는지도 모른다. 예를 들어, 만일 퀘이사 현상이 약 5천만 년 동안만 지속된다고 한다면 아마도 모든 은하들이 퀘이사 상태를 경험했다는 것을 뜻할 수도 있다.

하와이 천문학연구소의 데이브 샌더스는 수년 동안 이런 문제들과 퀘이사에 관련된 다른 문제들에 대해 연구해 오고 있다. 그가 가장 최근에 관심을 두고 있는 부분은 퀘이사의 분자가스량이다. 그와 칼텍의 닉 스코빌은 최초로 발견된 퀘이사인 3C-48이 상당한 가스를 가지고 있다는 것을 밝혔다. 만일 모든 퀘이사들 안에 가스가 풍부하다면, 일반적인 퀘이사 현상이 가스가 풍부한 충돌하고 있는 은하들과 관련이 있다는 증거를 찾을 수 있으리라고 그는 생각하고 있다. 그는 전자기 스펙트럼 중에서도 특히 서브밀리미터 영역에 몰두하고 있으므로 마우나케아에 있는 제임스 클럭 막스웰 망원경과 칼텍 서브밀리미터 망원경을 주로 사용하

데이브 샌더스 (Dave Sanders)

고 있다.

샌더스는 워싱턴 D.C.에서 태어나 버지니아 주의 마운트 버논 부근에서 자랐다. 국민학교 때부터 가장 좋아하는 과목이 과학이었으므로, 그는 고등학교에서 가능한 한 많은 물리학과 수학 과목들을 수강했다. "나는 그때 과학자가 되느냐 마느냐의 진정한 시험은 내가 물리학을 해낼 수 있는지의 여부로 판명된다고 생각했어요." 그가 대학에 갔을 때 물리학은 기본적인 발견들의 대부분이 이루어지고 있는 분야였던 것 같았다. "아마도 난 천문학 준비를 하고 있었던가 봅니다. 항상 큰 스케일로 생각하곤 했었거든요." 그는 이렇게 말했다. "생물학과 화학도 흥미 있었지만, 물리학은 더 기본적인 것 같았고, 천문학은 물리학을 우주 규모로 자연스럽게 확장한 것이라고 생각했어요."

샌더스는 버지니아 대학교에서 학사학위를 했고, 그뒤 코넬에서 박사과정을 밟았다. 그러나 고체 물리학으로 출발했던 그의 연구는 베트남 전쟁으로 중단되었다. 그리고 다시 돌와왔을 때 그는 전공을 천문학으로 바꾸었다. 그가 천문학에 관심을 갖게 된 것은 칼 세이건과 프랑크 듀락의 과목들을 수강하고 난 뒤였다.

박사학위를 받은 뒤, 샌더스는 칼텍으로 가서 5년간 연구원으로 일했다. 그리고 그가 천문학연구소에 온 것은 1989년이었다.

샌더스가 했던 초기 연구의 대부분은 밀리미터 천문학(거의 1밀리미터의 파장)이었다. 1970년대와 1980년대 초 미국은 아리조나, 뉴저지, 매사추세츠 그리고 텍사스에 있는 망원경으로 밀리미터 천문학에서 세계를 주도하고 있었다. 그러나 점차적으로 미국은 서브밀리미터 천문학 쪽으로 전이하기 시작했고, 대부분의 밀리미터 천문학은 유럽과 일본으로 넘어갔다. 샌더스는 밀리미터 천문학을 떠나 한동안 적외선 천문학을 하다가, 점차 서브밀리미터 천문학으로 바꾸기 시작했다. "서브밀리미터 영역에서의 연구는 고달픈 작업입니다." 그는 이렇게 말한다. "항상 불투명한 지구 대기와 싸워야 하기 때문이죠." 지구 대기는 이 파장대에서 우리가 찾고 있는 천체 현상들을 가려 버릴 수도 있는 것이다.

일단 천문학연구소로 오게 되자, 샌더스는 세계에서 단 2개뿐인 서브밀리미터 망원경인 제임스 클럭 막스웰과 칼텍 망원경에 출입할 수 있었다. 나는 그에게 왜 서브밀리미터 파장 영역이 그렇게 유용한지 물었다. 그는 많은 천체의 경우 광도의 많은 부분이 서브밀리미터 영역에서 나온다고 말했다. 이것은 '과다 적외선 퀘이사'로 불리는 유형의 퀘이사의 경우 특히 그렇다. 그것들은 가시광선, 자외선, 그리고 X선 방출이 주위에 있는 먼지에 의해 흡수되어 적외선과 서브밀리미터 파장에서 재방출된다. 먼지에 싸여 있는 것처럼 보이는 이런 퀘이사들을 사람들은 '고치 퀘이사'라고 부르기도 한다. 서브밀리미터 영역에서 나오는 광도는 또한 가스 분자에서 나오는 방출선들을 포함하고 있어서, 퀘이사의 분자 가스량을 측정할 수 있게 해준다. '과다 적외선 퀘이사'의 경우 굉장한 양의 분자 가스를 포함하고 있는 것으로 추정된다.

비록 퀘이사에 관해 연구하는 많은 천문학자들이 이제 퀘이사가 충돌하는 은하라는 견해를 수용하고 있기는 하지만, 그 증거는 가장 가까이 있는 것들에서만 강하게 나타나는 것 같다. 하지만 샌더스는 이런 모습이 모든 퀘이사와, 심지어 가장 먼 것들에조차 적용된다고 믿는다. "낮은 적색 이동을 보이는 퀘이사들의 경우를 보면, 가스가 풍부하고 부피가 큰 두 개의 나선 은하들의 합병이 관련되어 있음이 아주 명백합니다." 샌더스는 이렇게 말한다. "어쩌면 높은 적색 이동을 나타내는 먼 퀘이사들의 경우도 두 개 혹은 그 이상의 은하들의 합병과 관련되어 있을지도 모릅니다. 아직 확실히 말할 수는 없지만 나는 충돌과 합병이 퀘이사와 관련되어 있다고 믿습니다."

은하의 충돌과 합병이 일반적으로 관련되어 있다는 생각은 우주에 대한 다른 생각들과 잘 일치한다. 더 멀리 본다는 것은 더 젊은 우주를, 그리고(대폭발 이론이 타당하다고 가정할 때) 더 작은 우주를 보고 있는 것이다. 따라서 그 안에 있는 은하들은 서로 더 가까이에 있을 것이며, 충돌이 더 잦을 것이다.

최근의 한 발견은 샌더스의 생각을 뒷받침하는 것 같다. 영국에 있는 퀸 메리 칼리지의 마이클 로완-로빈슨과 그의 연구팀은 가장 가까운 퀘이사 외곽에서, 매우 젊어 보이는 은하 아니 아마도 합병하고 있는 한쌍의 은하들인 것처럼 보이는 강한 적외선 방출 천체를 발견했다. 그것은 가스가 가장 풍부한 근처의 퀘이사보다 두 배나 많은 분자 가스를 가지고 있었다.

대체로 가스로 이루어진 매우 젊은 은하들은 원시은하라고 불린다. 원시은하에서는 대부분의 별들이 막 형성되고 있으므로 아직 많은 양의 원시 수소가스가 존재한다. 샌더스는 로완-로빈슨 천체는 가스가 풍부한 두 개의 은하의 합병이지만, 진짜 원시은하보다는 나이가 더 많다고 믿고 있다. "만일 충돌하고 있는 가스가 풍부한 은하들이 실제로 퀘이사를 일으킨다면, 대폭발 이후 10억 년 되었을 때 보여지는 가장 멀리 있는 퀘이사를 만드는 은하들은 원시은하임이 분명합니다." 그는 이렇게 말했다.

우리 은하에 블랙홀이?

만일 다른 은하들 중심에 블랙홀들이 있다면, 우리 은하에도 블랙홀이 있어야 하는 것은 너무나 당연하다. 그 증거가 있을까? 그렇다. 이것은 우리 은하의 중심이 다른 은하들의 중심보다 훨씬 더 가까우므로 연구가 훨씬 용이하다는 점에서 특히 반가운 소식이다.

우리 은하의 중심이 궁수자리 방향에 있다는 것은 잘 알려진 사실이다. 좋은 성능을 가진 쌍안경만 있다면 어떤 여름날 저녁에라도 이 지역에 있는 별이나, 성운 같은 굉장히 다양한 천체들을 쉽게 볼 수 있다. 그러나 당신이 보고 있는 것은 실제로 존재하는 것의 아주 작은 부분일 뿐이다. 가시광선의 통과를 가로막는 가스구름과 먼지 때문에 우리가 이 지역에 있는 대부분의 물질들을 볼 수 없기 때문이다. 그러나 우리 은하의

은하 중심에 가까운 하늘 (리크 연구소 제공)

중심은 안드로메다 은하의 중심이 우리에게서 2백만 광년 떨어져 있는데 반해 약 25,000광년밖에 떨어져 있지 않다.

비록 우리 은하의 중심에서 나온 가시광선의 방출—우리 육안에 민감한 부분—을 볼 수는 없지만, 우리 은하의 중심에서 나온 전파와 적외선 복사를 탐지하는 것은 가능하다. 더욱이 X선과 감마선 또한 우리의 시야를 가로막는 먼지 구름들을 통과한다. 따라서 이러한 복사들을 연구함으로써 우리는 이 지역에 대해 신빙성 있고, 비교적 상세한 자료를 얻을 수 있었다.

우리 은하의 거의 정확한 중심에는 Sgr A*라고 알려진 강력한 전파원이 존재한다. 이것은 지름이 약 1/1000초밖에 되지 않는 대단히 작은 전파원으로 태양계 크기의 1/4에 불과하다. 전파 천문학자들이 우리 은하의 핵에 관한 많은 다른 정보들을 찾아내 왔지만, 진정한 발전은 적외선의 사용으로 이루어졌다. 1967년에 에릭 베클린이라는 한 대학원생과 칼텍의 게리 누즈바우어가 적외선 탐지기를 우연히 우리 은하의 중심으로 향하게 했다. 그런데 놀랍게도 그것이 대단히 강한 광원이며 그 복사가 Sgr A* 방향에서 최고 한도에 달한다는 것을 발견했다. 그들은 그 전지역을 지도로 만들었는데, 그 과정에서 많은 중요한 발견들이 이루어졌다.

초기의 적외선 관측은 그 파장대에서의 강한 대기 흡수 효과 때문에 많은 고생을 했다. 베클린은 쿠퍼 항공 천문대(Kuiper Airbourne Observatory ; KAO)—고공 비행용 수송기 C-141에 설치된 0.9미터 망원경—를 이용하기 위해 칼텍의 대학원생인 이안 개틀리와 팀을 구성했다. 그리고 우리 은하의 중심이 지름이 약 12광년인 도우넛 모양의 가스와 먼지 고리로 둘러싸여 있다는 것을 발견했다. 이 고리의 중심부는 여러가지 잡동사니들이 씻겨나간 듯 텅 비어 있었으나, 몇 개의 별들이 자리하고 있었다.

개틀리는 그 고리에 관해 좀더 자세히 연구하기 위해 1979년에 하와이로 왔다. 영국 적외선 망원경(UKIRT)을 이용하기 위해서였다. 그는 그 고리의 안쪽 영역을 집중적으로 탐색했고, 그 부분이 빈 공간은 아니라는 사실을 발견했다. 그곳에는 충격파로 가열된 수소 구름들이 있었다. 특히 수소가스와 먼지 고리가 Sgr A*에 아주 가까운 곳에서 초속 100킬로미터에 달하는 속도로 궤도를 그리며 돌고 있었다.

1981년에는 그 당시 키트 피크에 있었던 돈 홀(현재 천문학연구소 소장)과 그의 연구팀이 그 중심 지역에 있는 물질들의 스펙트럼에서 헬륨을 발견했는데, 이것은 가스가 중심으로부터(아니면 중심 쪽으로) 흘러나오는 것을 나타냈다. 현재 영국 적외선 망원경의 운영 책임자인 톰 지발레 역시 그 발견에 참여했던 일원이었다. 그는 이 지역에서 무슨 일이 벌어지고 있는지를 결론짓기 위해 거의 10년째 연구해 오고 있다.

많은 천문학자들처럼 지발레도 물리학으로 시작했다. 사실 그의 교육은 박사학위를 포함해 거의 모두가 물리학에서 이루어졌다. 그는 아버지가 물리학과 교수로 재직하고 있었던 시애틀의 워싱턴 대학교에 입학했다. 그런데 2학년 말에 아버지가 안식 휴가로 암스테르담으로 떠나게 되자, 아버지를 따라 그쪽으로 갔다. 그리고 돌아와서는 버클리 캘리포니아 대학교로 옮겨 1967년에 학사학위를 마쳤고, 그뒤 계속 버클리에 머물면서 박사학위를 했다.

"학부시절 나는 천문학에 거의 관심이 없었습니다." 지발레는 이렇게 말한다. "버클리에는 명석한 학생들이 많았고 나는 내가 그들과 경쟁할 수 있다고 생각하지 않았죠. 게다가 내가 물리학을 계속해야 할지 생각하던 중이었어요. 그러던 중 한 친구가 내게 자기네 세미나(그것은 천문학 쪽에 맞춰져 있었어요)에 가보지 않겠느냐고 물었어요. 그는 종종

톰 지발레 (Tom Geballe)

함께 축구를 즐기던 친구였는데 찰스 타운스의 학생이었어요. 마침 연구 주제를 정해야 할 필요가 있었으므로 그 세미나에 참석했죠. 그런데 무엇에 관한 것인지는 정말 하나도 이해하지 못하면서도 그것에 굉장히 흥미를 느꼈어요. 그래서 타운스 밑에서 연구하기로 결심했죠."

타운스는 양자 전기학에서의 발견들로 노벨상을 수상했는데, 이제는 이 분야에 대한 지식을 우주 연구에 이용하고 싶어했다. 지발레를 포함해서, 몇 명의 그의 학생들은 은하의 중심과 다른 지역들을 연구하기 위해 기발한 분광계를 만들었다. 지발레는 또한 적외선 간섭계를 만들기도 했다. 그는 1974년에 박사학위를 받았고 그후 1년 동안을 더 버클리에 머물면서 박사후 과정을 했다. 이즈음 그는 천문학에 상당한 관심을 가지게 되었다. 하지만 근본적으로 그의 관심은 여전히 물리학에 있었다.

"버클리 시절 뒤 나는 물리학을 한번 더 시도해 보려고 적외선 분광학을 하고 있는 네덜란드의 물리연구소에 박사후 과정 자리를 구했어요." 지발레는 이렇게 말했다. 그러나 네덜란드에서 그는 많은 천문학자들을 만났고, 곧 연구분야를 천문학으로 바꾸기로 결심했다. 그래서 미국으로 돌아오기 전 카네기 연구소의 헤일 천문대 연구원 자리에 응시하여 합격하였다. 그는 그곳에서 4년간 일했는데, 연구의 대부분은 우리 은하의 중심 쪽이었다.

카네기 연구원으로 있는 동안 그가 네덜란드에서 만났던 천문학자들 중 한사람으로부터 전화가 걸려 왔다. 그는 네덜란드가 하와이에 있는 한 망원경의 15% 지분을 구매했는데 새로운 사람들이 필요하다며 그 자리에 관심이 있는지를 물었다. 그는 그 제안을 받아들였다.

영국 적외선 망원경에서 지발레는 은하 중심에 관한 연구를 계속했다. 그와 그의 동료들은 홀의 발견이 옳다는 것을 입증했고, 몇 년에 걸쳐 은하의 중앙 부분에 있는 고속 가스들을 지도에 상세히 나타냈다. 그리고 그들은 이 고속 바람이 Sgr A*에서 약 2초각 가량 떨어진, IRS16이라는 광원으로부터 발생하며 이 바람의 움직임이 초속 700킬로미터라는 것을 보여주었다.

나는 지발레에게 중심에 블랙홀이 있다고 확신하는지 물어보았다. "확신할 수 없어요. 중심 부근에는 굉장히 많은 천체들이 있어요. 이 천체들이 보통의 뜨거운 별들인지 아니면 바깥쪽 대기를 잃어버린 특별한 종류의 뜨거운 별들인지, 아니면 가스로 둘러싸인 작은 블랙홀인지는 나

케빈 크리시우나스 (Kevin Krisciunas)

도 모릅니다. 나는 이런 점에서 어느 누구도 확신하지 못한다고 생각해요."

케빈 크리시우나스는 지발레를 도와 자료를 얻고 수정하는 일을 하고 있다. 크리시우나스는 혼자 웃으면서, 자신이 하는 주요 일 중의 하나는 그 프로젝트에 대해 모든 사람을 자극하는 것이라고 말했다. "너무나 많은 사람들이 자료를 얻고, 분석해 놓고는 도무지 출판할 생각을 안하죠. 그러나 그것은 그저 자료를 얻고 『네이쳐 *Nature*』지에 그저 한마디 말을 급히 써내는 그런 문제가 아닙니다. 대부분의 일이 고된 작업이예요. 그것을 체계화시키고 상세한 문장으로 명확히 표현해야 합니다. 논문

심사를 통과하고 저널에 인쇄되기까지의 고통도 다 그 고된 작업의 일부이지요."

크리시우나스는 시카고 근교에서 태어나 그곳에서 자랐다. 1960년대 초 그는 우주비행사가 되고 싶다고 생각했으나 중학교 때 천문학자가 되기로 결심했다. 그는 뒷마당에 천문대를 만들었고 고등학교에서 수강할 수 있는 모든 수학 과목과 과학 과목을 수강했다. 그리고 일리노이스 대학교의 물리천문학과에 입학했고 졸업한 뒤에는 박사과정을 위해 산타크루즈의 캘리포니아 대학교로 갔다. 그곳에 있는 동안 그는 리크 천문대에 있는 몇 개의 망원경들을 사용했다. 그는 박사학위를 마치지 않은 상태에서, NASA의 쿠퍼 에어본 연구소에 직장을 구했다. 그리고 바로 그곳에서 은하 중심에 관한 측정들을 하고 있었던 이안 개틀리를 만나게 되었고 개틀리를 통해, 결국 영국 적외선 망원경에 자리를 얻게 되었다.

크리시우나스는 지발레, 개틀리 그리고 다른 몇명의 사람들과 은하 중심에 관한 몇 개의 다른 프로젝트로 연관을 맺어오고 있다. 한 프로젝트에서 그들은 중심지역에서 적외선 헬륨과 수소선들을 그리는 작업을 했고, 또 다른 프로젝트에서는 중심에 있는 물질들의 이온화를 점검했다.

마우나케아의 다른 많은 천문학자들 또한 이 은하 중심 지역에서 중요한 발견들을 해왔다. Sgr A*에서 약 6초 떨어져 있는 IRS7이라는 초거성이 혜성꼬리처럼 긴 가스꼬리를 갖고 있다는 사실이 밝혀졌는데, 진 세라빈과 존 레이시가 NASA 적외선 망원경을 이용해 많은 유사한 꼬리들을 발견했다. 그리고 그들은 이 지역에 있는 이온화된 네온 가스꼬리들이 타원형 혹은 원형 궤도를 그리고 있는 것을 발견했으며 이 꼬리들의 운동이 중력에 의한 것이라는 가정하에, 내부에 태양 질량의 3~4백만 배 되는 질량이 있다는 것을 계산할 수 있었다.

그러나 이 지역에서는 자기장이 중요한 역할을 할 가능성이 높으므로 그것이 이 가스 구름에 영향을 미치고 있을지도 모른다. 사실 1984년에 UCLA의 마크 모리스와 콜럼비아 대학교의 파라드 유세프-자헤드와 돈 찬스는 두께가 10~20광년 정도이며 길이가 150광년인 거대한 크기의 평행한 가스호 세 개가 은하중심으로부터 튀어나오고 있는 것을 발견했다. 그것들은 굉장히 강한 자기장에 잡힌 고속입자들일 것으로 추정되고 있다.

그러나 자기장은 별에 영향을 미치지 않으며 은하 중심 부근에는 많은 별들이 있다. 이곳에 있는 별들 사이의 평균 거리는 우리 태양 부근 별들 사이 거리의 1/300 정도이다. 크리스 셀그렌와 마티나 맥긴, 에릭 베클린, 그리고 돈 홀은 NASA 적외선 망원경과 영국 적외선 망원경을 사용해서, 이들 별들의 속도를 측정했으며 그 별들 궤도 안쪽에 있는 질량이 태양 질량의 거의 5백만 배라는 것을 알아냈다.

우리는 이제 우리 은하의 중심 주위를 가스와 먼지 고리가 돌고 있다는 것을 알고 있다. 그 고리의 내부는 비교적 비어 있는 것으로 보이지만, 이곳에도 가스 고리들과 많은 별들이 있다. 그리고 중심에는 태양 질량의 수백만 배 되는 블랙홀이 있을지도 모른다. 이 지역에 대해서는 전 세계의 많은 천문학자들이 공헌해 왔지만 주요 기여는 역시 마우나케아에서 연구하고 있는 천문학자들에 의해 이루어졌다고 할 수 있다.

제 10 장

우주 구조의 측정

우리 은하의 핵과 다른 은하들의 핵에 무거운 블랙홀들이 있는지의 여부를 알아내는 것이 마우나케아에서 하고 있는 연구의 중요한 부분이기는 하지만, 그것은 단지 많은 프로젝트들 중 하나에 불과하다. 천문학자들은 오래 전부터 우주가 은하들로 이루어져 있으며 이들 은하들은 집단을 이루려는 경향이 있다는 사실을 알고 있었다. 더 최근에 그들은 이러한 은하단들 역시 다른 은하단들과 모여 있기를 선호한다는 것을 발견했다. 천문학자들은 이들 그룹을 초은하단이라고 부른다.

우주에 있는 거대 은하 집단들의 운동학은 무엇일까? 그것들은 서로에게 어떻게 반응하는가? 그것들은 어떻게 움직이는가? 최초로 우주의 신비한 작용에 대해 위대한 통찰력을 발휘했던 사람은 캘리포니아 마운트 윌슨의 에드윈 허블이었다. 허블은 1929년에 발표한 획기적인 논문에서 은하들은 모두 서로에게서 멀어져 가고 있다고 밝혔다. 간단히 말해, 우주가 팽창하고 있다는 것이다. 우주가 얼마나 빨리 팽창하고 있느냐 하는 것은 그 유명한 은하의 거리에 대한 그들의 후퇴 속도를 나타낸 허블 도면을 통해 측정되었다. 이 도면에 나타난 선의 경사는 허블의 이름을 따서 허블상수 혹은 간단히 H라고 부른다.

후퇴속도는 별의 스펙트럼으로부터 얻을 수 있다. 앞서 보았던 것처럼 광선을 프리즘으로 통과시키면, 프리즘이 광선을 무지개 색깔로 흩어지게 한다. 광선을 이루고 있는 작은 입자들, 즉 광자들은 우주 공간 속을 움직일 때 진동을 하게 마련인데 색깔이 다른 광자들은 서로 다른 진동수를 갖는다. 별이나 은하의 스펙트럼은 그것으로부터 나온 빛이, 프리즘을 갖고 있는 분광기를 통과할 때 얻어진다. 광자들은 자신들의 진동수별로 나뉘어지고 이때 검은 흡수선들이 나타난다. 이 검은 선들은 별의 지문과도 같아서 스펙트럼 안에는 별이나 은하에 대한 믿을 수 없을 정도로 많은 양의 정보가 포함되어 있다.

이 정보의 중대한 부분은 1884년에 오스트리아의 크리스찬 도플러에 의해 발견되었다. 도플러는 음파가 다가오고 있을 때 진동수가 증가한다는 것을 밝힌 바 있었다. 마찬가지로 음파가 후퇴할 때는 진동수가 감소한다. 몇 년 뒤 프랑스의 아만드 피조는 광원의 진동수도 같은 방법으로 변한다는 것을 밝혔다. 따라서 만일 어떤 별이 우리에게서 멀어지고 있다면 그 별의 스펙트럼 선은 붉은색 쪽으로 이동되어 있을 것이고(적색이동), 다가오고 있다면 푸른색 쪽으로 이동(청색이동)되어 있을 것이다.

적색이동은 허블의 발견에 중요한 역할을 했다. 그는 모든 은하들이 적색이동을 보이며, 먼 은하일수록 적색이동이 더 크다는 것을 알았다. 은하들의 적색이동은 스펙트럼으로부터 직접 읽을 수 있으므로 쉽게 얻어진다. 그러나 거리는 다르다. 허블은 어설픈 사다리식 방법에 의존해 그가 필요로 하는 거리를 얻었다. 그는 가장 가까운 은하까지의 거리를 결정하기 위해 그 은하에 있는 세페이드 별이라고 하는 변광성들을 관측했다. 세페이드 별들의 밝기는 며칠에 걸쳐 주기적으로 변하므로 세페이드 별의 광도 혹은 밝기가 알려져 있으면, 주기와 광도간에 특별한 관계가 있음을 보여주는 주기-광도 관계를 통해 그 거리를 아주 근사값까지 결정할 수 있다.

더 먼 은하들에서는 세페이드 별을 볼 수 없었으므로, 허블은 그 안에 있는 가장 밝은 별들이 거의 모두 같은 밝기라고 가정하고 그 거리를 추정했다. 그리고 훨씬 더 먼 은하들에 대해서는 심지어 그 은하 자체의 밝기를 이용했으며 은하들이 거의 모두 같은 크기라고 가정했다. 이런 식으로 그는 '우주의 사다리'를 만들었고, 이것을 이용해 우리 근처 우주에 있는 많은 은하들의 거리를 결정했다.

그가 거리에 따른 적색이동을 도면에 그려 넣자 그 관계가 직선으로 나타났다. 그 직선 주변으로 흩어져 있는 점들도 몇 개 있었지만, 그는 이것을 거리 결정에서의 부정확성에서 비롯된 것으로 가정했다. 그리고 어떤 상수(후에 H라고 불림)로 나타난 직선의 기울기에 역수를 취함으로써 우주의 나이를 얻을 수 있었다. 허블은 이러한 연구에 몹시 흥분했다. 하지만 그 직선의 기울기를 이용해 얻은 우주의 나이가 단 20억 년으로 나타나자 당황하지 않을 수 없었다. 왜냐하면 지질학자들이 이미 우주의 나이가 적어도 그 두 배는 될 것이라고 밝혔기 때문이다. 허블은 곧 자신의 측정 방법에서 큰 결함을 발견했다. 그가 사용했던 주기-광도 관계가 옳지 않다는 것이 밝혀졌다. 즉 측정할 때 우리 은하에 있는 먼지와 가스로 이루어진 성간 물질을 전혀 고려하지 않았다. 이 부분이 보정되자 우주의 나이가 두 배로 나타났다. 그리고 몇 년 내에 다른 보정들이 이루어지자 우주의 나이가 더 증가했다.

허블과 그의 조수인 밀톤 휴메이슨은 1950년대 초까지 그 프로젝트에 대해 연구했다. 그때쯤 휴메이슨이 점점 연로해지고 있었으므로, 허블은 칼텍에 있는 새로운 천문학 프로그램의 젊은 대학원생이었던 알란 샌디지를 새 조수로 고용했다. 그러나 불행하게도 그 일은 오래가지 못했다. 샌디지가 일하기 시작한 직후 허블이 사망했기 때문이다. 그뒤 샌디지가 그 프로그램을 계속하게 되었다.

샌디지는 철저한 성격이어서, 쉽사리 만족하지 못했다. 그는 허블의 우주 사다리가 너무 불확실하다는 것을 알게 되자, 마침내 그 일을 처음부터 다시 시작해 보기로 결심했다. 몇 년 동안 그는 새로운 사다리를 연구했다. 그리고 스위스의 구스타브 탐만과 팀을 이루어 함께 50이라는 허블상수를 구하게 된다. 그것은 200억 년의 나이에 해당하는 것이었다. 그리고 수년 동안 그것이 우주의 나이로 받아들여졌다.

그러나 샌디지가 허블의 연구를 주의 깊게 살피고 있을 바로 그때, 다른 천문학자들도 마침내 그의 연구를 자세히 검토하기 시작했다. 그들 중의 한사람이 텍사스 대학교의 제라드 드바쿨러였다. 드바쿨러는 샌디지의 논문들을 상세히 살펴본 뒤 샌디지가 충분한 주의를 기울이지 않았다는 것을 확신하였다. 그러므로 드바쿨러는 스스로 우주 사다리를 연구하고 H가 100이라고 주장했다. 이것은 100억 년의 나이에 해당하는 숫자였다.

샌디지는 몹시 화가 났다. 그는 자신의 계산과 관측들을 주의 깊게 점검했고 자신이 어떤 실수도 하지 않았다고 주장했다. H는 50이라는 것이었다.

브렌트 툴리

현재 천문학연구소에 있는 브렌트 툴리는 학생이었을 당시 그 논쟁에 대해 들은 적이 있었다. 하지만 논문 때문에 너무 바빴으므로 그 문제에 대해 생각할 여유가 없었다. 그러나 그는 몇 년 내에 그 논란의 한가운데 서 있게 된다.

툴리는 캐나다의 토론토에서 태어났지만 어렸을 때 밴쿠버로 옮겨갔

브렌트 툴리 (Brent Tully)

다. 브리티시 콜럼비아 대학교에 입학했을 때만 해도 그는 천문학에 전혀 관심을 두지 않았다. 그의 친구들 대부분은 공학 쪽을 택하고 있었고 그의 아버지가 엔지니어였으므로, 공학이 적당한 선택인 것 같았다. 그러나 첫해에는 주로 일반적인 커리큘럼을 따라야 했으므로 그는 2학년이 될 때까지 아무런 결정도 내리지 않았다.

그런데 1학년을 마쳤을 때 자신이 수강했던 물리학 과목들을 좋아했고 물리학 프로그램이 공학보다 더 흥미를 끈다는 것을 알았다. 그는 마침내 물리학과로 들어가기로 결심했다. 하지만 역학과 광학, 전기학 그리고 자기학을 수강하면서 보낸 4년은 무척 실망스러웠다. 그가 공부했던 모든 것들이 이미 오래 전에 발견된 것들이었다. "나는 1932년 이후에 일어난 것에 대해서는 하나도 배운 것이 없다고 생각해요." 툴리는 이렇게 말한다. 그래서 다시 관심을 옮기게 된 것이 천문학이었다.

그는 박사과정을 밟기 위해 매릴랜드 대학교로 갔다. "내가 천문학으로 전과를 했을 때는 우리가 했던 모든 것들이 현재 진행되고 있는 연구들과 관련되어 있었어요. 1주일 뒤 수업 시간에 한 교수가 이렇게 말했어요. '여러분에게 이 문제에 대해서 더이상 가르칠 게 없군요. 이게 현재 우리가 아는 모든 것입니다.'" 그는 웃으며 말을 이었다. "나는 그 말을 듣는 순간 너무나 기뻤어요. 그때야 비로소 내가 있어야 할 올바른 장소에 있다는 것을 알았죠. 여기가 바로 흥미진진한 일들이 일어나고 있는 분야라는 것을 말이죠."

매릴랜드 대학교에서의 툴리의 지도 교수는 일찍이 샌디지, 슈미트와 함께 퀘이사와 전파 은하들에 관해 연구한 적이 있었던 톰 매튜스였다. 그의 논문은 큰개자리에 있는 소용돌이 은하라고 알려진 M51의 운동학과 구조에 관한 것이었다. M51의 한쪽에는 기조력에 의해서 부풀려진 부분이 있었는데 툴리의 일은 그것을 근처에 있는 다른 은하와 중력적 상호작용으로 설명하는 것이었다. "그때 내 생각으로는 이 일이 개인적으로 이 분야에서 좋은 출발이 될 가치 있는 일이라고 여겼기에 거기에 많은 시간을 쏟았습니다. 그 당시 나는 그것이 성공적인 학위 논문이 되리라고 확신했죠."

대학원 시절 툴리는 리차드 피셔를 만났다. 피셔는 툴리와 거의 같은 시기에 매릴랜드 대학교로 와서 같은 해에 졸업했다. 졸업 직전 그들은 앞으로 무엇을 할 것인가에 대해 대화를 나누다가 가스가 풍부한 희미한 난쟁이 은하들의 적색이동을 조사하는 연구를 공동으로 하는 데 동의했다. 이 공동 연구를 하는 동안 어떤 문제 하나가 툴리의 주의를 끌었다. 그는 국부 은하군(우리 은하를 포함하는 약 25개 은하들의 모임)의 두 구성원인, 안드로메다(M31)와 트라이앵귤럼(M33)이 아주 다른 회전속도를 가진다는 것을 발견했다. 안드로메다는 약 250km/sec로 빠르게 회전하고 있는 반면, 트라이앵귤럼 은하는 단 100km/sec로만 회전하고 있었다. 안드로메다가 더 컸고, 따라서 트리앵귤럼 은하보다 더 무거웠다. "이 은하들은 많이 연구된 은하들이었으므로 우리는 어떤 것이 크고 더 무거운지를 알 수 있었어요." 툴리는 이렇게 말했다. "나는 그때 이런 생각을 했어요. 우리가 만일 그들 바로 옆에 살고 있지 않았다면? 이들 두 은하가 만일 어떤 먼 은하들의 일부에 불과했다면? 과연 우리는 그들 중 어느 것이 더 크고 작은지를 결정할 수 있을까? 나는 은하의 회전 운동이 우리에게 그 해답을 줄지도 모른다는 사실을 깨달았어요."

툴리는 무거운 은하들이 가벼운 은하들보다 더 빨리 회전하는 가능성을 조사해 보기로 했다. 회전속도와 질량 사이에 어떤 직접적인 관계가 있을까? 이것은 은하가 빨리 회전하면 할수록 필수 구심(회전)력을 공급하기 위해 더 많은 질량이 필요하다는 점에서 말이 되었다. 더욱이, 어떤 은하가 얼마나 빨리 회전하고 있는지를 결정하는 비교적 쉬운 방법이 있었다. 그 열쇠는 은하들이 방출하는 21센티미터 수소 복사였다. 회전하는 수소 원자들은 가끔 '스핀 반전'을 통해 회전 방향을 바꾸는데, 그 과정에서 그들이 21센티미터의 파장을 가진 복사를 방출한다는 사실이 이미 1940년대 말에 밝혀진 바 있었다. 따라서 은하에서 21센티미터 복사선을 검사하기만 하면 되었다. 도플러 효과 때문에 은하의 한쪽에서 나온 복사(우리에게서 멀어지는 쪽)는 적색이동 되고 다른 쪽에서 나온 복사(다가오는 쪽)는 청색이동 될 것이므로 그 종합적인 결과는 선의 확장으로 나타날 것이다. 그러므로 은하에서 나온 21센티미터 선의 폭을 측정

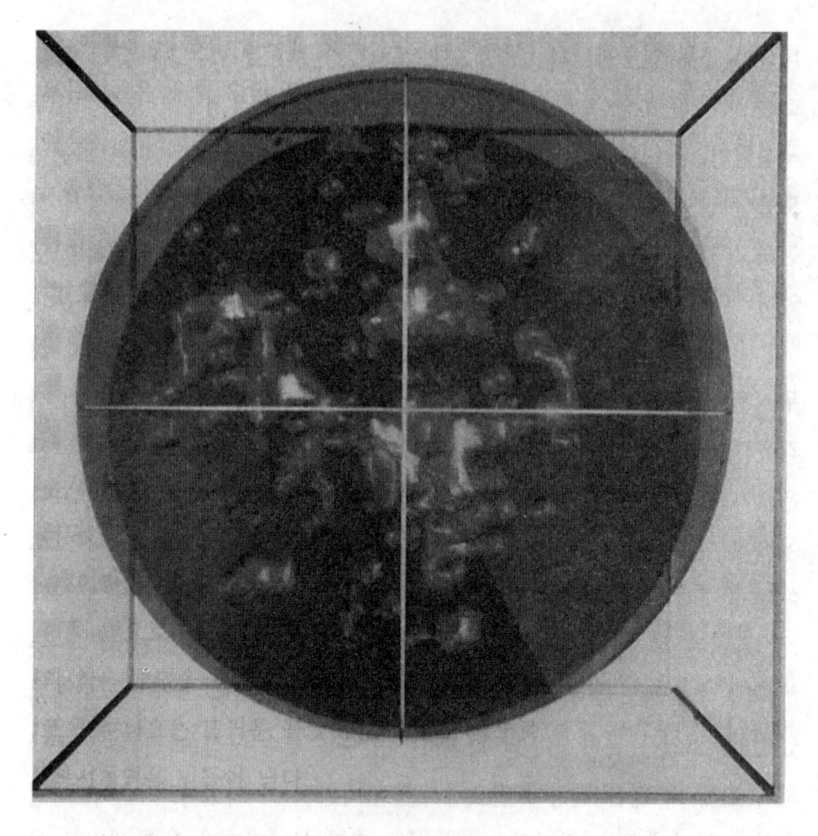

대규모 은하단의 분포. 물고기-고래자리 초은하단으로 지름이 거의 20억 광년 되는 지역이다. (브렌트 툴리 제공)

하면 회전속도와 질량을 결정할 수 있다. 그리고 은하가 별들의 평균 분포로 구성되어 있다고 가정하면, 은하의 실제 밝기를 결정할 수 있으므로 이것을 겉보기 밝기와 연결시킴으로써 거리를 얻을 수 있다.

이 방법을 완성하는 데 필요한 것은 기준 관계의 설정뿐이었고, 이것은 안드로메다나 트라이앵귤럼 은하와 같은 근처 은하들을 이용해서 이루어질 수 있을 것이다. 만일 이런 방법으로 거리가 결정될 수 있다면,

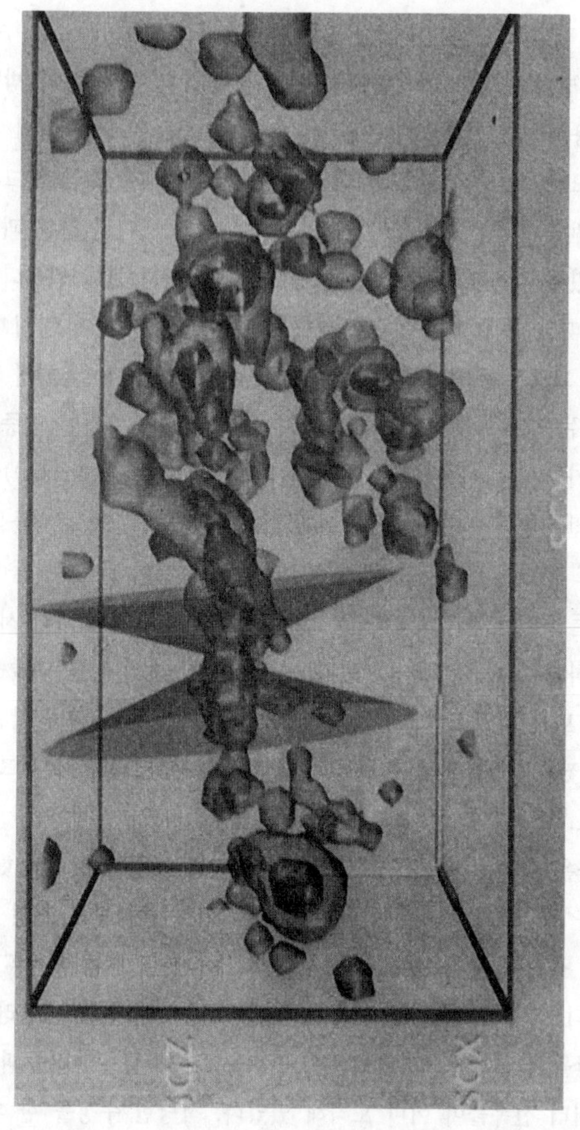

근처 은하들의 분포. 상자의 거리가 약 2억 광년이다. (브렌트 툴리 제공)

천문학자들은 아주 강력한 새로운 거리 측정 도구를 갖게 된다.

21센티미터 선은 전파망원경들을 이용해서 쉽게 얻어질 수 있다. 그러나 그 방법이 맞고 틀리는지는 어떻게 점검할까? 최선의 방법은 은하단을 이용하는 것이다. 한 은하단에 있는 은하들은 모두 거의 같은 거리에 있으므로 더 밝은 것들은 더 무거운 것이 된다. 따라서 그것들이 더 넓은 21센티미터 선들을 갖는지 검사하면 된다. "이런 진행 과정에서 정말 즐거웠던 것은 그러한 개념이 관측을 시작하기 전에 완성되었다는 것입니다. 따라서 정작 관측을 시작했을 때는 무엇을 해야 할지 알고 있었던 거죠. 그것은 우연한 발견이 아니었습니다." 툴리는 이렇게 말한다.

툴리는 그 아이디어에 대해 피셔에게 말했고, 그것이 입증되었을 때는 피셔가 버지니아에 있는 국립 전파천문학 연구소(NRAO)에 있었으므로 21센티미터 선들을 얻을 수 있었다. 툴리는 시험 물체들을 찾기 시작했다. "피셔는 관측했고 나는 표적들을 결정했어요. 나는 들여다 볼 만한 후보들을 찾기 위해 지겹도록 많은 시간을 팔로마 스카이 서베이 차트를 조사하면서 보냈답니다. 그 과정이 끝날 때쯤 되니 온 하늘을 아주 자세히 다 보게 되었죠. 그렇게 말할 수 있는 사람들은 아마 많지 않을 겁니다. 어쨌든 나는 후보 은하들의 명단을 마련했고, 피셔는 그것들을 관측했어요."

그들은 그 아이디어를 처녀자리 은하단에 시험해 보기로 했다. 이 은하단에는 약 2500개의 은하들이 있으며, 그것들은 모두 거의 같은 거리에 있다. 툴리는 이제 프랑스의 마르세이유 연구소에서 박사후 과정을 하고 있었다. 그는 프랑스로 가는 도중 가능한 한 여러 곳을 둘러보기 위해 여행기간을 늘렸다. 그리고 그가 프랑스에 도착했을 때는 피셔가 보낸 21센티미터 선폭들이 이미 도착해 있었다. 적당한 수정을 한 뒤 그 자료를 도면에 그려 넣자 곧 특별한 관계가 나타났다. 툴리는 너무나 기뻤다.

정확도는 단 20% 정도에 불과했지만 광도와 질량이 연결되어 있다는 것은 분명했다.

툴리와 피셔는 그 성공에 너무나 흥분했고, 그 결과를 출간하기 위해 즉시 논문을 써 보냈다. 그러나 그 결과를 출판하는 데 어려움이 있었다. 주요 문제는 그 결과가 지금까지 수용되어 왔던 값과 아주 다른 H값을 준다는 것이었다. "우리의 H가 샌디지의 값과 일치하지 않았던 것이죠." 툴리는 이렇게 말한다. "그러나 그 당시 드바쿨러는 이렇게 주장하고 있었죠. '나는 샌디지의 방법을 좋아하지도 않고 또 그 결과가 옳다고도 생각하지 않는다.'라고 말이죠. 그래서 어느 정도 논쟁이 있었죠."

툴리와 피셔는 사실 드바쿨러의 값에 매우 가까운 H를 얻었다. 샌디지는 그들의 논문이 출판되기 전에 그 결과에 대해 듣고, 그것을 탐탁히 여기지 않았다. 샌디지와 탐만은 심지어 툴리와 피셔의 논문이 활자화되기도 전에 그들의 논문을 반박하는 논문을 출판하기도 했다. 그들은 툴리와 피셔가 요구되는 보정을 모두 하지 않았다고 주장했다. 샌디지에 따르면 주요 결점들 중 하나는 그들이 '말람퀴스트 경향'에 대한 보정을 전혀 하지 않았다는 것이다. 말람퀴스트 경향은 은하들의 표본 추출 과정에서 대체로 밝은 은하들을 추출하는 경향 때문에 발생한다. 그 효과는 은하들까지의 거리를 과대 평가하도록 만드는데 은하가 멀면 멀수록 오차가 더욱 커진다. 샌디지는 사실 일찍이 이 이유를 들어 드바쿨러를 비난한 적이 있었다.

주요 어려움들 중 다른 하나는 툴리와 피셔가 나선 은하들에서 먼지 불투명도에 대한 어떤 보정도 하지 않았다는 것이었다. 나선 은하들은 모두 예외 없이 먼지를 가지고 있는데, 이것이 별들을 붉게 하는 경향이 있다. 툴리는 사진판 위에서 청색 광도를 측정했던 것이다.

툴리는 1975년에 미국으로 돌아왔고, 곧 하와이 천문학연구소에 자리를 얻었다. 도중에 그는 콜로키움 참석차 칼텍에 들렀다. 샌디지도 그곳에 있었고, 예상했던 대로 대결이 벌어졌다. 그런데 그 청중 속에 은하들의 적외선 성질들에 대한 논문을 막 끝내려 하고 있던 마크 아론슨이라는 박사과정 학생 하나가 있었다. 아론슨은 만일 은하들의 크기가 툴리가 했던 가시광선이 아닌 적외선으로 측정된다면, 먼지 문제는 극복될 수 있을 것이라는 것을 깨달았다. 얼마되지 않아 그는 좀 일찍 칼텍을 졸업한 존 후크라와 호주 사람인 제레미 모울드와 팀을 만들었다. 그리고 키트피크에 있는 망원경을 이용해 처녀자리와 큰곰자리에 있는 은하들을 측정했고, 툴리-피셔 관계가 가시광선에서보다 적외선에서 훨씬 더 뚜렷하다는 것을 알았다. 21센티미터 선폭에 대해 적외선 광도가 도면에 그려지자 자료 분산이 거의 나타나지 않았다.

그러나 아론슨과 후크라, 그리고 모울드는 곧 그들에게도 문제가 있다는 것을 발견했다. 그들이 처녀 초은하단의 은하들을 이용해서 얻은 H값은 샌디지값과 드바쿨러값 중 어느 것과도 일치하지 않았으며 그 사이에 있었다. 모든 것을 신중히 검토한 뒤에 그들은 우선 그 결과를 출간하기로 했다. 그런데 후에 처녀 초은하단 저 너머에 있는, 더 먼 은하들로 그들의 방법을 확장시키자 H가 거의 90으로 나타났다. 그것은 드바쿨러의 값에 아주 가까운 것으로, 거의 110억 년의 나이에 해당하였다.

그러나 이것이 샌디지를 단념시키지는 못했다. 그는 H가 50이라는 자신의 값을 고수하고 있었다.

계속되는 논쟁

내가 툴리를 만났을 때 그는 중간 기지인 할레 포하쿠에서 정상으로 올라갈 준비를 하고 있었다. 내가 할레 포하쿠에 도착한 뒤 곧 만나게 된 우리는 악수를 나누었다. 그는 금발 머리에 키가 컸으며 호리호리한 몸매에 태평해 보이는 인상을 풍겼다. 그는 내게 몇 장의 리프린트를 가져다 주고는 잠시 자리를 비켜 오렌지 주스를 가지러 갔다.

우리는 식당이 내려다보이는 도서실로 갔다. 그는 한 푹신한 소파에 앉더니 다리를 쭉 뻗었다. 우리 주위는 사방이 커다란 유리창들로 둘러싸여 있었고, 바깥에는 작은 발코니 하나가 있었다. 푸른 하늘이 펼쳐져 있어 밖으로 나가고도 싶었지만 상당히 추울 터였다. 우리가 막 대화를 시작했을 때, 또 한 명의 천문학자가 올라오더니 툴리에게 정상의 날씨 상태에 대해 물었다. 나는 지난 며칠 밤 동안 날씨가 좋지 않았다는 것을 전해 들은 적이 있었는데, 그들의 대화가 그것을 확인시켜 주었다.

툴리는 내게 말하면서 가끔 안경을 다시 썼으며, 때때로 아주 고무되어서 손과 손가락으로 크기와 거리들을 설명해 주곤 했다. 그리고 가끔씩 호탕하게 큰소리로 웃기도 했다.

"논쟁을 벌인지도 이제 10년이 넘었어요." 그는 이렇게 말했다. "그리고 이렇다 할 확인들이 없는 상태에서 그런 논쟁은 계속 존재해 왔지요. 그러나 지난 2년 동안 진정한 진보를 이루어 냈답니다. 사람들이 많은 분석들을 제공해 왔고 그 분석들 중엔 충분히 근거 있는 것들이 많았어요. 또 어떤 것들은 우리의 거리 측정 능력을 보강시키기도 했죠. 하지만 나는 내가 오늘날 이용하고 있는 방법이 15년 전과 크게 다르지 않다고 생각해요. 우리가 그때 얻은 값들은 사진 자료나 혹은 구경 광도측정법에 기초하고 있었기 때문에 큰 불확실성을 지니고 있었어요. 하지만 이제는 전하결합소자를 이용하고 있으므로, 나는 우리가 바로 그것을 통해 최상의 결과를 얻게 되리라 믿어요. 전하결합소자는 큰 변화를 만들었어요."

툴리는 그가 얻은 결과들을 입증하기 위해 현재 나타난 몇 가지 방법들에 대해 얘기를 계속했다. 이 방법들 중 하나는 리크 연구소의 샌드라 페이버와 로버트 잭슨에 의해 도입되었다. 툴리-피셔 관계는 나선 은하들에만 적용된다. 따라서 페이버와 잭슨은 타원 은하들을 위해 유사한 방법들을 찾아냈다. 타원 은하들은 나선 은하들처럼 회전하지 않으며 타원 은하 내에 있는 별들은 핵 주위를 여러 가지 방향으로 운행한다. 그러나 이것 또한 스펙트럼 선들을 넓게 만든다. 페이버와 잭슨은 그 선의 넓이와 측정된 은하의 크기 사이의 관계를 찾아내는 데 성공했다. 그리고 그 관계 역시 은하까지의 거리를 결정하게 해주었다. 그 방법은 최근 몇 년간 수정되어 왔고 이제는 약 20% 정확도로 거리를 추정할 수 있게 한다.

더 최근에는 행성상 성운을 이용한 거리 측정 방법이 발견되었다. 일생 말기에 있는 별들은 멀리서 보면 연기 고리처럼 보이는 것으로 바깥층들을 날려 버린다. 계산에 따르면 이 고리의 밝기에는 상한선이 있는데, 천문학자들은 바로 이것을 통해 그 별들이 관측된 곳에 있는 은하들까지의 거리를 결정한다.

또 하나의 방법은 은하들의 균일하지 않은 밝기 혹은 얼룩을 이용하는 것이다. 은하들은 물론 별들로 이루어져 있고, 그들 중 몇 개는 거인 별들이다. 이런 이유로 은하 전체가 균일하게 밝지 않다. 천문학자들은 은하들의 얼룩을 측정함으로써 거리를 산정할 수 있다.

툴리는 이런 방법 모두가 그가 얻으려고 하는 값, 즉 H가 거의 90인 값에 매우 가까운 결과를 주고 있는 것에 만족했다. 그러나 그는 두 개의 또 다른 방법이 있다고 언급했는데 둘 모두 초신성의 두 가지 기본 유형인 제 I 유형과 제 II 유형과 관련되어 있는 초신성, 즉 폭발하는 별들을 포함하고 있었다. 제 I 유형의 초신성은 젊은 별들—나선형 은하들의 팔에 있는 별들— 중에서 생기고, 제 II 유형은 나선은하의 중심이나 혹은 타원은하들에 있는 것처럼 늙은 별들 중에서 생긴다.

"약 한달 전까지만 해도 두 가지 초신성 방법 모두가 샌디지의 값에 가까운 낮은 H를 주었어요." 툴리는 이렇게 말했다. "하지만 아스펜에서 열린 최근의 한 회의에서 제 II 유형의 초신성이 우리의 값과 일치하는 높은 H값을 주는 것이 밝혀졌죠. 그렇게 해서 이제 높은 H값을 주는 방법이 4개이고, 낮은 값을 주장하는 것은 단 하나밖에 남지 않게 되었죠."

툴리는 자신의 값이 맞다고 확신한다. "만일 더 높은 값이 틀리다면, 서로 아무 관련이 없는 네 가지 방법 모두가 허점을 가지고 있다고 말해야만 할 것입니다. 그리고 각 경우에 그 허점이 결국 동일한 H를 주었다고 말이죠." 그는 고개를 내저었다. "하지만 그런 일이 벌어진다면 대단히 놀랄 일이죠."

1988년에 툴리는 샌디지의 방법에서 허점들이라고 생각하는 것들을 설명하는 논문 하나를 발표했다. 그는 우리 은하가 코마-조각실 자리 은하단이라는 것에 놓여 있다고 지적했다. 코마-조각실 자리 구름은 5천만 광년 길이에 가로가 5백만 광년으로 거의 실린더 형태로 되어 있다. 우리 은하는 그 구름의 한쪽 끝 부근에 있으며 실린더의 양끝은 각각 코마 머리털자리와 조각실 자리를 가리키고 있다. 이 구름 내에 있는 물체들은 평균 속도 100km/sec로 서로를 향해 떨어지고 있다. 이 운동은 우주의 허블 팽창, 즉 바깥쪽으로 향하는 운동과 상치되기 때문에 허블상수의 결정에 큰 영향을 미치게 된다. 툴리는 그것을 국부 속도 특이라고 부른다.

먼 은하 쪽으로 가면 H값이 증가한다는 것은 오랫동안 알려져 왔던 사실이지만, 샌디지는 이것이 말람퀴스트 경향에 의한 것이므로, 보정 해야만 한다고 말한다. 툴리는 그러나 동의하지 않는다. 그는 말람퀴스트 경향에 필요한 보정은 어떤 것이든 작다고 확신하고 있다. 특히 그는 만일 이 효과가 정말 문제가 된다면, 먼 은하로 갈 때 H값이 계속해서 증가할 것이라고 지적했다. 그러나 그렇지 않다. H값은 코마-조각실 자리 은하단 바로 바깥 부분에서 크게 커졌다가는 다시 일정한 값을 유지한다.

특이속도와 거대중력체

H에 대한 논쟁이 여전히 계속되고 있는 동안, 대부분의 천문학자들의 관심은 팽창하는 우주의 자세한 구조에 대한 연구로 옮겨졌다. 우주는 균일하고 일정한 허블 팽창을 하고 있을까? 아니면 국부적으로 이와는 다른 운동을 하고 있을까? 만일 거시적으로 보았을 때 우주의 물질이 균일하게 분포되어 있지 않다면, 국지적 특이 운동은 불균일한 중력의 차이 때문일 것이다. 사실 우리는 이미 이것에 대한 한 예를 보았다. 코마-조각실 자리 은하단 내에 있는 은하들이 평균 약 100km/sec의 평균 속도로 서로를 끌어당기고 있다는 점이다.

훨씬 더 먼 거리에 있는 더 큰 물체는 어떤가? 그것들은 질량에 따라 심지어 더 큰 영향을 미칠지도 모른다. 만일 '특이속도'나, 즉 허블 팽창으로부터의 차이를 측정하려면 물론 속도의 측정에 기준이 되는 참고계가 필요하다. 그리고 밝혀진 것처럼 우리에겐 우주배경복사라는 참고계가 있다. 그것은 우주를 가득 채우고 있으므로 우주 안에서의 어떤 움직임에도 비유될 수 있다. 최근 코비(COBE) 위성에 의해 그러한 측정들이 높은 정확도로 이루어졌다. 코비에 따르면 우리의 국부 은하군은 약 600km/sec의 속도로 사자자리쪽으로 움직이고 있다.

그렇다면 이러한 움직임을 일으키는 것은 무엇일까? 앞에서 말한 것처럼, 그 움직임의 어느 정도는 코마-조각실 자리 구름 때문이다. 두번째 요인은 우리의 국부 은하군을 포함하고 있는 처녀 초은하단이라는 거대

은하 집단이다. 우리 은하는 그 가장자리 부근에 놓여 있고 중심에는 처녀 은하단이라는 특히 큰 은하단이 있다. 처녀 은하단은 우리로부터 약 5천만 광년 떨어져 있는데, 대단히 무거워서 우리에게 상당한 인력을 작용한다. 천문학자들은 사실 코마-조각실 자리 구름이 약 300km/sec로 처녀 초은하단을 향해 움직이고 있다는 것을 보였다. 그러나 이것이 그 이야기의 끝이 아니다. 특이운동값 600km/sec의 모든 것이 아직 설명되지 않고 있다.

무엇이 그 특이운동을 일으키고 있는가? 몇 년 전 그 해답을 찾기 위해 자신들을 세븐 사무라이라고 칭하는 천문학자 그룹이 결성되었다. 그들은 알란 드레슬러, 샌드라 페이버, 로저 데이비스, 도날드 린든-벨, 데이비드 버스타인, 로베르토 테르레비치 그리고 게리 웨그너 등이다. 우리 은하의 운동에 영향을 미치는 깊숙한 우주에 있는 거대한 질량을 찾는 일은 결코 쉬운 일이 아니다. 허블운동에 비한다면 그 특이운동의 크기는 정말 작기 때문이다. 게다가 수백 개의 은하들에 대한 적색이동을 측정해야 했고, 그들의 거리를 정확히 결정할 수 있어야 했다. 툴리-피셔 관계를 통해서도 이들 거리를 얻을 수 있다. 그러나 앞서 보았던 것처럼, 페이버와 잭슨이 타원 은하들에 대해 유사한 방법을 개발했으므로, 세븐 사무라이는 이것을 이용해 거리를 결정하게 된다.

몇 년이라는 기간에 걸쳐 세븐 사무라이는 처녀 초은하단 저 너머에 있는 수백 개 은하들의 특이속도를 도면에 그려 넣었고, 바다뱀자리와 센타우루스자리 방향에서 커다란 초과 속도를 발견했다. 사실 이 방향에는 바다뱀-센타우루스 초은하단이라는 거대한 초은하단이 있었지만, 그 특이속도는 그것만으로는 설명되지 않았다. 따라서 그들은 그 너머에 거대 중력체라는 질량이 있다고 가정했고, 그들의 계산에 따르면 이 중력체가 국부 은하군에 530km/sec의 속도를 주고 있었다.

거대중력체는 얼마나 클까? 현재의 추정으로는 약 7500개의 은하로 이루어져 있다고 생각된다. 그러나 흥미롭게도 이 은하들은 특히 큰 영역에 걸쳐 분포하고 있으며 지구에서 보면 남쪽 하늘의 거의 1/3을 에워싸고 있다. 그들이 그렇게 큰 부피를 차지하고 있으므로 이 은하들의 모임이 충분한 질량을 가질 것 같아 보이지는 않지만 상당한 '암흑물질'을 포함하고 있을 가능성이 있다. 암흑 혹은 보이지 않는 물질은 사실상 모든 은하단 안에 존재하는 것으로 알려져 있다.

이상스러운 것은 거대중력체조차도 관측되는 특이속도 전부를 설명하지 못한다. 작은곰자리 방향으로의 370km/sec가 여전히 설명되지 않고 있다. 더욱이 하늘에서 거대중력체의 반대쪽 끝에는 페르세우스-물고기라는 또 하나의 큰 초은하단이 있다. 그것은 거대중력체보다 약간 더 멀리 있기는 하지만 그만큼 큰 힘으로 우리를 끌어당겨야만 한다. 그러나 그것이 그런지 아닌지에 대해서는 여전히 논란이 있다.

특이속도 문제는 본질적으로 H를 측정하는 문제와 관련되어 있다. 정확한 H값을 얻으려는 시도에서 툴리는 특이속도들을 다루어야만 했고, 이것이 결국 특이속도 자체에 대한 관심을 유도했다. 지난 몇 년 동안 그는 사실 대부분의 시간을 이 프로젝트에 쏟고 있다.

1990년에 툴리와 그의 동료들인 콜럼비아 대학교의 에드워드 샤야와 캐나다 도미니안 물리천문학 연구소의 마이클 피어스는 툴리의『근처 은하 아틀라스 *Nearby Galaxy Atlas*』와 IRAS 카탈로그를 포함해 여러 가지의 자료들을 이용해 특이속도 문제에 대한 새로운 접근을 시도했다. 그들은 또한 300개의 은하들에 대한 측정을 했다. 코마-조각실 자리 구름과 처녀 초은하단으로부터의 영향도 포함되었는데, 세븐 사무라이처럼 이 그룹도 이미 발견된 거대중력체의 방향으로부터 오는 큰 인력을 찾아냈다. 그들은 그러나 자신들의 모형이 작동하게 만들기 위해서는 많은 다른

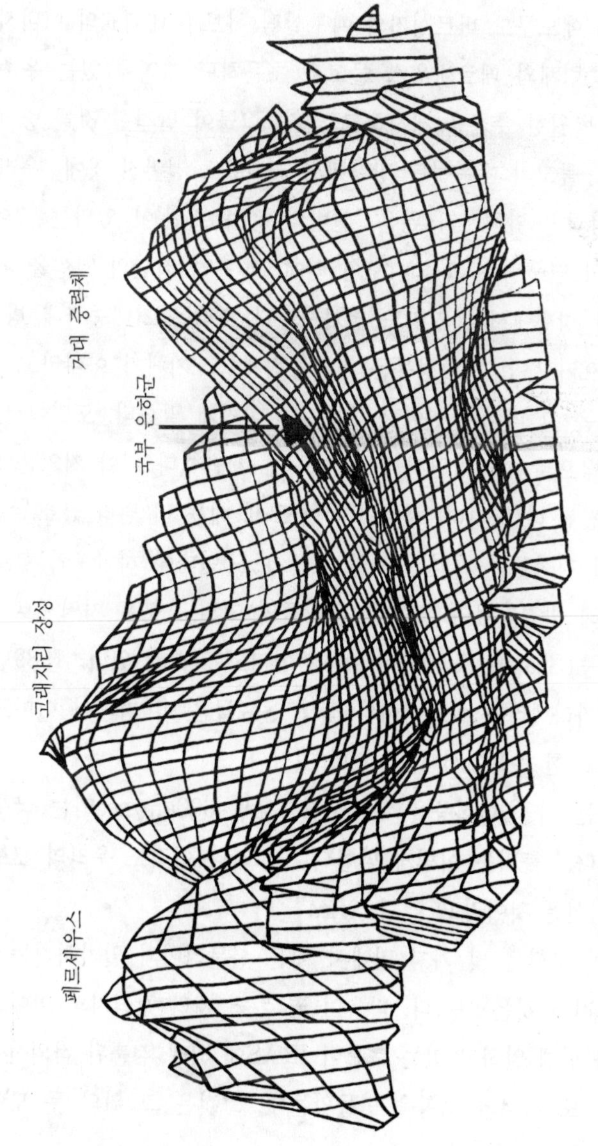

우주 공간에 있는 중력체에 관한 버트싱거-디켈 도면. 거대중력체를 보여준다. 봉우리들은 높은 인력 지역들이다.

요인들이 필요하다는 것을 알았다.

MIT의 에드문드 버트싱거와 예루살렘 히브루 대학교의 아비사이 디켈은 거대중력체와 페르세우스-물고기 초은하단 지역에 있는 우주의 물질에 대해 탁월한 추론을 제시하고 있다. 그들이 발견한 것들 중 하나는 페르세우스-물고기 초은하단 방향에서 약 60도 떨어진 곳에, 우리 은하에 의해 감춰진 밝혀지지 않은 '신비의 은하 집단'이 있다는 것이었다. 툴리와 그의 연구팀은 그들의 모형 안에 그 은하 집단의 영향을 넣고 또 거대중력체 방향에서의 영향도 첨가시켰다. "나는 거대중력체 방향으로 흐름을 일으키고 있는 주성분은 거대중력체 그 자체가 아니라고 생각합니다. 그것은 그 너머에 있어요." 툴리는 이렇게 말한다. 도면에서 그 지역을 손가락으로 가리키면서 그는 이렇게 계속했다. "이 지역은 거대중력체보다 훨씬 더 큽니다. 하지만 적어도 세 배는 더 멀리 있죠."

툴리가 지적했던 지역은 사실 지난 1930년대에 하버드의 할로우 샤플리에 의해 발견되었다. 그것은 은하들의 고밀도 분포 지역으로 이제는 샤플리 집중(Shapley Concentration)이라고 알려져 있다. 1989년에 로베르토 스카라멜라와 이탈리아의 몇몇 동료들은 이 지역이 아마도 중요할 것이라고 한 논문에서 언급한 바 있었다.

"우리는 샤플리 집중을 포함시킴으로써 600km/sec라는 국부 속도를 얻습니다." 툴리는 이렇게 말한다. "그러나 아직도 우리의 모형은 여전히 꽤 어설픈 것이라고 할 수 있죠."

툴리의 모형은 몇 가지 면에서 세븐 사무라이와 일치하기는 하지만 완전히 그러한 것은 아니다. 더욱이 영국 퀸 메리 칼리지의 마이클 로완-로빈슨과 함께 일하고 있는 그룹이 IRAS에 의해 검출된 적외선 은하들에 근거해 또 하나의 모형을 만들었는데, 그것은 그 위의 두 모형 어떤 것과도 일치하지 않는다.

마이클 로완-로빈슨 (Michael Rowan-Robinson)

로완-로빈슨은 영국의 에딘버라에서 태어나 서섹스에서 자랐다. 어렸을 때 그가 주로 관심을 가졌던 과목은 수학이었다. "내가 처음으로 들여다 본 망원경들은 대형 망원경이었어요." 그는 이렇게 말했다. 그는 케임브리지 대학교의 수학과를 졸업한 뒤, 런던 대학교로 가서 천문학으로 박사학위를 받았다. 그가 천문학으로 전과를 하게 된 것은 부분적으로 우주론자인 프레드 호일의 영향이 컸다. "나는 호일의 천문학 서적들을 무척 좋아했어요." 로완-로빈슨은 이렇게 말한다. "케임브리지에 있을 때 가끔 그의 강의에 들어갔었죠. 그는 대단히 카리스마적인 인물이었어요." 로완-로빈슨은 런던 대학교에 있는 동안 윌리암 맥크리아 밑에서 퀘이사와 전파원에 대한 이론적 모형을 연구했다.

지난 몇 해 동안 로완-로빈슨과 그의 그룹은 우주의 대규모 지도 작성에 노력을 집중시켰다. "우리는 적외선 은하 조사에서 우주의 많은 부분을 지도로 작성했어요. 3차원 우주 지도를 만들었고 우리의 적외선 은하들에 미치는 다른 은하들의 인력을 결정할 수도 있었죠. 우리는 또한 중력에 기인한 인력 효과들을 산정했는데, 그것들 모두를 첨가시키자 우리 은하가 우주배경복사에 대해서 움직이고 있는 방향과 아주 잘 일치했어요."

나는 그의 그룹이 거대중력체를 탐지한 것인지 물었다. 그는 고개를 내저었다. "우리는 거대중력체를 가정하지 않습니다. 우리는 그저 우리가 실제로 보는 것을 취해서 그것을 이용할 뿐이죠. 나는 거대중력체가 존재한다고 생각하지 않는다고 수차례 말했어요. 우리의 3차원 지도에는 그런 물체가 없거든요. 이 문제에 관해서는 세븐 사무라이의 알란 드레슬러와 상당히 좋은 논쟁을 벌인 적이 있지요."

샌드라 페이버

세븐 사무라이 중 한 사람인 샌드라 페이버는 거대중력체가 없다는 로완-로빈슨의 단언에 어리둥절해진다고 말한다. "우리의 자료는 명백히 그 존재를 보여주고 있습니다." 그녀는 이렇게 힘주어 말했다. 페이버는 켁 망원경 프로젝트가 시작되도록 하는 데 초기의 중요한 역할을 했으며, 수년 동안 그 프로젝트의 과학 운영 위원회에 있었다. 그 망원경이 준비

샌드라 페이버(Sandra Faber) (리크 연구소와 돈 해리스 제공)

가 거의 되었으므로, 그녀는 그 망원경을 사용하기를 몹시 갈망하고 있다.

보스톤에서 태어난 페이버는 학교에 들어가기 전에 이미 천문학에 관심을 두게 되었다. 후에 그녀는 몇 시간이고 쌍안경으로 별들을 보면서 시간을 보냈다. 그러나 그때 그녀는 아직 많은 것들에 관심이 있었다. 그녀는 돌과 나뭇잎, 그리고 식물을 수집했으며, 과학에 관해서 읽을 수 있는 모든 것을 읽었다. 이때 그녀에게 가장 큰 영향을 미쳤던 책들 중 하나는 프레드 호일의 『천문학의 최전선 *Frontiers of Astronomy*』이었다.

"어렸을 때부터 천문학과에 들어가겠다고 결심한 것은 아니예요."

페이버는 이렇게 말한다. "나는 여자아이였고, 그 당시만 해도 여자아이들이 그런 것을 한다고는 이해되지 않았죠. 과학자나 혹은 학자 집안에서 태어나지 않은 내게는 어떤 사람들이 천문학을 했는지가 하나의 미스테리였어요. 나는 어떤 천문학자도 알지 못했고, 내가 읽은 책으로 판단하기로는 천문학적 사실들은 아인슈타인과 호일 같은 천재들에게서 나온다는 것이었죠. 나는 나 같은 평범한 사람이 천문학자가 될 수 있으리라고는 상상도 못했어요. 그러므로 그것에 대해 그다지 진지하게 생각하지 않았죠."

그녀는 고등학교를 졸업한 뒤 스와스모어 칼리지에 원서를 냈다. 그리고 칼리지 응시 원서에 있는 '관심 분야'란에 이렇게 썼다. "나는 우주를 공부하는 데 관심이 있습니다." 그러나 그녀는 그것이 어떤 결과를 수반할지 확신하지 못했다고 시인했다. 그녀는 천문학과 화학을 전공하려고 했지만 자신이 화학을 좋아하지 않는다는 것을 곧 알게 되었다. 다행히 몇 명의 교수들과의 상담을 거친 뒤 만일 그녀가 천문학에 관심이 있다면 물리학이 더 가치 있을 것이라는 것을 알았다. 그녀는 스와스모어에서 사라 리 리핀코트와 후에 몇 개의 가까운 별들 주위에서 행성일지도 모르는 어두운 물체들을 발견해서 유명해졌던 피터 반 드 캠프를 포함해, 몇 명의 천문학자와 함께 일했다.

페이버는 대학원 과정을 위해 하버드로 갔다. 그녀의 논문은 타원은하들의 측광 성질들에 관한 것이었다. 타원은하들은 나선팔도 없고 가스도 거의 포함하지 않으며, 일반적으로 늙고 붉은색 별들로 구성되어 있다는 점에서 안드로메다 은하와 같은 나선은하들과 다르다. 이름이 내포하듯 그것들은 타원형이지만, 타원의 모양은 매우 길게 뻗어 있는 것에서부터 둥근 모양에 이르기까지 다양하다.

페이버는 1972년에 박사학위를 마치고 캘리포니아의 리크 연구소로 갔다. 리크로 온 직후 그녀는 대학원생인 로버트 잭슨과 함께 그 유명한 페이버-잭슨 관계를 발견했다. "그것은 뜻밖의 발견이었어요." 그녀는 이렇게 말한다. "리크에 왔을 때 나는 타원은하들의 스펙트럼에 매우 관심이 있었어요. 그것들이 보여주는 어두운 흡수선들은 은하에 있는 모든 별들의 스펙트럼들의 총합이에요. 나는 이 스펙트럼을 이용해 은하에 있는 별들을 연구하고 싶었어요. 내가 리크에 도착했을 때 조 왐플러와 다른 몇몇 사람들에 의해 새로 제작된 화상 스캐너라는 관측장비가 있었죠. 나는 흡수선들의 강도를 분석하면 그 안에 있는 별들에 대해 더 많이 알아낼 수 있을 것이라고 생각했어요. 그리고 그 스펙트럼을 얻는 과정에서 흡수선의 두께가 다른 스펙트럼과 다르다는 것을 알았죠. 이것은 물론, 도플러 효과에 의한 것이었어요. 은하의 스펙트럼은 수십억 개 별들의 스펙트럼이 중첩된 것인데, 별들이 다른 속도로 운행하므로 넓어진 선들을 얻게 되는 것이죠.

"나는 스펙트럼에서 이런 효과를 예전부터 보아왔지만 어느 누구도 그것을 측정한 적이 없다고 생각했어요. '그렇다면 한동안 내 스펙트럼 프로젝트를 한옆으로 제쳐놓고 이 결과들을 조사해서 무엇을 얻는지 보면 어떨까?' 나는 혼잣말로 이렇게 말했어요. 그래서 대학원생인 로버트 잭슨과 함께 선의 넓이들을 측정하는 두어 가지 방법을 고안했는데 더 밝은 은하들에서는 그 선들이 더 넓어진다는 결론을 얻었어요."

그리고 그 관계를 적절히 보정하자 스펙트럼선의 너비와 은하의 지름으로부터 어떤 은하까지의 거리를 결정할 수 있었다. 그것은 툴리-피셔 관계와 유사하기는 했지만, 타원은하들에 적용된다. 그 발견은 툴리-피셔 관계가 발견된 때와 거의 동시에 독립적으로 이루어졌다.

그 관계가 확립되자 페이버는 그것을 이용하고 싶었다. 그래서 결과적으로 세븐 사무라이가 형성되었다. 그후 몇 년에 걸쳐 그들은 은하의 속도장, 즉 특이속도를 분석하고 설명하는 두 개의 논문을 발표했다. 첫 번째 논문에서 그들은 우리 근처에 있는 은하들 모두가 약 600km/sec의 속도로 현재 거대중력체라고 알려진 것의 방향으로 흘러가고 있다고 결론지었다. 그뒤 그들은 그 자료를 상세히 조사했고 거대중력체의 한가운데로 모든 방향에서 흐름이 있다는 것을 결정했다. 페이버는 이들 두 가지가 서로 깊이 관련되어 있다고 믿는다. "우리는 이제 거대중력체와 그 전체 지역이 그 흐름과 함께 움직이고 있다고 생각합니다." 페이버는 이렇게 말한다. "그리고 나는 샤플리 집중이 전체 지역의 움직임에서 중요한 역할을 하고 있다는 브렌트 툴리의 제안이 아마도 사실일 것이라고 생각해요."

페이버와 데이비드 버스타인, 그리고 몇 명의 다른 천문학자들은 최근에 은하의 특이속도 카탈로그를 편집했다. 그 안에는 몇 명의 다른 그룹들에 의해 관측된 것들을 포함해 3100개의 은하들이 있다.

"이 새로운 카탈로그를 이용한 우리의 분석은 좋은 결과를 주었어요. 그리고 그것은 거대중력체의 존재를 명백히 보여줍니다. 그것이 존재하지 않는다는 로완-로빈슨의 단언에 대해서는……." 그녀는 잠시 말을 멈추었다. "나도 모릅니다……. 그의 적외선 지도들은 광학적으로 보는 것과 전혀 일치하지 않는 것 같아요. 더욱이, 마크 데이비스를 팀장으로 한 IRAS 적외선 은하들에 관한 또 하나의 조사가 있는데, 우리의 결과는 그것들과도 상당히 일치합니다."

나는 그 프로젝트를 더 자세히 연구하기 위해 그녀가 켁 망원경을 사용할 것인지 물었다. "아닙니다." 그녀가 대답했다. "거대중력체 프로젝트는 켁 망원경에 특히 잘 맞는 것이 아닙니다. 켁은 매우 희미한 물체들을 볼 수 있기 때문에 특별한 것인데, 거대중력체 프로젝트는 그러한 기능을 필요로 하지 않습니다." 대신 그녀는 몇 명의 다른 천문학자들과 함께, 대단히 깊은 우주 공간에 있는 은하와 퀘이사를 탐색하게 될 '디프 Deep'라는 프로젝트에 대해 연구할 것이다. 다음 장에서는 그것에 대해 이야기해 보도록 하자.

제 11 장

우주의 끝을 찾아서

별이 빛나는 밤하늘을 바라보고 있노라면 궁금한 것이 한두 가지가 아니다. 우주는 끝이 있을까? 그 물음에 대해 잠시 생각해 보면, 끝 혹은 한계라는 개념 자체에 문제가 있음을 알게 된다. 만일 끝이 있다면 사람들은 그러면 그 너머에는 무엇이 있느냐고 물을 것이다. 그러나 끝이 없다고 해도 역시 문제가 된다. 그것은 우주가 영원히 계속된다는 것을 의미하기 때문이다. 무한까지. 그러나 과학자들은 이 '무한함'을 좋아하지 않는다. 이는 마치 궁극적인 해답을 회피하는 것처럼 느껴지기 때문이다.

다행히도 이 문제를 비껴나갈 방법이 있다. 자연이 우주에 대한 우리의 시야를 제한한다는 것이 입증된 것이다. 우주는 어쩌면 정말 무한까지 펼쳐 있을지도 모르지만, 우리는 그러한 우주의 유한한 부분, 즉 천문학자들이 우리가 관측할 수 있는 우주라고 말하는 일부만을 볼 수 있으므로 아무 걱정할 필요가 없다. 별과 은하에서 나온 빛은 유한한 속도 초속 30만 킬로미터로 운행해서 유한 시간 내에 우리에게 도달하므로 우리는 이 영역에 한정되어 있게 된다. 결과적으로 우리는 이 물체들을 광선이 떠났을 때의 모습으로 보게 된다. 예를 들면, 태양 플레어에서 나온 빛이 우리에게 도달하는 데는 약 8분이 걸린다. 따라서 우리는 그것이 실제로 일어난 8분 후에 그 플레어를 볼 수 있다. 한편 우리 은하에 있는 어떤 별에서 나온 빛은 수천 년이 걸리므로 우리는 그들의 수천 년 전 모습을 본다. 그리고 우리 은하 바깥쪽에 있는 근처의 다른 은하들의 경우엔 몇 백만 년 전의 모습이다. 대형 망원경으로 더 깊숙이 탐사해 들어가면 희미한 전파 은하들과 퀘이사들의 수십억 년 전 모습을 본다. 그리고 나아가서 150억 광년(우리 우주의 나이가 150억 년이라고 가정했을 때)에서, 우리 우주의 끝에 다다른다. 즉, 그 시점 이전에는 우리의 우주라는 것이 존재하지 않았다.

만일 우리에게 우주의 끝 부근 지역을 관찰할 만큼 커다란 망원경이 있다면 과연 무엇을 보게 될까? 이곳은 시간이 시작된 곳이며, 대폭발 이론에 따르면, 우주는 당시 팽창하고 있는 뜨거운 가스구름만으로 이루어져 있었다. 오늘날 우리가 주위의 도처에서 보는 은하들은 물론 이 구름으로부터 생겨났으므로 은하들을 만들었던 '씨앗'은 그 구름 안에서 발달해야만 했다. 대부분의 천문학자들은 이들 씨앗이 부분적인 과잉밀도 지역을 만든 아주 미세한 파동이었다고 믿고 있다. 밀도가 평균밀도보다 큰 이 과잉밀도 지역 주변의 가스들이 점차 끌어당겨져서 이들은 점점 커지게 된다. 그리고 나중에는 전체 가스 구름으로부터 떨어져 나온다.

우주의 역사에서 나타난 첫 형태는 따라서 이러한 가스구들이고, 시간이 지남에 따라 이들이 붕괴해 우리가 원시은하라고 부르는 것이 되었다. 원시은하는 가스와 원시 상태의 별로 이루어져 있었으며 이들 원시은하가 진화해 현재의 은하가 되었다.

이론적으로 따지면, 우리에게 충분히 큰 망원경이 있을 때 이러한 것들을 볼 수 있다. 그렇다면 지금 우리가 볼 수 있는 것들은 어떤 것들일까? 우주에 있는 배경복사의 얼룩이 최근에 COBE 위성에 의해 탐지되었다. 그것이 어쩌면 우리가 그 구름의 붕괴를 처음으로 본 것일지도 모른다. 더 가까이에서 우리는 퀘이사들이 거대한 모은하 속에 자리하고 있는 것을 본다. 아주 멀리 있는 퀘이사들도 이러한 모은하를 가지고 있다는 증거는 없지만 일부 가까운 퀘이사들에 대해서는 그러한 관측이 되고 있다. 더 가까이에는 활성은하들이 있다. 그것들은 우리 은하보다 수천 배 강한 에너지를 내뿜고 있는 대단히 왕성히 활동하고 있는 은하들이다. 그리고 마지막으로 우리 은하 근처의 우주에서 우리는 우리 은하와 같은 보통의 은하들을 볼 수 있다.

현대 천문학의 주요 목표 중 하나는 가능하면 우주를 멀리까지 관찰하는 것이고, 그것이 바로 천문학자들이 대형 망원경을 만드는 이유이다. 10미터 거울을 가진 켁 망원경은 지금까지 보았던 것보다 훨씬 더 멀리까지 볼 수 있게 해줄 것이다.

앞서 언급한 것처럼 우주의 깊숙한 곳을 탐사하기 위해 켁 망원경을 사용할 첫번째 사람들 가운데 샌드라 페이버와 그녀의 동료들이 있다. 그녀는 '프로젝트 디프'에 대해 이렇게 말했다. "그 프로젝트는 두 가지 단계를 거치게 될 것입니다. 첫번째 단계에서는 이미 가동되고 있는 저분해능 분광기를 사용할 것이며, 두번째 단계에서는 현재 제작되고 있는 훨씬 더 큰 분광기를 이용하게 될 것입니다. 그것은 다섯 배나 더 빠르지요."

프로젝트 디프의 목적은 은하들의 초기 형태—우주공간에서 가장 멀리 있는 은하들—를 찾는 것이다. "우리는 현재 나이의 약 반이었을 때의 젊은 우주는 일상적으로 관찰하고 있다고 생각합니다." 페이버는 이렇게 말한다. "하지만 특히 깊이 들여다봐서, 그리고 정말로 깊숙이에 있는 물체들을 찾는다면, 현재 우주 나이의 1/5도 채 되지 않았을 때의 우주의 모습을 보게 될 것입니다."

리크 연구소의 가스 일링워스와 데이비드 쿠, 버클리의 마크 데이비스, 여키스의 리차드 크론, 그리고 천문학 연구소의 존 코멘디를 포함한 몇몇 천문학자들이 페이버와 함께 이 프로젝트에 관해 연구하고 있다.

깊숙한 우주의 정의

우리는 더 멀리 있는 은하들일수록 스펙트럼선들이 점차로 붉은색으로 이동된다는 것을 알고 있다. 이것은 은하들이 멀리 떨어져 있으면 있을수록, 우리에게서 더 빨리 멀어지고 있다는 것을 의미한다. 이론적으로 우리가 관측할 수 있는 우주의 가장자리에 있는 은하들은 굉장한 속도, 즉 광속에 가까운 속도로 멀어지고 있어야 한다. 천문학자들은 은하의 속도, 즉 그 적색이동을 광속의 단위로 표시한다. 예를 들어, 만일 어떤 은하가 광속의 반에 해당하는 속도로 우리에게서 멀어지고 있다면, 그것은 Z=0.5를 갖는다고 말한다. 이것에 따르면, Z=1은 광속으로 운행하고 있는 은하들에 해당할 것이다. 그러나 아인슈타인의 상대성 이론은 우리에게 어떤 물체도 광속으로 움직일 수 없다는 것을 말해 준다. 그러므로 Z=1은 가능하지 않은 것처럼 보일 것이다. 그러나 Z=4와 그 이상도 알려져 있는데, 그 이유는 Z을 정의하는 간단한 공식이 높은 속도에서 적용되지 않기 때문으로, 이때에는 상대론적인 공식으로 대치되어야만 한다. 따라서 우리가 적색이동이 Z=1이라고 말할 때, 그 물체가 광속으로 움직이고 있는 것은 아니다. 우리는 단지 그 물체의 스펙트럼 속에 있는 모든 스펙트럼선들의 파장이 원래 파장과 동등한 양만큼 증가했다고 말할 수 있을 뿐이다. 다시 말해, 스펙트럼선들의 파장이 두 배로 증가했다는 뜻이다.

적색이동이 1일 때 그 은하는 광속의 거의 60%에 해당하는 속도로 우리에게서 멀어지고 있다. 우리가 관측할 수 있는 우주의 가장자리는 광속과 같은 속도로 멀어지고 있을 것이므로, 우리는 이 물체가 우리에게서 얼마나 멀리 떨어져 있는지를 쉽게 결정할 수 있다. 즉 우주의 나이가 150억 년이라고 가정할 때 그 거리는 약 90억 광년이다.

오늘날 우리가 알고 있는 가장 먼 물체는 적색이동 Z=4.8을 가진 퀘이사이다. 그것은 거의 광속의 94% 되는 속도로 후퇴하고 있다. 이 퀘이사는 우주가 시작된 후 약 10억년 되었을 때의 모습으로 보여진다. 반면 은하 중에서 가장 멀리 관측되는 것은 Z=3.8이다.

퀘이사와 높은 Z을 가진 전파은하들은 은하들이 대폭발 이후 10억년 미만인 시점에 해당하는 Z=5 이전에 형성되었음을 말해 준다. 그러므로 이 시기에 무거운 은하들이 존재했다는 것이다. 그러나 이 사실은 대부분의 은하가 반드시 그때에 형성되었음을 의미하지는 않는다. 높은 Z을 가지는 퀘이사나 전파은하들은 비교적 드물어서 지금까지 50개 미만이 탐지되었을 뿐이다.

천문학자들에게는 이들 물체들의 '등급'. 즉 밝기도 매우 중요하다. 최초의 등급 규모는 초기의 그리스 천문학자들에 의해 설정된 것으로, 오늘날 우리가 사용하고 있는 수치도 그것에 바탕을 두고 있다. 천체들의 밝기는 이 등급으로 표시되는데, 가장 작은 숫자는 가장 밝은 천체를 가리킨다. 예를 들어, 1등급의 천체는 2등급의 천체보다 거의 2.5배 정도 밝다. 마찬가지로 2등급의 천체는 3등급의 천체보다 2.5배 더 밝다. 우리가 육안으로 볼 수 있는 가장 희미한 물체는 약 6등급이다. 그러나 대형 망원경으로 보면 22등급까지 볼 수 있으며, 최근에는 전하결합소자 같은 현대적인 기기들 덕분에 28등급까지의 천체들을 탐지할 수 있다.

깊숙한 우주 공간의 탐사

여러 천문학자들이 우주의 가장 깊숙한 곳을 탐사하기 위해 마우나 케아에 있는 망원경들을 이용하고 있다. 천문학연구소의 렌 코위는 1986

년에 그 연구소로 옮겨온 뒤로 계속해서 깊숙한 우주를 조사하는 일을 해오고 있다. 그러나 현재 그의 주요 관심분야는 높은 Z을 가진 개별적인 천체가 아닌, 일반 은하 집단들이다. 그는 사이몬 릴리와 함께 그 조사를 시작했는데 그 이후 릴리는 토론토 대학교로 옮겨갔다.

현재 연구의 진행은 모두 전하결합소자와 적외선 배열로 이루어지고 있다. 초기에는 사진 건판들이 사용되었지만, 전하결합소자에 비해 대단히 비효율적이므로 이제는 더이상 사용되지 않는다.

나는 마노아의 천문학연구소로 코위를 찾아갔다. 한쪽 끝에는 책상이 있고 한 벽면 전체가 도면들과 공식들로 꽉 채워진 긴 칠판이 있는 그의 연구실은 그 연구소에서는 비교적 큰 방에 속했다. 코위는 훤칠한 키에 약간 악센트가 있는 낮고 굵은 목소리를 갖고 있었다. 그는 잉글랜드와 스코틀랜드의 경계에 있는 작은 마을인, 제드버그에서 태어났다. 원래 고고학자가 되고 싶었던 그는 후에 물리학으로 전공을 바꾸고 영국의 엘리자베스 대학교를 졸업한 뒤 하버드에서 박사학위를 했다.

처음 대학에 들어갔을 때만 해도 그는 천문학에 거의 관심이 없었다. 대학에서는 수리물리학을 전공했고 하버드에서는 물리학으로 박사학위를 받았지만, 그의 논문은 천문학에 관한 것이었다. 그는 조오지 필드 밑에서 항성 가스의 진화 특성을 결정하는 프로젝트에 관련되어 있었다. 그것은 그로서는 첫번째 천문학 프로젝트였고, 그 이후로 그는 계속해서 천문학과 우주론을 연구해 오고 있다.

졸업 후 그는 프린스턴 대학교로 갔고 몇 년 동안 제리 오스트라이커와 함께 우주의 대규모 구조의 기원에 관한 모형을 연구했다. 하버드의 천문학자들은 우주 공간에서, 몇 겹의 은하와 은하단들이 표면에 길게 이어져 있는 커다란 구형의 텅빈 공간을 발견했다. 코위와 오스트라이커는 이들 공간들이 초기 우주 때 발생한 초신성 폭발 때문에 만들어진 것이라

렌 코위(Len Cowie)

고 밝혔다. 그 아이디어는 흥미로운 것이었지만 문제점이 없는 것이 아니었다. 그들이 설명해 낼 수 있었던 최대의 거품은 지름이 약 1천만에서 2천만 광년이었던 반면 하버드 그룹에 의해 관측된 것들은 1억에서 2억 광년의 지름을 가지고 있었다.

프린스턴에 있던 코위는 MIT에 부교수로 가게 되었다. 그는 MIT에서 테뉴어(tenure)를 받았지만 잠시 동안만 머물렀을 뿐, 1985년에 볼티모어에 있는 우주 망원경 연구소로 옮겨갔다. 그는 지금까지 주로 천체물리와 관련된 이론적 문제들을 연구해 오고 있다. 하지만 그는 출판되어 있는 몇 가지 이론적 모형들에 불편을 느끼기 시작했다. "자신이 갖고 있는 어떤 이론적 아이디어의 옳고 그름을 관측적으로 증명해 내고 싶은 것은 당연한 일이죠." 코위는 이렇게 말했다. "나는 이론 천체물리학이 관측으로부터 너무 동떨어져 가고 있다고 느꼈어요. 너무 차이가 많았고 나는 그것을 별로 좋아하지 않았죠. 그래서 관측을 점점 더 많이 하기 시작했어요." 그러나 그는 곧 대형 망원경에 대한 관측시간을 얻기가 쉽지 않다는 것을 알았다.

코위가 우주 망원경 연구소에 있을 때 그 연구소의 소장은 돈 홀이었는데, 1986년에 홀이 천문학연구소의 소장이 되었다. 코위는 만일 그가 천문학연구소에 자리를 얻을 수 있다면 대형 망원경들에 훨씬 더 쉽게 접근할 수 있을 것이라고 생각했다. 그래서 홀에게 편지를 썼고 몇 달 되지 않아 하와이로 오게 되었다.

"이 프로그램을 처음 시작했을 때의 목적은 대단히 깊은 하늘의 적외선 상들을 얻는 것이었어요. CCD와 함께 적외선 배열들이 막 개발되고 있었으므로, 그것들을 이용하면 우리가 원하는 상들을 얻을 수 있죠." 코위와 그의 동료들은 큰 적색이동을 가진 먼 은하들의 경우 적외선으로 탐지하는 것이 더 용이하다는 이유로 적외선 상들을 얻는 것에 관심이 있었다. 그들은 단위면적당 밝기에 따른 은하의 도수분포를 구하는 것으로 시작해서, 은하들의 적색이동을 위한 분광관측을 해나가기로 계획했다.

초기 관측들의 대부분은 영국 적외선 망원경을 이용해서 이루어졌는데, 그 망원경의 적외선 배열이 비교적 작았으므로, 한 영역을 조사하는데 40시간에서 50시간 정도가 걸렸다. 그러나 1990년에 천문학연구소에서 256×256 픽셀을 가진 적외선 배열이 완성되었으므로 그것을 하와이 대학교 망원경과 캐나다-프랑스-하와이 망원경에 부착시켜 이용할 수 있게 되었다.

가장 먼 물체들을 탐사하면서 그들은 많은 수의 은하들—대개 1제곱도 내에 약 100,000개—을 발견했다. 그리고 점점 더 희미한 등급으로 갈수록 은하들의 수가 급격히 증가한다는 것을 알았다. 가시영역(청색)과 적외선으로 모두 세어서 비교해 보니 가시영역에서는 은하들의 수가 아주 희미한 등급까지 계속 증가했지만, 적외선에서는 그 곡선이 약 Z=1에서 평평하게 되는 것으로 나타났다.

"평평하게 되는 것은 사실 예상했습니다." 코위는 이렇게 말했다. "우주가 아주 젊었을 때 더 작았기 때문에 더 적은 수의 은하들을 보리라고 예상했습니다." 그런데 이상한 것은 평평하게 되는 것이 적외선과 가시영역 모두에서 예상되었음에도 불구하고, 가시영역에서는 많은 수의 희미한 푸른 은하들이 발견되었다. 벨 연구소의 토니 타이슨은 사실 일찍이 이들 청색 은하들을 관측했지만, 그것들이 매우 큰 적색이동을 가지고 있는 아주 먼 은하들이라고 생각했다.

코위는 이들 희미한 푸른 은하들 중 몇 개에 대한 적색이동을 얻고 그것들이 기대했던 것만큼 크지 않다는 것을 알고 놀랐다. 그들의 적색이동은 가장 희미한 붉은 은하들보다 훨씬 더 작아서 적색이동이 1에 가깝지 않고 0.2에 가까운 값을 얻었다. 이것은 그것들이 희미한 붉은 은하들보다 훨씬 더 가까우며, 단지 그들이 작기 때문에 희미하다는 것을 의미했다. 그러나 그러한 것들이 대단히 많았다. 그리고 천문학자들은 우리 부근의 우주에는 작은 은하들이 많지 않다는 것을 알고 있었다. 그러면, 왜 그렇게 많은 수의 이런 은하들이 깊은 우주에(즉, 먼 과거에) 존재했던 것일까?

또한, 그들은 왜 푸른빛을 띠는 것일까? 적색이동이 많이 된 은하들은 붉은색이어야만 한다. 코위는 그들이 스타버스트은하, 즉 수백만 개의 새로운 별들이 형성되고 있는 은하들이라고 믿고 있다. 그렇다면 그들은 푸른빛을 띨 것이다. 더욱이, 만일 그들 모두가 0.2에서 0.3까지의 Z을 가진다면, 그들은 더이상 현재의 시간에 우리와 함께 공존하고 있지는 않

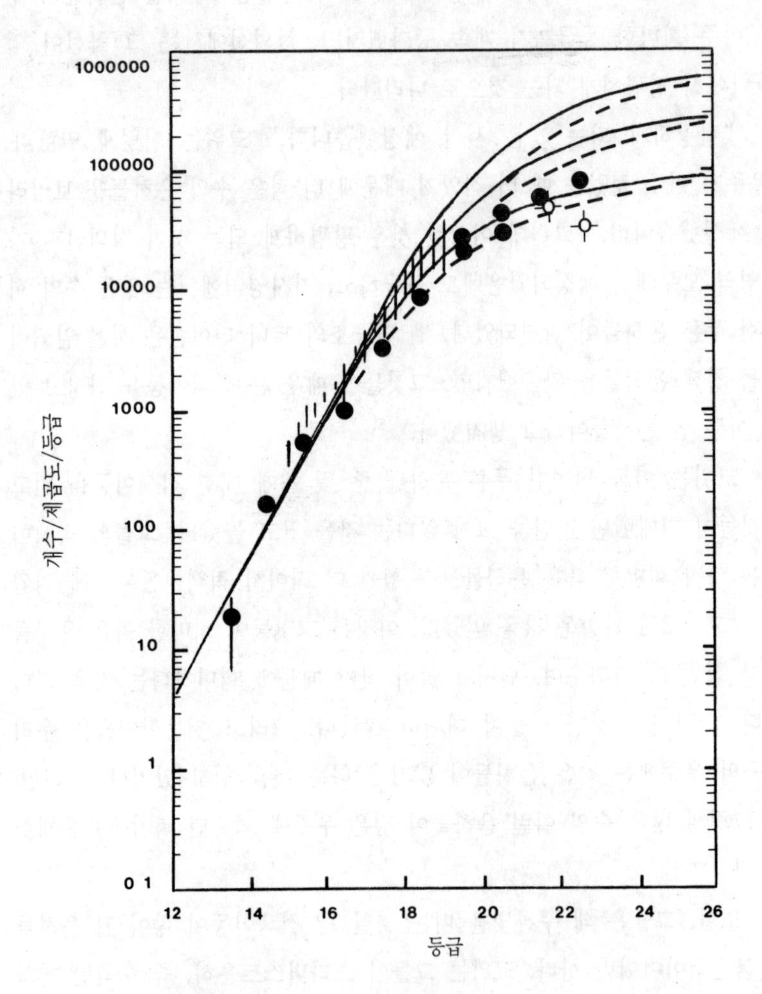

등급별 은하들의 수 도면. 큰 등급에 있는 낭떠러지를 주목하라.

다. 코위는 그들을 '시체' 집단이라고 부른다. "무슨 이유에서인지 우리는 현시점에서 그들을 보지 못하고 있습니다. 아마 그들의 항성 생성이 중단되었든지 아니면 너무 어두워졌는지도 모르지요." 코위는 이렇게 말했다. 그는 또한 그들이 굉장한 양의 질량을 포함하고 있으므로 아마도 암흑물질 문제와 관련해서 중요한 것일지도 모른다고 지적한다.

코위에 따르면, 그 프로젝트의 다음 단계는 더 멀리 있는 은하들을 추적하는 것이라고 한다. 다시 말해서, 1보다 큰 Z을 가진 은하들의 빈도수를 관측하고 분석하는 것이다. 여태까지 진행된 24등급까지 포함한 조사에서는 이 먼 영역에 있는 것들이 거의 발견되지 않았다. "우리는 이제 6시간과 7시간 노출로 그 근처까지 밀어부치고 있습니다. 앞으로는 켁이 큰 도움을 줄 것입니다. 한두 등급 더 내려갈 수 있다면 굉장히 큰 차이를 만들테니까요. 켁은 희미한 은하들에 관한 한 정말 대단한 발전을 이루게 할 수 있을 겁니다." 켁과 함께 사용될 현재 제작중에 있는 차세대 분광기들 역시 많은 도움을 줄 것이라고 덧붙였다.

코위는 그러나 이런 진전에도 불구하고 문제점들이 없는 것은 아니라고 말했다. 첫째, 만일 깊숙한 우주에 있는 은하들의 수와 분포를 이해하려면 국지 분포를 이해해야 하는데, 국지 분포에 관해 현재 받아들여지고 있는 모형들은 은하들이 과거에 더 밝았다고 가정한다. 즉, 우주가 나이를 먹어감에 따라 점차로 더 희미한 은하들로 진화되었다는 것이다. 이것은 최초로 형성된 별들이 대단히 무거웠을 것이므로, 매우 밝았다는 점에서 말이 된다. 이 별들이 초신성으로 폭발했다면 그 다음 세대에서는 초신성으로 진화하지 않는 더 작은 별들을 형성할 것이다. 만일 모든 은하들이 많은 수의 밝은 별들로 시작해서 이제 많은 수의 희미한 별들을 포함하고 있다면, 과거에는 그들이 더 밝았어야만 한다. 그러나 코위의 관측에 따르면 그렇지 않은 것 같다. 즉 은하들은 과거에 더 밝지 않았으며, 오히려 현재의 은하들보다 더 희미했다.

이것이 어떻게 가능할까? 코위에 따르면, "은하들은 아마도 더 작은 은하들로부터 형성되었을 것이다. 전체는 지금 더 밝을지 모르나, 더 일찍이 존재했던 조각들은 상대적으로 희미했다는 것이죠." 그는 몇 명의 천문학자들이 이 아이디어에 대한 이론적 모형을 공동연구하고 있다고 언급했다. 그러나 심각한 문제가 있다. 조각 은하들이 합쳐지는 과정을 통해서는 나선 은하들이 만들어지기 어렵다는 것이다. 나선 은하는 원반형 구조를 가지고 있다. 타원 은하들은 합병을 통해 만들어지기가 비교적 쉬운 반면 나선 은하들의 원반이나 나선팔들은 그렇지 않다. 주요 이유는 나선 은하들에 있는 별들은 모두 같은 평면 상에서 같은 방향으로 돌고 있기 때문이다. 타원 은하에 있는 별들은 많은 다른 기준 평면을 가지고 있으며 갖가지 방향에서 궤도를 그린다. 두 은하의 충돌은 일반적으로 흩어진 궤도를 만들 것으로 예상되며 그 결과는 타원 은하일 것이다.

코위는 그럼에도 불구하고 합병이 중요한 역할을 한다고 확신하고 있다. 그리고 합병 과정에 있는 초기 은하들을 포착하게 되길 희망하고 있다. 몇 가지 후보들—예를 들면, 로완-로빈슨 천체—이 있기는 하지만, 아직 어느 누구도 그러한 천체의 존재를 확실히 밝혀낸 적이 없었다.

이런 문제들을 해결해 내는 또 한 가지 방법은 나선 은하의 중심에 있는 부풀어 오른 부분이 디스크보다 상당히 더 일찍 형성되었는지의 여부이다. 나선 은하를 주의깊게 들여다보면 중심에 부풀어 오른 부분은 타원 은하와 아주 닮았다. 코위는 합병과정을 거친 후에 나중에 팔들이 만들어졌다고 믿고 있지만, 그러한 모형을 만드는 것은 어렵다고 시인한다.

표지판과 등대

코위는 몇 년간에 걸쳐 역시 천문학연구소에 있는 에스더 후와 함께 몇 가지 프로젝트를 연구해 왔다. 그녀는 현재 그의 깊은 우주 탐사 프로젝트에서 파트타임으로 일하고 있다. 그녀의 주요 관심사는 적색이동이 1보다 큰 아주 과거에 있는 대단히 깊숙이 있는 천체들이다. 40~50개 정도의 퀘이사와 전파은하들이 이 지역에서 발견되었다. 그녀는 그것들과 그들 주변의 우주를 연구함으로써, 은하들의 초기형태에 대해 알게 되기를 희망한다.

내가 후를 처음 만난 것은 그녀가 캐나다-프랑스-하와이 망원경에서 야간 관측을 준비하고 있을 때였다. 그때 나는 케빈 크리시우나스와 함께 있었는데 그는 난방되지 않은 돔의 추위를 피하려고 무거운 부츠와 커다란 파카를 입고 있었다. 그의 옷차림을 보자 그녀의 입이 딱 벌어졌다. 그녀는 웃으면서 이렇게 말했다. “이해해요. 나도 그렇게 난방되지 않은 돔에서 여러날 밤을 보낸 적이 있으니까요. 매우 춥죠.”

그리고 며칠 후 천문학연구소에서 그녀를 다시 만났다. “그날 밤 시상에 대해 어떻게 생각하셨어요?” 그녀는 크고 흥분된 목소리로 이렇게 말하며, 자신의 연구실 안으로 걸어 들어갔다. “환상적이지 않았어요!” 나는 그것이 내가 본 최고의 시상이었다고 동의했다.

그녀의 연구실은 그 연구소에 있는 다른 사람들의 연구실처럼 저널과 책들로 가득 채워져 있었다. 컴퓨터 위에 있는 게시판에는 몇 장의 사진들이 핀으로 꽂혀져 있었다. 그녀의 길고 곧은 머리는 뒤로 묶여져 있었지만, 몇 가닥이 여기저기 삐죽이 나와 있었다. 그녀는 가끔씩 “내가 무슨 말을 하고 있는지 이해하시겠어요?”라고 물으면서, 흥분을 감추지 못하고 자신의 연구에 대해 설명했다. 이따금 그녀는 책상에서 급히 일어

에스더 후 (Esther Hu)

서서 차트나 사진을 이용해 설명해 주기도 했다.

뉴욕시에서 태어나고 자란 그녀는 국민학교 2학년 때 처음 천문학을 접했다. 그녀는 레오 매터스도프가 쓴 『천문학 통찰 *Insight into Astronomy*』이라는 책을 샀다. "그 책이 나의 천문학 입문이었어요." 그녀는 이렇게 말했다. "하지만 내가 그 책에 대해서 흥분했던 것은 주로 랄프 왈도 에머슨이 쓴 서문 때문이었죠." 그녀는 그 서문을 자랑스럽게

암송해 보였다. 그리고는 웃으면서 이렇게 말했다. "그러나 그것은 나의 천문학 입문의 '시작'인 묘사일 뿐이예요. 나는 그뒤 중학교와 고등학교를 마칠 때까지 천문학에 대해서는 진지하게 생각한 적이 없었거든요." 그녀는 자신이 가장 관심있는 과목은 물리학이었다고 말했다.

"내가 물리학에 흥미를 느꼈던 이유는 그것이 우주가 움직이는 방법에 대한 어떤 통찰을 주었다는 것 때문이었어요. 나는 우주시대에 자랐던 세대였어요. …… 사람들이 달 위에서 걷는 것을 보았죠. 그 당시 나는 물리학에서 정말로 흥미있는 발견들의 대부분은 천체물리학적인 것들이라고 말하곤 했어요. 물리학의 어떤 분야를 공부하든지 간에, 우주의 기본적인 성질들을 공부하고 있는 것이었죠. 실험실에서 만들어 낼 수 있는 그런 것들이 아니었죠. …… 블랙홀과 펄사 같은 멋진 발견들이 이루어졌지요. 나에겐 정말 흥분되는 그런 시기였어요."

후는 MIT에서 학사학위를, 그리고 프린스턴 대학교에서 박사학위를 받았다. 프린스턴에 있을 때 그녀는 에드 젠킨스 밑에서 우리 은하에 있는 중성 수소와 그 분포에 관해 연구했다. "나는 우리 은하로 시작해서 그 이후 계속해서 점점 더 깊숙한 우주로 이동해 갔죠."

졸업 후 그녀는 얼마 동안 우주 망원경 연구소에서 일했다. 최초의 X선 위성인 우후루와 아인슈타인이 막 발사되었으므로 그녀는 X선에 관한 한 프로젝트에 관련되었다. 위성에서 나온 결과들은 은하단들이 X선을 방출하고 있다는 것을 나타냈지만, 천문학자들은 그것들이 어떻게 생산되고 있는지 전혀 알지 못했다. 후에 이들 은하단들이 1억 도에 이르는 뜨거운 후광을 가지고 있는 것이 발견되었다. 후는 이들 후광들이 냉각되는 데 얼마나 오랜 시간이 걸리는지에 관심을 갖게 되었다. 그리고 놀랍게도 그것이 거의 우주의 나이와 같은 시간이 걸린다는 것을 알았다.

그녀가 렌 코위와 처음으로 시작했던 공동연구 중 하나 역시 이 시기에 이루어졌다. 그들은 원시은하들의 성질을 연구하기 위해 높은 적색 이동을 가진 물체들을 찾고 있었다. 사진들 중 하나에서 그 물체들 몇 개가 두 개로 보이는 것 같았다. "이 영역에서는 마치 상들이 겹쳐 보이는 것 같았어요." 그녀는 이렇게 말했다. "그 즈음 중력렌즈 효과와 우주의 끈과 같은 개념들이 유행하고 있었어요." 중력렌즈 효과는 상분리를 일으켜서 같은 물체의 상을 두 개 혹은 세 개로 만든다. 이것은 시선과 같은 방향에 밀도가 매우 높은 물체만 있으면 된다. 그리고 대통일 이론에 따르면, 우주의 끈들은 대단히 밀도가 높다. "우리의 관측 영역에는 세 개의 쌍이 있어요." 후는 이렇게 말한다. "그런데 그것들이 우주의 끈에 의해 만들어진 것처럼 보였고 우린 그 발견을 출판했지요." 그녀는 미소를 지으며 말을 이었다. "그것은 정말로 뜻밖의 발견이었어요." 그녀는 그 현상이 정말로 우주의 끈에 의해 생겨난 것이었는지는 확인할 도리가 없었지만 흥미로운 일이었다고 말했다.

후는 핼리 혜성을 볼 수 있는 때에 맞추어서, 1986년 3월에 천문학 연구소에 왔다. "금요일에 오아후에 내렸는데 그 다음날 마우나케아의 관측을 위해 떠나야만 했죠." 그녀는 이렇게 말한다. "관측일정 마지막날 밤 우리는 다른 관측자들이 핼리 혜성을 관측하는 데 방해가 되지 않도록 부랴부랴 장비를 치우고 주변을 정리했어요. 겨우 정리가 끝나고 보니 벌써 날이 밝아오고 있었어요. 나는 핼리 혜성을 보려고 급히 바깥으로 뛰어나갔어요. 하지만 하늘이 너무 밝아져 있더군요." 그녀는 몹시 실망했지만, 그 다음날 밤 오하우에서 핼리를 보았다고 말했다. 그러나 관측 조건들은 마우나케아에 비할 정도가 되지 못했고, 오하우엔 대형 망원경도 없었다.

후는 현재 두 개의 프로젝트에 대해 연구하고 있다. 깊숙한 우주 탐사에 관해서 코위와 함께 일하고 있는 것 이외에 은하들의 초기 형태에 대한 증거를 찾기 위해 높은 적색이동을 가진 퀘이사 부근의 지역을 탐색하고 있다. "내 프로젝트는 두 가지 모두 매우 초기의 은하집단들에 무슨 일이 벌어지고 있었는지를 알아내도록 설계되어 있어요. 은하의 형성시기는 언제인가? 언제 어떻게 그런 일들이 일어나기 시작했는가? 이런 것들이 우리가 답변을 얻고자 하는 물음들이죠."

깊숙한 우주의 탐사에서 그녀는 은하집단에 전체적으로 무슨 일이 일어나고 있는지에만 관심이 있다. 그러나 두번째 프로젝트에서 그녀는 개별 은하들을 조사하고 있다. 그녀는 특히 4 이상의 적색이동을 갖는 퀘이사의 주변영역에 관심을 두고 있다.

그녀는 이들 영역들을 관찰해서 초기 은하들에 대해 알아내는 데에는 세 가지의 다른 방법이 있다고 말했다. "첫째는 높은 적색이동 은하집단들을 추적하여 잡는 방법으로서 이들 퀘이사들을 이용할 수 있습니다. 이런 퀘이사 근처에 원시 은하들이 있을 가능성이 많지요. 왜냐하면 은하들은 군집을 이루려는 경향이 있기 때문이죠. 따라서 만일 그 퀘이사가 특별한 특징, 말하자면 밝은 방출선이 있다면, 그 퀘이사 가까운 곳에서 밝은 방출선을 갖는 또다른 물체를 찾을 것입니다. 그것들은 아마도 비슷한 적색이동을 가질지도 모르죠. 이런 경우 그 퀘이사를 하나의 표지판으로 사용하게 되는 셈입니다."

후에 따르면, 두번째 방법은 이들 퀘이사를 '등대'로 이용하는 방법이다. 다시 한 번 그 퀘이사에 인접한 부근을 살펴보는데, 이번에는 원시은하들을 찾고 있다고 하자. 원시은하들은 너무 어둡고 흐릿해서 보통의 경우에는 잘 보이지 않을 것이다. 그러나 원시은하 근처에 퀘이사가 있는 경우에는 퀘이사에서 나온 빛이 원시은하를 밝게 비추어 줄 것이다.

더구나 원시은하가 가스로 이루어져 있다면, 그 가스는 퀘이사에서 나온 빛에 의해 이온화되었을 것이므로 쉽게 검출될 수 있을 것이다.

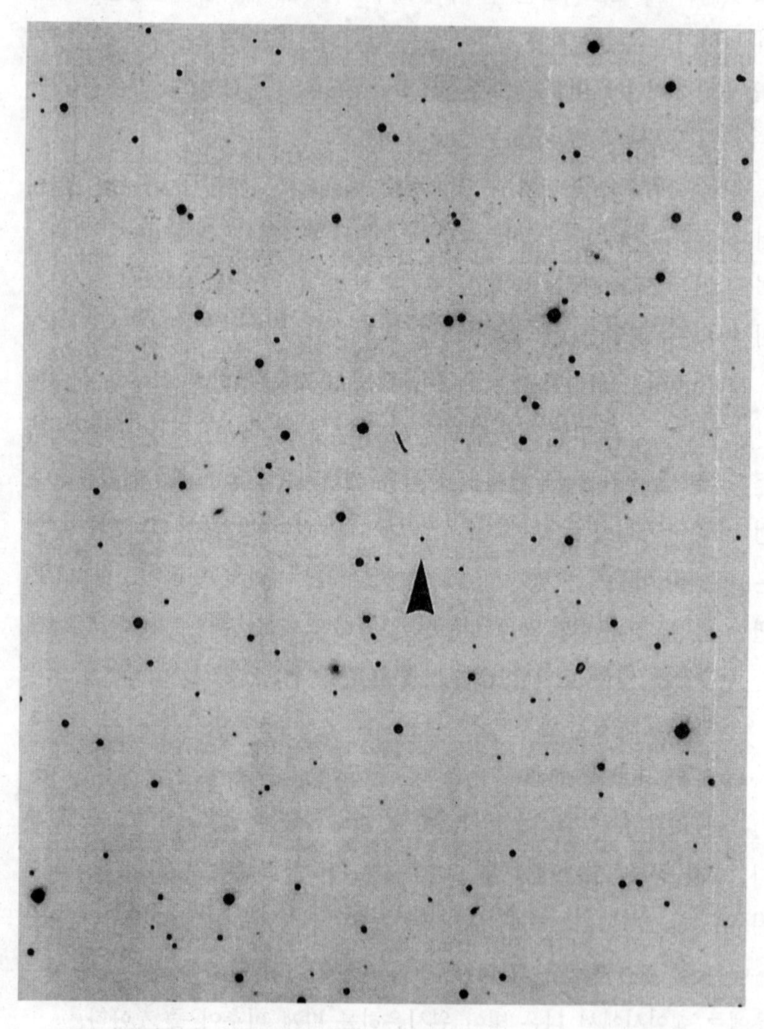

화살표 끝에 있는 작은 물체가 퀘이사다. (헤일 연구소 제공)

올리버에 르 페브르 (Olivier Le Fèvre)

퀘이사가 이용될 수 있는 세번째 방법은 퀘이사의 모은하와 관련된 것이다. (우리는 앞서 모든 퀘이사들이, 심지어 가장 먼 것들조차도 모은하를 가지고 있는 것으로 믿어지고 있다는 것을 보았다) 먼 퀘이사들을 매우 주의깊게 살펴봄으로써 아마도 그들의 모은하들에 대한 어떤 증거를 찾게 될지도 모른다.

"모은하들과 관련해서는 중요한 물음들이 있습니다." 후는 이렇게 말한다. "그것은 어디서 왔는가? 그것은 언제 형성되었는가? 그것의 형성으로부터 남겨진 어떤 잔존 물질이라도 있는가? 만일 잔존 물질이 있다면, 아마도 그 퀘이사가 그것을 비추고 있기를 희망할 것입니다. 아주 가능성이 있는 일이지요."

후는 최근에 나온 전하결합소자를 하와이 대학교의 88인치 망원경과 캐나다-프랑스-하와이 망원경에 부착하여 연구에 이용하고 있다. 그녀는 또한 켁이 가동에 들어가면 이것 역시 그녀의 연구에 이용하게 되기를 희망하고 있다.

다른 탐사들

캐나다-프랑스-하와이 연합의 올리비에 르 페브르와 프랑스에 있는 파리-뮤동 연구소의 F. 햄머 역시 깊은 우주 프로젝트에 대해 연구해 오고 있다. 그들은 1 이상의 적색이동을 가진 천체들 약 30개를 관측해서 조사했다.

그러나 최근 들어 르 페브르는 우리 은하와 적색이동 1 사이에 있는 은하들에 관심을 가지게 되었다. 코위의 그룹처럼, 그 역시 하늘에서 임의의 지역을 채택해 그 지역에 있는 모든 은하들의 수를 세고, 그것들의 적색이동을 결정한다. 임의의 주어진 건판 위에는 보통 여러 은하들이 분포되어 있다. 어떤 것은 우리 은하에 비교적 가까우며 또 어떤 것은 좀더 멀리 있는 것으로, 어떤 것은 90억 광년이나 멀리 떨어져 있는 것도 있다. 그의 조사는 이제 100개 이상의 적색이동을 포함하고 있다. 이 탐사는 주로 우리 은하와 가장 먼 은하들 사이에 있는 은하들에 관심이 있다는 점에서 코위의 연구와 다르다.

"우리가 지금 하고 있는 일은 망원경 관측에 상당한 시간을 필요로 하는 것입니다." 르 페브르는 이렇게 말한다. "적색이동 1을 갖는 한 은하의 스펙트럼을 얻는 데만도 8시간까지 걸릴 수 있어요. 따라서 만일 1000개를 원한다면 엄청난 시간이 필요하죠." 그는 다중천체분광기를 이용함으로써 이 어려움을 이겨내 왔다. 이 기계를 이용하면 한번 노출로 한꺼번에 100개의 은하까지 적색이동을 얻을 수 있다.

"우리는 우리 주위에 있는 은하들의 광도함수를 알고 있습니다. 그리고 우리는 이 광도함수가 적색이동 1의 과거에는 어떠했는지를 알고자 하는 것이죠." 르 페브르는 이렇게 말했다. 나는 그에게 진화가 은하들에 어떻게 영향을 미쳤는지를 물었다. "과거의 은하들이 더 밝을 수도 있지요. 스타버스트와 같은 것이 있었다면 말이죠. 그러나 또한 시간이 지남에 따라 은하들이 합병함으로써 더 큰, 그리고 더 밝은 지금의 은하들을 만들었을 수도 있어요. 두 가지 효과 모두 중요합니다. 그러므로 과거의 은하들이 더 밝지 않았을 수도 있습니다." 그는 그러나 자신의 관측이 아직 어느 것이 맞는지 말해 주지는 않는다고 했다.

우주의 한계에 대한 연구를 가로막고 있는 장애물들이 점차 제거되고 있으며 상당한 진보가 마우나케아에 있는 관측자들에 의해 이루어지고 있다. 우리는 어쩌면 정말로 앞으로 몇 년 내에 진정한 '우주의 끝'을 찾게 될지도 모른다.

제 12 장

별과 별의 잔해

마우나케아의 정상에서 본 하늘은 온통 별들로 가득 차 있다. 이쪽 지평선에서 저쪽 지평선으로는 은하수가 화려하게 펼쳐져 있고 별들은 계절마다 무한히 다양한 무늬와 모양으로 퍼레이드를 벌인다. 그러나 이상하게도 이런 별들에 대한 연구는 퀘이사나 블랙홀, 그리고 우주론에 대한 연구만큼 널리 알려지지 않았다. 그럼에도 불구하고 그것은 여전히 수백 아니 심지어 수천 명의 천문학자들이 연구하고 있는 천문학의 중심부분이다. 별들에 대해서는 많은 것이 알려져 있지만, 우리가 모르는 부분도 역시 많다.

초기의 항성천문학

별의 연구에 중요한 기기 중의 하나는 분광기이다. 분광기는 천문학자들에게 혁명을 가져다 주었다. 단순해 보이는 분광선들의 모임 속에서 별들의 신비가 밝혀졌다. 이 분광선들은 마치 지문과도 같다. 그것들은 별들에 대해 실제 밝기, 거리, 표면온도, 대기의 성분 등 믿을 수 없을 정도로 많은 정보를 우리에게 말해 준다.

19세기 말에 하버드 대학교의 에드워드 픽커링이 한번의 노출로 많은 별들의 스펙트럼 사진을 찍을 수 있는 분광기를 개발했다. 대부분의 별들(그것들이 너무 차거나 뜨겁지 않다고 하면)의 경우 가장 뚜렷한 선들은 수소와 관련된 것들이었다. 픽커링은 이 선들의 강도가 별에 따라 상당히 다양한 것을 보고, 그것을 이용해 별들을 분류하기로 했다. 그는 가장 강한 선들은 A형으로, 두번째로 강한 선들은 B형 등으로 지정했다. 그리고 몇 년 동안 그 분류법은 잘 들어맞는 것 같았다. 그러나 그뒤 픽커링의 조수 중 하나인 애니 점프 캐논이 다른 성분들의 선에서 특이한 점을 발견했다. 무언가가 잘못되었다. 새로이 개정된 방법이 필요했다. 그러나 그 다양한 그룹들을 분류하는 데 사용되어 왔던 문자들이 이미 문헌에서 확고히 자리잡고 있었으므로, 그것들을 바꾸기가 좀처럼 쉽지 않았다. 그러므로 픽커링과 캐논은 그것들을 그대로 내버려둔 채 그 분광선들에 연속성이 있도록 문자들을 재배열하였다. 그렇게 해서 O, B, A, F, G, K, M이라는 새로운 순서가 만들어졌다. 이 새로운 순서는 O형 별이 가장 뜨겁고, M형 별이 가장 차가운 식으로 표면온도와 상관관계가 있다는 것이 곧 밝혀졌다. 그리고 이 방법은 현재도 여전히 사용되고 있다.

별들을 계속 연구함에 따라 스펙트럼이 점차 중요한 도구가 되었다. 몇 개 되지 않는 분광선들 안에는 정말로 믿기지 않을 정도로 많은 정보가 들어 있다. 스펙트럼은 천문학자들에게 별들의 절대밝기 혹은 광도를 결정하도록 할 뿐 아니라, 상당한 정확도로 별의 표면온도를 준다. 두 명의 천문학자는 1905년 거의 동시에 이들 정보를 이용하였다. 덴마크의 에지나 헤르츠스프룽 미국의 헨리 노리스 러셀이다. 마치 사람들의 체중을 신장에 따라 도면에 나타내듯 헤르츠스프룽과 러셀도 우리 주변에 있는 별들에 대해 표면온도에 대한 광도를 도면에 그려넣었고 대부분의 별들이 그 도면을 가로지르는 넓은 대각선 띠 안에 놓여 있는 것을 발견했다. 만일 사람들의 큰 집단에 대해 신장과 체중을 도면에 그린다면 똑같은 결과를 얻게 될 것이다. 왜냐하면 대부분의 사람들은 그들의 신장에 대한 평균 체중에 가까운 체중을 갖기 때문이다. 물론 어떤 사람들은 신장에 비해 대단히 뚱뚱하며, 또 어떤 사람들은 매우 마르기도 하다. 그렇게 되면 그들은 대각선 상에 있지 않게 될 것이다. 같은 식으로 헤르츠스프룽과 러셀의 도면에서도 몇 개의 별들은 대각선(우리는 이제 이 대각선을 주계열이라고 부른다) 상에 놓여 있지 않았다. 어떤 별들은 도면의 상단 오른쪽 지역에 있었고, 또 몇 개는 하단 왼쪽 지역에 있었다. 상단 오른쪽에 있는 별들은 적색거성(붉은 거인별)임이 밝혀졌고, 하단 왼쪽에 있는 것들은 왜성(난쟁이별)임이 밝혀졌다.

주계열에 있는 별들은 색깔과 크기가 다양하다. 하단 오른쪽에는 아주 작은 적색왜성들이 있다. 우리의 태양과 같은 노란색 별들은 중간쯤에 있고, 꼭대기에는 뜨겁고 무거운 푸른색 별과 하얀색 별들이 있었다. 이 다이아그램은 헤르츠스프룽과 러셀에게 경의를 표하는 의미에서 HR도라 부르고 있다.

영국에 있는 케임브리지 대학교의 아서 에딩톤은 HR도에 흥미를 느끼게 되었다. 그는 그것이 별들의 내부 구조와 어쩌면 별들의 복사에너지에 대한 열쇠가 될지도 모른다고 생각했다. 이 시기에는 별들의 내부에 대해 거의 알려진 것이 없었다. 그들은 얼마나 뜨거운가? 그들은 무엇으로 이루어졌는가? 스위스의 천문학자 로버트 엠든은 별들의 내부가 아마도 온통 가스일 것이라고 제시했지만, 대부분의 천문학자들은 그들이 일종의 뜨거운 액체로 이루어져 있다고 생각했다.

수학의 천재이자 신동인 에딩톤은 학교에서 내내 우등생이었고, 결국 맨체스터 대학교로 가는 장학금을 받게 되었다. 그는 학급 수석이었을 뿐 아니라, 졸업했을 때는 최연소(15세) 졸업생이었다. 그러나 맨체스터에

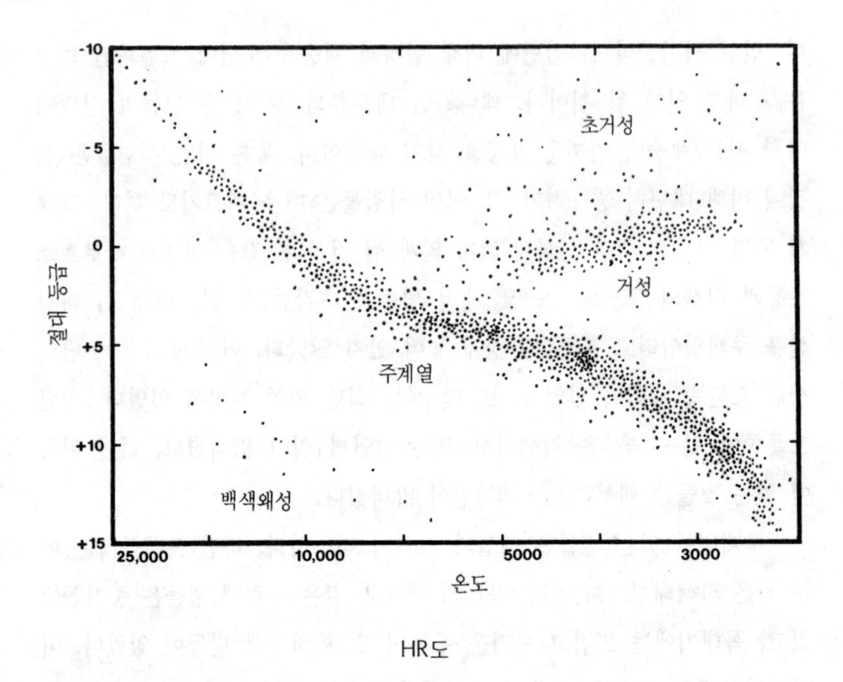

HR도

등록하러 갔던 그는 자신의 입학이 허용되지 않는다는 것을 알고 몹시 당황했다. 나이가 너무 어렸던 것이다. 그러나 그의 경우는 특별히 재검토되었고 그 규율이 곧 완화되어 학교에 입학할 수 있었다. 에딩톤은 맨체스터에 있다가 졸업논문을 위해 케임브리지로 갔다. 그리고 1906년에 그리니치 천문대의 책임 연구원이 되었고 1913년에 케임브리지로 돌아와 1년 뒤 케임브리지 연구소의 소장으로 임명되었다. 그때 그의 나이는 30세도 채 되지 않았다.

이 시기에 에딩톤은 별의 내부구조에 관해 연구하기 시작했다. 그는 곧 별들이 온통 가스로 이루어져 있다는 엠든의 생각이 옳다고 확신했다. 그렇다면 평형을 위해 무엇이 필요할까? 물론 중력이 별의 가스를 내부로 끌어당기겠지만, 내부로 향하는 인력은 똑같은 양의 바깥방향의 힘으로 균형이 이루어져야만 할 것이다. 에딩톤은 가스와 복사압(가스가 내부에서 대단히 뜨겁다고 가정할 때)이 바깥방향의 힘에 영향을 미쳐서 안쪽으로 향하는 중력적 수축에 의해 일으켜진 것을 거스를 수 있을 것이라고 생각했다. 이렇게 해서 그는 별의 중심온도를 계산할 수 있었는데 그가 계산한 값은 4천만 도였다. 대부분의 별들에 대해서 우리가 현재 알고 있는 중심온도는 약 2천만 도이다.

1926년에 에딩톤은 그의 역작인 『별들의 내부구조 *Internal Constitution of the Stars*』에 그 결과들을 실었다. 그러나 별의 구조에 대한 기본 아이디어와 방정식들은 주어져 있었지만, 무언가 중요한 것이 빠져 있었다. 별의 중심에서 그렇게 높은 온도를 일으키고 있는 것이 무엇일까? 안으로 향하는 중력적 수축과 균형을 이루기 위해서는 그들은 대단히 높은 온도이어야만 했다. 그러나 에딩톤은 그것들이 어떻게 만들어지는지는 확신하지 못했다. 그러나 실마리가 하나 있었다. 1905년에 아인슈타인은 질량과 에너지 사이의 동등함을 보여주는 방정식을 발표했고, 만일 질량이 에너지로 전환될 수 있다면, 만들어진 에너지의 양은 굉장히 클 것이다. 예컨대 몇 개의 수소핵이 융합되어 더 작은 질량의 헬륨핵 하나를 생산한다면, 그 질량 차이에 해당하는 굉장한 양의 에너지가 방출될 것이다. 에딩톤은 결국 이것이야말로 별의 에너지가 생산되는 방법이라는 결론에 닿았다. 그 아이디어는 특히 별들이 대부분 수소로 이루어져 있고, 풍부한 양의 연료를 공급한다는 점에서 만족을 주고 있었다. 그러나 이 당시에는 융합이 일어나는 정확한 조건들이 잘 알려져 있지 않았다.

두 개의 수소핵(양자)이 융합하기 위해서는 서로 대단히 가까워져야만 한다. 그러나 이것은 둘 모두 같은 전하를 가지고 있고, 같은 전하들은 서로 밀어내는 성질이 있다. 그들은 굉장한 속도—매우 고온일 때에만 가능한 속도—로 충돌할 때에만 서로에게 가까워질 수 있다. 에딩톤

시대에는 4천만 도라는 것은 거의 생각할 수도 없는 높은 온도였다.

그러나 1920년 말 독일의 이론가들이 뉴턴의 '당구공' 접근이 원자의 영역에서는 타당하지 않다는 것을 보임으로써 돌파구가 마련되었다. 원자들은 충돌할 때 당구공처럼 행동하지 않았다. 그때 어떤 일이 일어나는지를 결정하기 위해서는 양자역학을 이용해야만 했다.

유럽은 곧 양자역학을 중심으로 한 과학활동의 중추가 되었다. 세계 최고의 과학 지성인들이 그 발견들이 이루어지고 있었던 괴팅겐, 베를린, 그리고 뮌헨의 주요 대학교로 모여들었다. 조오지 가모프도 러시아에서 신이론을 배우기 위해 온 과학자들 중 하나였다. 그러나 낙담스럽게도 그는 너무나 많은 사람들이 그 이론의 기초에 대해서 연구하고 있어서, 그 분야에서 어떤 중요한 기여를 한다는 것이 거의 불가능하다는 것을 깨달았다. 그러므로 그는 물리학에서 잘 알려진 문제들 중 하나인 방사능 붕괴로 주의를 돌렸다. 무거운 원소들의 자발적 붕괴를 설명하는 데 새로운 역학이 이용될 수 있을까? 라듐과 같은 무거운 원소들이 알파 입자(헬륨의 핵)의 방출로 더 가벼운 원소로 붕괴한다는 사실은 잘 알려져 있었다. 가모프는 양자역학을 이용해 그 문제를 풀었고 자신이 얻은 것을 보고 몹시 놀랐다. 전통적(고전) 물리에 따르면, 알파 입자는 밖으로 빠져나올 수 없다. 무거운 라듐 핵은 마치 산이 에워싸고 있는 것처럼 거대한 장벽으로 에워싸여져 있다. 그러나 가모프는 양자역학에 따라, 알파 입자가 그 산을 통과할 수 있는 작은 가능성이 있다는 것을 보였다. 알파 입자는 그 장벽을 뛰어넘을 필요없이 터널을 뚫고 지나갈 수 있을 것이다. 드문 현상이기는 했지만 그런 일은 가끔 일어났으며, 그것이 그 현상을 설명하는 데 필요한 전부였다. 그 새로운 효과는 터널 효과라고 불려졌다.

그러나 무거운 입자들이 터널을 통해 밖으로 나올 수 있다면, 똑같이 어떤 입자가 장벽을 뚫고 터널 안으로 들어갈 수 있는 가능성도 있다. 예

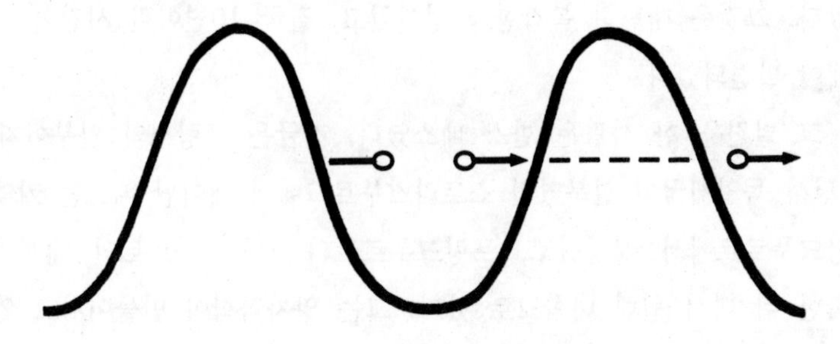

장벽을 뚫고 지나가는 양자터널링의 개략도

를 들어, 두 개의 수소원자가 이 메커니즘을 통해 융합될 수 있을까? 물리학자 로버트 아트킨슨과 프리츠 휴터만스는 1929년에 이것을 조사하기로 했다. 그리고 그것이 충분히 가능하다는 것을 알아냈다. 더욱이 그것은 온도가 1,500만 도일 때 가능했는데, 그 온도가 바로 별들의 중심온도로 믿어지고 있는 온도였다.

아트킨슨과 휴터만스는 핵융합이 별들에게 연료를 제공할 수 있다는 것을 입증했다. 수소는 양자터널을 통해 헬륨으로 전환될 수 있다. 휴터만스는 그 발견을 한 뒤 너무 기뻐서 그 발견에 대해 논문을 쓰던 중 잠시 한 젊은 여인과 산책을 나갔다. 어두워지자 그녀가 별들을 보며 이렇게 말했다. "별들이 정말 아름답게 반짝이는군요." 자신의 발견으로 너무나 기분이 좋았던 휴터만스는 자신감 있게 자랑했다. "그래요, 하지만 그 별들이 왜 반짝이는지를 알고 있는 사람은 이 지구상에서 오직 나 한사람밖에 없어요." 그러나 그녀가 이 말에 조금도 감동받지 않은 것 같자 그는 대단히 실망했다고 한다.

중요한 돌파구는 성취되었지만, 수소가 융합해서 어떻게 헬륨을 만들어내는지에 대한 상세한 과정은 아직 알려지지 않았다. 그것은 간단한 과정이 아니었다. 두 개의 수소핵은 단순히 헬륨을 만들기 위해 충돌하지는 않았다. 그것은 대단히 복잡한 과정이었고, 결국 10년이란 시간이 지난 뒤에야 발견되었다.

그 발견을 한 사람은 한스 베스였다. 지금은 프랑스의 일부이지만, 그 당시 독일제국의 일부였던 스트라스부르그에서 태어난 베스는 키엘과 프랑크푸르트에서 성장했고, 프랑크푸르트와 스투트가르트의 대학교에 입학한 뒤 다시 뮌헨 대학교로 갔다. 그는 양자역학이 만들어지고 있을 당시에 박사과정을 밟고 있었고, 곧 그 새로운 이론의 전문가가 되었다.

1930년에 베스는 영국의 캐번디시 연구소에서, 로마에 있는 앙리코 페르미와 함께 연구할 수 있는 연구비를 받았다. 그는 1932년에 독일로 돌아왔고, 투빈젠 대학교의 자리를 받아들였다. 그러나 얼마되지 않아 히틀러가 권력을 잡게 되는 바람에, 반쪽 유태인이었던 베스는 일자리를 잃고 말았다. 그는 영국으로 이민을 갔고 맨체스터와 브리스톨 대학교에서 단기간 동안 강의를 했다. 그리고는 1935년에 미국의 코넬 대학교로 자리를 옮겼다.

1938년에 워싱턴 D.C.의 카네기 연구소에서 개최된 한 물리학회에 참석하고 있는 동안, 베스는 별의 에너지 문제에 관심을 갖게 되었다. 별은 왜 빛날까? 수소는 헬륨으로 전환되어야만 했다. 그러나 정확히 그 과정은 어떤 것일까? 그는 코넬로 돌아가는 기차 속에서 그 문제에 대해 곰곰이 생각하기 시작했고 몇 주일 내에 그 해답을 찾았다. 탄소가 핵반응의 촉매로 작용한다면, 연속적인 핵반응이 요구되는 결과를 만들어낼 것이다. 이런 연속은 이제 탄소순환이라고 불린다. 이 순환은 또한 독일의 칼 본 와이재커에 의해 거의 동시에 독립적으로 발견되었다.

얼마 후 베스는 역시 수소를 헬륨으로 전환시키는, 지금은 양성자-양성자 순환이라고 불리는, 더 간단한 순환을 발견했다. 현재 우리 태양에서 작동하고 있는 것이 바로 이 순환과정이다. 베스는 그 발견으로

1967년에 노벨상을 받게 되었다.

별의 일생

에딩톤은 천문학자들이 별의 내부를 들여다볼 수 있게 해주는 방정식들을 제시해 주었다. 그러나 이들 방정식들을 이용해 어떤 별의 모형을 만든다는 것은 많은 시간을 요구하는 대단히 지루한 작업이었다. 전형적으로 천문학자는 별을 여러 껍질들로, 즉 여러 층으로 나눈다. 그리고는 에딩톤의 방정식들과 표면의 단위 부피당 알려진 온도, 광도, 압력, 그리고 질량을 이용해 바로 밑에 있는 층의 성질들을 결정할 수 있다. 일단 이것들이 얻어지면 그것들을 사용해 그 밑에 있는 층에서, 그리고 그런 식으로 중심까지 계속되는 층에 대해 해당하는 성질들을 계산할 수 있다.

계산이 복잡하고 지루해서 별로 마음이 내키는 일은 아니었다. 그러나 컴퓨터가 등장하면서 그 작업이 비교적 용이하게 되었다. 더욱이 컴퓨터는 별이 나이를 먹어감에 따라 그 모형이 어떻게 변하는지를 결정할 수 있게 해주었으므로 천문학자들은 비로소 별의 진화를 알게 되었다.

첫번째 단계는 별이 연료인 수소의 대부분을 다 써버렸을 때 어떤 일이 벌어지는지를 알아내는 것이었다. 이 단계에 있는 별의 중심은 수소의 연소로 남겨진 '재' 즉 헬륨으로 이루어져 있을 것이며, 헬륨은 수소보다 더 무겁기 때문에 중심으로 가라앉게 될 것이다.

케임브리지 대학교의 프레드 호일과 프린스턴 대학교의 마틴 슈바르츠실드는 1950년대 초에 별의 중심이 헬륨으로 오염되었을 때 어떤 일이 일어날지를 알아내는 일에 착수했다. 두 사람 모두 천문학에 중요한 기여를 했다. 그들은 컴퓨터를 이용해 태양과 같은 별들이 점차 부풀어져서 적색거성이 된다는 것을 밝힐 수 있었다.

몇 년 안에 다른 천문학자들도 컴퓨터를 이용해 별의 진화를 이해하기 시작했다. 별은 어떻게 탄생했을까? 또 별이 태어난 직후엔 어떤 일이 벌어졌을까? 과거에는 별에 어떤 일이 일어났을까? 별들이 나이가 먹으면 어떻게 될까? 컴퓨터 기술은 1950년대와 1960년대에 급격히 발달했지만, 더 크고 더 빠른 컴퓨터가 필요한 전부는 아니었다. 더 좋은 계산기법이 요구되었다. 그러던 차에 1961년에 캘리포니아 대학교의 루이스 헨에이에 의해 개발된 새로운 계산기법은 천문학자들로 하여금 훨씬 더 효율적인 모형을 만들도록 해주었다. 더 빠른 컴퓨터와 함께 이 기법이 개발됨으로써 천문학자들은 상당히 상세히 별의 일생을 이해할 수 있게 되었다. 컴퓨터는 별이 어떻게 탄생되며 나이를 먹어감에 따라 어떤 일이 벌어지는지를 설명해 주었다.

컴퓨터 모형은 관측과 비교되었고 상당히 잘 일치했다. 우리는 물론 별의 나이를 알 수는 없다. 인간의 일생과 비교했을 때 별들은 거의 변하지 않는다. 그러나 우리는 각기 다른 항성진화의 단계에 있는 별들을 보게 됨으로, 우리의 모형과 이들 별들을 비교하는 것이 가능하다.

이제 우리는 별이 가스구름으로부터 형성된다는 것을 알고 있다. 이 가스구름은 대부분 수소와 헬륨으로 구성되어 있지만, 다른 원소들 역시 소량(1% 미만) 포함되어 있다. 가스구름은 자체 중력에 의해 안으로 끌어당겨지고 압력과 중심온도가 증가함으로써 종국엔 희미한 붉은색의 가스공이 된다. 그리고 중력수축이 계속 됨에 따라 중심온도가 계속해서 상승한다. 중심온도가 100만 도, 1,000만 도를 지나 마침내 1,500만 도에 다다르면 핵반응이 시작된다. 우리는 보통 이 핵반응을 '연소'라고 말하며, 이 과정에서 수소가 타버려 헬륨이 재로 남게 된다. 수소보다 더 무거운 헬륨은 중심에 쌓이게 되어, 곧 헬륨핵이 만들어진다. 그러나 여기서 멈추지 않는다. 압력이 계속적으로 상승하므로, 헬륨핵의 중심온도 또한 크게 증가한다. 그리고 중심온도가 1억 도에 이르면 헬륨조차 타기 시작한다. 그러나 태양과 같은 평균 크기의 별들에서는 헬륨이 폭발하기 쉬우므로, 핵전체가 터져 버린다. 헬륨핵 주위의 껍데기에서 일어나고 있는 수소 핵반응 지역이 따로따로 찢겨져서, 연소가 멈추게 되고 핵 용광로가 죽게 된다. 이 과정을 헬륨 플래시(helium flash)라고 한다.

이 단계에 있는 별은 너무나 비대해 있으므로—별의 바깥 껍데기들이 고온으로 부풀려졌다—별표면을 관측해서는 내부의 폭발에 대한 어떤 증거도 보지 못한다. 하지만 몇 년 안에 그 별은 희미해지기 시작해서 수 년 동안 계속 급속히 어두워진다. 점차적으로 헬륨이 다시 중심으로 떨어지게 되면 연소가 다시 시작된다. 그러나 이번에는 그 과정이 평화롭게 진행된다. 헬륨 주위에 연소하는 수소 핵반응 껍데기도 다시 형성되며, 별은 다시 밝아지기 시작해서 곧 원래의 밝기로 돌아온다.

별은 이제 중심에 있는 헬륨과 헬륨 주위의 껍데기에 있는 수소를 연소시킴으로써 에너지를 만들어낸다. 그러나 헬륨의 연소 역시 '재'를 만들며, 이 경우에 재는 탄소와 산소의 혼합물이다. 그리고 이들은 헬륨보다 더 무겁기 때문에 중심에 가라앉는다. 헬륨 연소는 이 새로운 핵 주위의 껍데기에서 계속되고, 중심온도도 계속해서 상승한다. 그리고는 마침내 탄소가 발화되고, 다시 재를 남긴다. 이런 과정은 별이 껍데기들 안에 있는 몇 개의 원소들을 모두 태울 때까지 계속된다. 만일 별이 충분히 무겁다면, 이런 과정은 철까지 이르는 모든 원소들을 만들어낼 수 있을 것이다. 그러나 철이 그러한 원소생성 과정의 마지막이다. 핵융합으로는 더 무거운 원소를 만들어낼 수 없다. 만일 온도가 계속해서 상승한다면 별 전체는 폭발해 초신성이 될 것이다.

초신성은 덜 무거운 별들에서도 일어날 수 있다. 그러나 우리의 태양

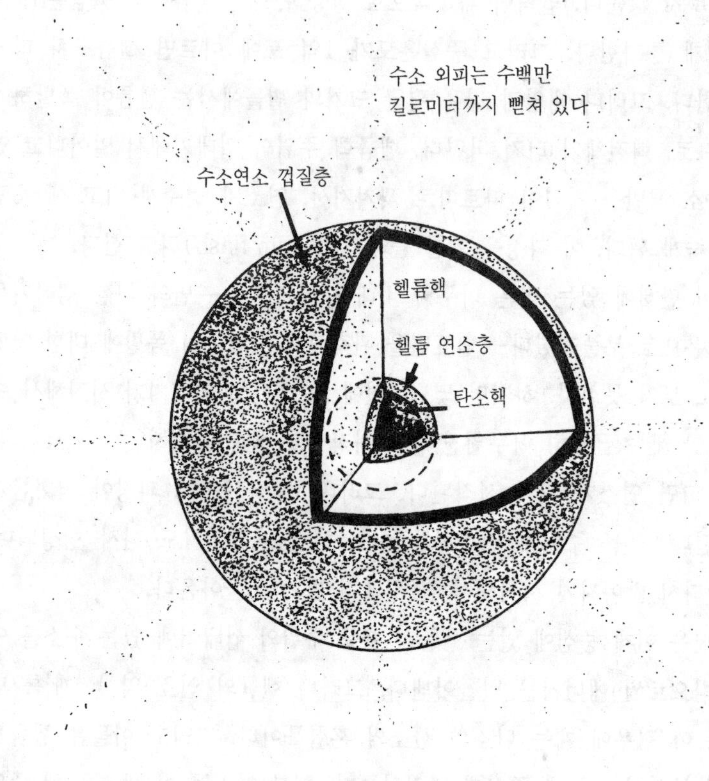

연소층을 보여주는 별의 단면도

과 같은 별에서는 일어나지 않는다. 우리의 태양은 헬륨은 연소시키지만 다른 원소들을 연소시킬 수 있을 만큼 충분히 높은 온도에 도달하지 못하기 때문이다. 따라서 우리의 태양은 헬륨을 연소시킨 뒤 수백만 년에 걸쳐 서서히 붕괴해서 마침내 백색왜성이라는 작은 고밀도의 천체로 일생을 마감하게 될 것이다. HR도에서 백색왜성은 하단 왼쪽 구석에 있다.

이처럼 별의 일생은 HR도를 이용해서 이해될 수 있다(그림을 보라). 이 그림에서 보면 별은 상단 오른쪽에서 형성된다. 그리고 주계열을

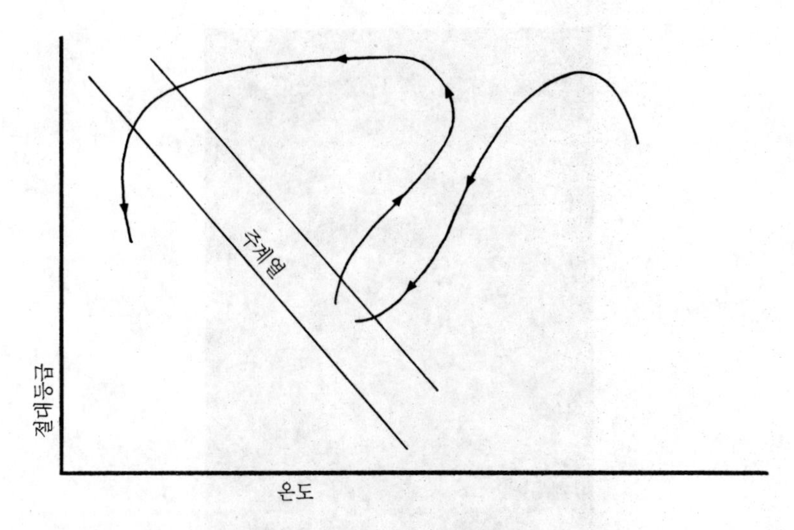

선과 화살표들은 일생 동안의 별의 경로를 나타낸다. 그것은 오른쪽으로부터 주계열로 움직인 뒤 상단 오른쪽으로 이동해서 마침내 왼쪽 아래로 간다.

향해 천천히 움직여 가서 주계열에서 핵반응들이 개시된다. 별은 일생 중 대부분의 시간을 주계열에서 보내지만, 마침내 연료(수소)가 소모되면 상단 오른쪽으로 이동해서 적색거성이 된다. 헬륨 플래시는 이 지역에서 발생한다. 별은 이곳에 머물면서 계속해서 점점 더 무거운 원소들을 생산한다. 그리고 마침내 주계열을 통과해서 왼쪽으로 움직여 가며 왼쪽 하단에서 마지막 붕괴가 일어난다. 그때 만일 별이 충분히 무겁다면 초신성이 될 것이고, 그렇지 않다면 서서히 붕괴해서 백색왜성이 될 것이다.

허빅별

많은 천문학자들이 마우나케아의 망원경들을 사용해 별의 구조와 진

조오지 허빅 (George Herbig)

화를 연구하고 있다. 천문학연구소의 조오지 허빅도 그들 중 하나이다. 그의 주요 관심사는 젊은 별이다. 최근 들어서 그는 또한 별들이 형성되는 물질—성간물질—을 연구해 오고 있다.

웨스트 버지니아의 작은 마을에서 태어난 허빅은 UCLA을 졸업한 뒤, 박사과정을 위해 버클리 캘리포니아 대학교로 갔다. 그곳에서 그는 티 타우리 별이라고 불리는 젊은 별들에 관한 논문을 썼다. 그들은 태양 정도의 질량을 가진 별들로 강한 바람을 뿜어내고 있으며 암흑 성운에서만 발견된다. "내가 그곳에 있을 당시엔 캘리포니아 대학교에 젊은 별들에 관심있는 사람이 아무도 없었어요. 그래서 내게는 사실 논문 지도교수가 없는 셈이었죠." 허빅은 이렇게 말한다. "혼자 힘으로 했다고나 할까요." 그는 1940년대 말에 졸업하고 동부에서 1년의 박사후 과정을 한 뒤 산타 크루즈 캘리포니아 대학교의 일부가 된, 마운트 해밀톤에 있는 리크 연구소로 자리를 옮겼다. 그리고 1987년까지 리크에 머문 뒤 하와이 천문학연구소로 왔다.

허빅은 그의 이름을 따 명명된 다른 종류의 두 천체를 갖고 있다. 그는 논문을 쓰는 동안 현재 허빅-하로 천체라고 불리는 첫번째 천체를 발견했다. 그가 연구하고 있던 젊은 별들 중에는 강력한 바람이 불어나오는 것들이 있었다. 허빅은 때로 가스덩어리들이 이 바람에 의해 잡혀서 고속으로 휩쓸려 간다는 것을 알았다. 그리고 이 덩어리들이 별을 에워싸고 있는 주변가스(그 별이 형성된 가스)를 때리면, 한쪽 표면 위에 충격전선이 형성되었다. 그런데 이 충격받은 가스는 다른 유형의 뜨거운 가스와 쉽게 구별될 수 있는 독특한 스펙트럼을 가지고 있었다.

허빅은 또한 허빅별을 처음 발견한 것으로 잘 알려져 있다. 그가 허빅-하로 천체를 발견한 지 10년 뒤인 1960년에, 그는 태양 정도의 질량을 가진 새로이 형성되고 있는 별들(그들이 티 타우리 별들이다)이 확인되기는 했지만, 더 큰 질량—태양의 5배에서 10배의 질량—을 가진 원시성은 발견되지 않았다는 점에 관심을 기울이게 되었다. "나는 약 24개 후보 별들의 목록을 작성했어요. 그들은 밝은 스펙트럼 선을 보여주는 A와 B의 분광형을 가진 크고 뜨거운 별들이지요."

지난 몇 년 동안 허빅별에 관해 상당한 양의 연구가 이루어졌지만, 상세한 것들은 아직 이해되지 않고 있다. 허빅별의 가장 흥미로운 성질 중 하나는 변광이다. 어떤 변화들은 한 등급의 단 몇 분의 일 정도로 미미하지만 가끔은 몇 등급까지도 변한다. 무엇이 이 변화를 일으키는가? 그 별들은 적외선에서 특히 밝았으므로, 천문학자들은 그것들이 단순한 가스 외에, 먼지 가스층으로 둘러싸여져 있다는 결론을 내렸다. 별 주위의 궤도를 돌 때 이 불규칙한 분포의 먼지 덩어리가 빛의 변화를 일으킨다는 것이다. 그러나 문제가 있다. 이 물질은 별의 적도 주위를 돌 것이고 변광을 일으키려면 그 궤도가 시선방향과 평행해야 할 것이다. 이런 상태로 보일 가능성은 그리 크지 않다. 따라서 다른 모형도 제시되었다. 가장 호응을 얻는 것은 변광의 일부가 별의 대기로부터 나오는 방출선에 기인한다는 모형이다.

나는 허빅에게 그 문제에 대해 물었다. "나는 이들 별 근처 어딘가에 틀림없이 대량의 먼지가 밀집되어 있다고 생각해요. 그리고 그 변화가 우리의 시선을 가로질러 움직이고 있는 먼지와 관련되어 있어야만 한다고 믿고 있죠. 만일 별 자체가 변광을 한다면 그 표면온도 변화로 인해 어두워질 때는 그것이 동시에 붉어져 보여야 합니다. 그러나 많은 경우에서 보면 그렇지가 않아요." 사실 최근의 관측에 의하면 어떤 허빅 별의 경우, 빛이 90%까지 감소했음에도 불구하고 온도는 변하지 않았다.

허빅은 현재 두 가지 프로젝트에 몰두하고 있다. 하나는 허빅 별들과 관련되어 있다. "이 분야에는 큰 허점이 하나 있습니다." 그는 이렇게 말한다. "모든 사람들은 태양질량의 5배 되는 별이 젊었을 때 어떻게 보였을까 하는 현재의 모형에 만족하고 있습니다. 하지만 오리온 성운과 같은 곳에 있는 많은 젊은 별 중에 무거운 별들을 보면 그것들은 일반적인 허빅 별들과는 다른 성질들을 갖고 있어요. 따라서 이런 종류의 별들이 주계열로 가는 또 하나의 다른 통로가 있을 수 있습니다. 나는 지금 이것을 조사하고 있습니다."

허빅은 또한 성간물질에 대해서 연구해 오고 있다. 젊은 별들의 진화 과정을 연구하다 보니 성간물질에 관심을 갖게 된 것이다. 성간물질은 별들이 형성되는 물질이므로, 허빅은 만일 젊은 별들이 어떻게 태어나는지를 이해하려면, 이 물질에 대해 더 잘 알아야만 한다고 생각했다. 그는

오리온 성운 (국립 광학천문학 연구소 제공)

특히 성간물질의 스펙트럼에 관심이 있다. 우리는 물론 성간물질의 스펙트럼을 직접 보지 못한다. 그러나 성간물질은 시선방향에서 그 뒤에 위치하는 별들의 스펙트럼에 흡수선을 만든다. 이 선들 중 많은 것들은 예상되는 것들이지만 산광 성간 흡수띠라고 부르는 여러 굵은 흡수선에 대해서는 이들의 존재가 1920년대에 발견되었음에도 불구하고 잘 이해하고 있지 못하다. 이 흡수선들 중 어떤 것도 실험실에서 확인된 바가 없다.

"단순한 성간 분자들의 화학은 상당히 잘 이해되어 있습니다." 허빅은 이렇게 말한다. "우리는 CO, CN 등이 어떻게 생겨나는지 알고 있어요. 그것들은 분자수소가 가지는 화학 반응으로 형성되죠. 그러므로 이 흡수띠들도 아마 분자수소와 관련된 더 복잡한 분자들일 것이라고 예상하는 것이 자연스러울 것도 같습니다. 그러나 그렇지 않다는 것이 입증되었어요. 그들은 중성 수소 원자의 함량과 밀접한 상관관계를 보이고 있습니다. 따라서 완전히 다른 방법으로 생겨나야만 하는 것이죠." 주요 문제는 이 물질이 무엇이며 어떻게 만들어지는가 하는 것이다. 허빅은 여전히 확신하지 못한다. 그리고 그는 몇 개 그룹이 현재 실험실에서 이 분자들을 생산하려고 노력하고 있으나, 지금까지는 그다지 성공하지 못하고 있다고 덧붙였다.

리튬

허빅의 학생들 중 하나였던 앤 보에스가아드 역시 현재 천문학연구소에서 별을 연구하고 있다. 그녀는 특히 별의 리튬과 베릴륨에 관심이 있다. 다량의 이러한 원소들은 우리에게 별의 내부 구조에 대해 상당히 많은 것을 말해 준다.

뉴욕의 로체스터에서 태어나고 자란 보에스가아드는 일찍이 과학과 수학에 대한 관심을 나타냈다. 그녀는 유치원 때 이미 구구단을 외웠고, 2학년 때쯤에는 행성들 대부분과 몇 개의 별자리들을 알 수 있었다. 그녀는 체육 다음으로 좋아하는 과목이 과학이었다고 말했다.

고등학교를 졸업하자마자 그녀는 마운트 홀리오케 칼리지로 가서 천문학과 물리학, 그리고 수학을 전공했다. 천문학은 곧 그녀가 좋아하는 과목이 되었다. 가끔 그녀는 밤늦게 관측해야 했는데 그 당시엔 밤 11시가 교내의 야간 통행금지 시각이었다. 특별한 허가를 받으려면 많은 문제들이 있었으므로 그녀는 때로 캠퍼스 경찰을 피해 몰래 숨어들어가 관측을 하고는 그녀의 방으로 돌아오곤 했다.

이즈음 그녀는 천문학자가 되기로 마음 먹었는데, 대부분의 천체 망원경들이 캘리포니아에 있었으므로, 캘리포니아 대학교로 가서 대학원 과정을 하기로 했다. 그러나 마운트 홀리오케에 있는 그녀의 지도교수에게 자신의 천문학에 대한 계획을 말했을 때, 그녀는 여자가 망원경을 사용하는 것이 결코 허용되지 않을 것이라는 말을 듣고 몹시 실망했다. 그러나 그녀는 단념하지 않고 캘리포니아 대학교로 갔고, 처음으로 대형 망원경—리크 연구소의 3미터 반사망원경—을 사용해 보게 된다.

그녀의 박사학위 논문은 별의 리튬과 베릴륨에 관한 것이었다. 리튬과 베릴륨이 중요한 이유는 그 원소들이 별에 있는 대부분의 다른 원소들과 달리, 별 내에서 핵반응으로 쉽게 붕괴되기 때문이다. 리튬의 경우 온도가 200만 도만 되면 된다. 1,500만 도라는 핵의 온도에 비한다면 비교적 낮은 온도이다. 그리고 베릴륨의 경우엔 거의 300만 도면 깨어져 버린다.

보에스가아드는 1966년에 박사학위를 마치고 박사후 과정 연구원으로 칼텍으로 갔다. 그녀는 에드윈 허블이 우주가 팽창하고 있다는 것을

졸업 (Ph. D.) 했을 때의 앤 보에스가아드 (Ann Boesgaard)

밝히기 위해 사용했던 망원경인, 마운트 윌슨의 2.5미터 후커 반사망원경으로 스펙트럼을 얻었다. "나는 그렇게 훌륭한 망원경으로 관측할 수 있다는 것이 대단히 기뻤습니다." 그녀는 이렇게 썼다. "라디오에서는 '새벽으로 가는 음악'이 흘러나오고 있었죠. 너무나 조용하고 평화로웠어요. 나는 그렇게 많은 자료를 수집하고 별의 분광학에 대해 그렇게 많은 것을 배울 수 있는 기회를 갖게 된 것이 기뻤어요."

보에스가아드는 박사학위를 받은 직후 결혼했다. 그런데 그녀의 남편 한스 보에스가아드가 하와이에서 2.2미터 하와이 대학교 망원경 제작에 관련되어 있었으므로 그를 방문하기 위해 몇 차례 하와이로 여행했고, 그러던 중에 하와이 대학교에서 일자리를 제의받았다. 그녀는 사실 천문학 프로그램을 만드는 것을 도울 사람으로 존 제프리에 의해 초빙된 최초의 사람들 중 하나였다. 그때는 하와이 대학교가 2.2미터 망원경에 대한 허가를 막 받았을 때였다. "남편과 나는 마우나케아에 아무것도 없었을 때 정상에 올라갔어요." 그녀는 이렇게 말한다. "어떤 망원경도 없었죠. 2.2미터 망원경 돔의 기초공사를 하느라 일꾼들이 막 분석구 꼭대기를 고르고 있더군요."

하와이 대학교에서의 초기시절은 그녀에게는 흥분된 시간들이었다. "사람들이 숨도 쉴 수 없을 것이라고 말하는 산 위에서 우리는 망원경을 만들고 있었죠. 이런 개척자의 일을 하고 있었기 때문에 그 시간의 대부분은 기운이 넘치는 유쾌한 시간들이었어요."

2.2미터 망원경은 1970년에 개관되었다. 보에스가아드는 망원경으로 최초의 스펙트럼 사진을 찍는 영광을 얻었다. 그것은 가장 가까운 별인 알파 센타우리의 스펙트럼이었어요. "알파 센타우리는 남쪽 별이어서, 하와이의 수평선 아주 가까이에 있지요."

그 망원경이 개관된 뒤 맞은 두번째 겨울에는 큰 눈보라가 불어와 정상에 상당히 많은 양의 눈과 얼음을 남겨 놓았다. 그녀와 알란 스톡톤은 그 눈보라 직후 관측하기로 되어 있었는데, 돔 꼭대기가 얼음으로 뒤덮여 있어서 도저히 망원경 돔의 문을 열 수가 없었다. 그러므로 그들은 얼음 깨는 송곳을 들고 바깥으로 난 사다리를 따라 돔 꼭대기로 기어올라가 얼음을 두드려 떨어냈다. "안전벨트를 착용했지만 돔 위는 꽤 무서웠어요." 그녀는 그때를 이렇게 회상했다. "그러나 이제는 아마 그렇게 할 수 없을 거예요." 그리고는 웃으며 이렇게 덧붙였다. "사실 존 제프리는 어쩌면 그 때에도 그런 작업을 허락하지 않았을 거예요. 만일 그가 알았다면 말이예요."

1990년에 보에스가아드는 대학원생 마이클 트리피코와 함께 1986년에 시작한 일로 태평양 천문학회가 수여하는 물만 상(Muhlmann Prize)을 받았다. 그들은 히아데스 성단에 있는 F 별들에서 리튬을 다량 발견했다. F 별들은 우리의 태양보다 표면온도가 다소 높으며 약 25% 더 무겁다. 그들의 표면온도는 5900~7000K의 범위에 있다.

"우리는 이 별들이 모두 거의 같은 양의 리튬을 가졌으리라고 예상했어요. 그런데 리튬의 양이 급격히 감소하는, 그 폭이 약 400도 정도인 좁은 온도범위가 있는 것을 발견했죠. 이는 리튬을 별의 안쪽으로 끌고 들어가 파괴시키는 대류운동과 관련이 있습니다." 보에스가아드는 이렇게 말했다. 많은 별들은 중량에 따라 바깥 표면 바로 안쪽에 대류층을 가지고 있다. 이 대류 흐름은 별표면 아래쪽으로부터 나와 내부의 열을 바깥층으로 전달하고 다시 되돌아 들어간다. 이때 표면에 있는 리튬도 밑에 있는 더 뜨거운 층으로 수송될 것이며, 만일 그 층의 온도가 200만 도를 넘으면, 리튬이 붕괴될 것이다. 따라서 별의 바깥 대기에 있는 리튬은 점차 없어질 것이다. 이런 이유로 리튬은 대류가 관통하는 깊이를 알아내는데 사용될 수 있다.

천문학자들은 별에 아무 대류의 흐름도 없는 상한 임계온도(태양의 표면온도보다 다소 높다)가 있다는 것을 발견했다. 리튬은 이러한 별들의 대기에 보통 대량 존재한다. 그러나 보에스가아드와 트리피코는 리튬이 있어야만 하는 어떤 범위에, 아무것도 없다는 것을 발견했다. 그들은 그것을 '리튬 틈새(gap)'라고 부른다.

흥미롭게도 이 틈새는 별의 대류 임계온도 바로 밑에서 나타나며, 이 온도 위에서 별들은 매우 빨리 자전한다. 자전은 대류와 연관되어 있는데 그 이유는 대류지역들이 매우 강력한 자기장을 가지고 있어서, 이 자기장들이 별의 자전을 방해하는 쪽으로 작용해서 자전을 늦추기 때문이다. 더 차가운 별들이 더 느리게 자전하는 것은 바로 이 때문이다.

보에스가아드와 트리피코는 리튬 틈새를 가로질러 자전이 크게 감소한다는 것을 발견했다. 그러나 보에스가아드는 그 틈새는 대류의 흐름들이 대량의 리튬을 조절하는 유일한 메커니즘이 아니라는 것으로 설명될 수 있다고 믿는다. 이론가들은 자전이 자오선 순환이라는 또 하나의 순환을 만들 수 있다는 것을 보여주었다. 보에스가아드는 이것이 대류와 함께 리튬을 더 깊숙한 곳까지 수송해서, 결과적으로 대류만 있는 경우보다 더 효과적으로 리튬을 붕괴시킨다고 믿는다. 간단히 말해, 별의 표면온도가 7000도에서 6700도일 때 대류대가 더 커지고 자오선 순환이 그것을 더 깊숙한 깊이까지 수송해 주기 때문에 리튬 함량은 감소하는 추세를 보인다는 것이다. 온도가 6700도에서 6200도 사이로 더 낮아질 때 리튬 함량이 다시 커지는데 이는 별들이 온도가 감소함에 따라 훨씬 더 천천히 자전하기 때문이다.

별에 관한 많은 것들이 마우나케아의 천문학자들에 의해 알려져 왔다. 그리고 별의 성질에 관한 연구는 앞으로도 계속 그 산에서 중요한 역할을 담당하게 될 것이다.

제 13 장

다른 행성계를 찾아서

여러분은 밤하늘에 찍혀 있는 무수한 별들 어딘가에, 생명체가 있는 우리의 지구와 유사한 행성의 존재에 대해 얼마나 자주 생각해 보았는가? 그것은 정말로 지금까지 이루어진 그 어떤 발견보다도 더 흥미진진한 발견이 되리라. 그 의미에 대해 생각해 보라. 그것으로부터 우리는 무엇을 배우겠는가? 저 바깥에 생명체를 가진 단 하나의 행성 발견조차도 우주가 생명으로 가득 차 있다는 것을 의미하게 될 것이다.

그러나 우리가 만약 문명을 가진 행성 하나를 탐지했다고 해도, 그들과 통신하는 것은 대단히 어려울 것이다. 우리는 광속에 의해 제한되어 있다. 가장 가까운 별의 주위를 도는 행성의 경우에도, 9년 이내에는 우리가 보낸 메시지에 대한 응답을 받을 수 없다. 그리고 우리는 이 별의 경우 어떤 생명체도 없다고 확신하고 있다. 천문학자들이 가깝다고 말하는 30 혹은 40 광년 떨어져 있는 별의 경우에도 통신 회답을 받기까지 60년에서 80년이 걸릴 것이다. 외부 문명과의 통신은 그러므로 상당히 어려운 일이다. 따라서 지금은 태양계 밖에 존재하는 다른 행성계에 대해 알아보도록 하자.

초기의 탐색

외부태양 행성에 대한 초기 관심의 대부분은 버나드 별로 알려진 희미한 붉은색 별에 집중되어 있었다. 그 별은 6광년밖에 떨어져 있지 않지만 너무 희미해서 육안으로는 보이지 않는다. 육안으로 볼 수 있는 한계가 약 6등급까지인데 그 별은 약 10등급이기 때문이다. 그러나 그 별은 가장 가까운 알파 센타우리 별 다음으로 우리에게 가까운 별이다.

버나드 별은 1916년에 리크 연구소의 에드워드 버나드에 의해 발견되었다. 땅꾼자리 일부의 사진을 찍은 뒤 그는 문득 자신이 약 20년 전에 찍었던 동일한 지역의 사진과 그것을 비교했다. 그런데 놀랍게도 그 별들 중 하나가 생각했던 것보다 훨씬 더 많이 이동해 있었다. 그는 그 별의 고유운동(하늘을 가로지르는 각속도)을 측정했고 이동량이 그때까지 발견된 것 중 가장 크다는 것을 알고 매우 놀랐다.

이 별은 1938년에 피터 반 드 캠프의 주의를 끌었다. 그 1년 전 반 드 캠프는 필라델피아 근처의 스와스모어 칼리지에 있는 스프로울 연구소의 소장이 되었다. 소장으로서 그가 처음으로 취한 행동 중 하나는 행성을 찾아 근처의 별들 탐색을 개시하는 것이었다. 그는 행성을 직접적인 방법으로는 거의 탐지할 수 없다는 것을 알고 있었다. 그러나 프러시아에 있는 코지그스버그 연구소의 프리드리히 베셀이 1800년대 중반에 시리우스가 아주 작은 동반자를 가지고 있다는 것을 밝히기 위해 사용했던 간접적인 탐지방법이 하나 있었다.

반 드 캠프는 어떤 별이 행성을 가지고 있다면, 그 별이 하늘을 가로질러 움직일 때 '흔들리는 것처럼' 보일 것이라는 것을 알고 있었다. 그 이유를 알기 위해서, 지구를 생각해 보자. 지구는 태양 주위의 궤도를 돌고 있지만 이 말은 지구가 태양의 중심을 중심으로 공전하고 있다는 것을

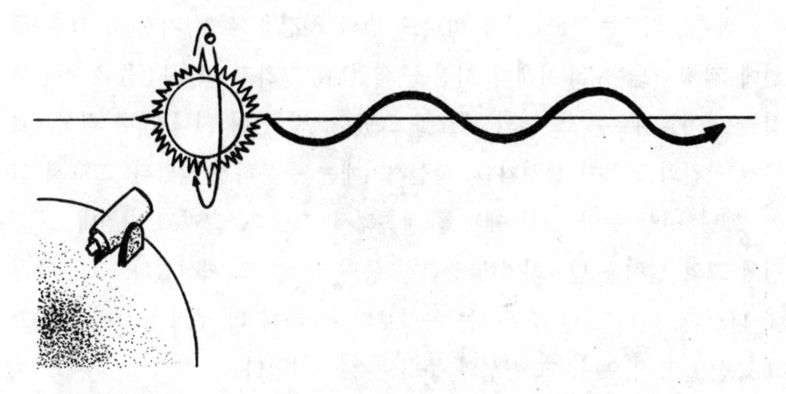

주위를 돌고 있는 한 어두운 천체 때문에 생긴 하늘에서의 별의 흔들림을 보여주는 개략도

뜻하지 않는다. 자세히 보면 그렇지 않다는 것을 알게 될 것이다. 두 개의 물체는 서로의 질량중심을 중심으로 공전한다. 만일 지구가 시소의 끝에 놓여 있고 태양이 그 반대쪽 끝에 있다면, 이것이 바로 그들이 평형을 이루는 점이다. 태양은 지구보다 수천 배나 더 무거우므로 평형점은 태양의 내부 깊숙이 놓이게 된다. 그러나 만일 목성이 태양과 함께 시소 위에 놓여 있다면, 평형점은 태양 표면의 바로 바깥 부분에 놓이게 된다.

여기에서 중요한 것은 어떤 별과 그 별의 행성이 우주공간에서 움직일 때 서로의 질량중심을 중심으로 공전한다는 사실이다. 동시에 그들은 우리 은하 주위의 훨씬 더 큰 궤도를 따라가고 있다. 망원경을 통해 그 계를 본다고 해도, 그 행성을 보지는 못할 것이다. 그러나 별이 우주공간 속을 움직일 때 '흔들리고 있는 것은' 볼 수 있다. 이 흔들림은 그것을 당기고 있는 행성 때문일 것이므로, 그것이 바로 행성이 존재한다는 명백한 증거가 된다. 흔들림의 실제 크기를 알려면, 비교적 오랜 기간에 걸쳐—보통 그것의 궤도주기를 수차례 정도—관측해야 한다. 목성과 태양의 경우 그 기간은 20년에서 30년이 될 것이다.

반 드 캠프는 1938년에 버나드 별의 사진을 찍기 시작해, 그후 몇 년에 걸쳐 1년에 30차례씩 사진을 찍었다. 그리고 그 사진들을 이용해 하늘을 가로지르는 그 별의 궤도를 그렸다. 몇 년이 지나자 한 직선으로부터 약간의 편차가 생겼지만, 확신하기에는 충분하지 않았다. 그래서 그는 20년 이상 동안 별의 궤도를 계속해서 그렸다. 그리고 마침내 1962년에 그의 발견을 발표하기에 충분한 증거가 있다고 확신했다. 그의 측정에 따르면, 버나드 별 주위에는 목성보다 1.6배나 더 무거운 행성 하나가 궤도를 돌고 있으며, 그 행성의 주기는 24년이었다.

그것은 놀라운 발표였다. 어느 누구도 과거에 행성을 탐지한 적이 없었던 것이다. 그러나 반 드 캠프는 여기서 끝내지 않았다. 그는 자료 얻는 것을 멈추지 않았고, 7년 뒤 두 개의 행성계가 한 개의 행성보다 그 관측 자료에 더 잘 맞는다고 발표했다. 그의 계산에 따르면, 목성의 거의 70%에 달하는 질량을 가진 행성 하나가 12년의 주기로 궤도를 돌고 있었다. 그리고 더 바깥쪽에는 목성 질량의 약 반인 행성이 24년의 주기로 돌고 있었다.

만일 반 드 캠프의 발견이 다른 천문학자에 의해 입증된다면, 그것은 중대한 발견이 될 것이었다. 그 발견의 함축적 의미는 엄청났다. 버나드의 별은 하늘에서 가장 가까운 별들 중 하나였고 만일 그것이 두 개의 행성을 가지고 있다면, 대부분의 다른 별들 역시 마찬가지로 행성을 가지고 있다고 생각할 수 있었다. 몇 명의 천문학자들은 그의 결과들을 입증할 수 있는지를 알아보기 위해 검토를 시작했다. 그들 중 한 사람이 알레게니 연구소의 조오지 게이트우드였다. 그는 몇 개의 연구소로부터 버나드의 별이 들어가 있는 사진건판들을 모았다. 그리고 그것들을 이용해 몇 년에 걸쳐 그 별의 위치를 도면에 그렸다. 그러나 작은 편차를 찾기는 했지만, 반 드 캠프의 것과 비교할 때 하찮은 것이었다. 그는 반 드 캠프의 결과들이 틀린 것 같다고 발표했다.

미국 해군 연구소에 있는, 과거에 반 드 캠프의 학생이었던 로버트 해링톤 역시 그 문제를 조사하기 시작했다. 그는 아리조나의 플랙스태프 연구소에 있는 1.55미터 반사망원경을 이용해, 몇 년에 걸쳐 버나드 별의 사진을 찍었다. 그러나 역시 반 드 캠프의 결과들을 입증할 수 없었다. 그는 매끄러운 곡선에서 약간 벗어난 이탈을 찾기는 했지만, 버나드 별의 주위를 돌고 있는 목성 크기만큼 큰 두 개의 행성이 있다는 것을 나타내는 것은 아무것도 없었다.

게이트우드는 곧 자신의 관측 프로그램을 시작했는데, 몇 년 뒤 그는 자신의 자료 역시 반 드 캠프의 것과 모순된다는 것을 알았다. 흥미로운 것은 게이트우드와 해링톤 모두 그 궤도에서 작은 섭동을 발견했다는 것이다. 특히 두 사람 모두 1977년에 그 곡선에서 작은 불연속성을 기록했다. 이렇게 해서 행성의 존재가 불가능해진 것은 아니지만, 혹시 행성이 존재한다고 해도 목성만큼 클 것 같지는 않다.

존 허쉬가 반 드 캠프가 사용했던 스프로울 망원경에서 측정한 12개의 다른 별들이 버나드의 별과 매우 유사한 흔들림을 가진다는 것을 밝히자 반 드 캠프의 결과들은 더 의심스럽게 되었다. 이 망원경에 기계적인 조정이 가해진 1949년과 1957년에 모든 별들의 흔들림이 발견되었다. 따라서 관측된 흔들림이 인위적인 것일 수도 있다.

기본 방법들

반 드 캠프, 해링톤 그리고 게이트우드가 사용한 방법은 간접적인 것이다. 그들은 행성을 보지 않고, 그 별에 미친 영향을 찾아냈다. 망원경들이 훨씬 더 강력해질 때까지, 그리고 기계들의 감도가 훨씬 더 높아질 때까지는, 이것이 사용될 수 있는 유일한 방법인 것 같았다. 천문학자들은 그것을 천체측정학이라고 부른다.

천체측정학이 잘 맞기 위해서는 행성이 비교적 무거워야만 한다. 사실, 행성의 질량이 별의 질량에 비해 무거우면 무거울수록 흔들림은 커진다. 지구는 태양의 운동에 거의 어떤 흔들림도 일으키지 않지만 목성은 태양 지름과 거의 같은 정도의 흔들림을 일으킨다. 따라서 근처에 있는 별들에서 대형 망원경으로 관측한다면 그 흔들림을 측정할 수 있다.

행성이 비교적 무거울 뿐만 아니라 좋은 참고 별들이 있어야 한다. 만일 별의 운동을 정확히 도면에 그리려고 한다면, 그 별의 위치를 주위에 있는 다른 별들과 비교하는 것이 필요한데, 모든 별들이 자신의 고유운동을 갖고 움직일 때는 이것이 문제가 될 수 있다. 그러므로 가능한 한 많은 참고 별들을 갖는 것이 중요하다. 반 드 캠프가 사용한 방법에서는 별의 3차원 운동 중 단 한 개의 성분만이 관측되었다. 고유 성분이라고 불리는 그것은 우리의 시선의 수직 방향에 있는 성분이다. 그러나 시선 성분이라고 불리는 또 하나의 성분이 있다. 그것은 시선 방향이므로 우리 쪽을 향하거나 우리로부터 멀어질 수 있다. 그런데 분광기를 이용하면 고유성분보다 이 시선성분이 관측하기가 훨씬 더 쉽다는 것이 밝혀졌다. 흔들림 때문에 별이 우리의 시선을 따라 앞뒤로 움직일 것이므로 별에서 나온 스펙트럼 선들은 스펙트럼의 붉은색 쪽(별이 우리에게서 멀어지고 있을 때)과 푸른색 쪽(우리를 향해 다가오고 있을 때)으로 위치를 옮길 것이다. 이 이동은 쉽게 관측할 수 있다.

스펙트럼 분석방법은 천체측정학 방법에 비해 또 하나의 이점을 갖는다. 어떤 계가 우리로부터 더 멀리 있으면 있을수록, 흔들림은 더 작아질 것이라는 것을 쉽게 알 수 있다. 사실 어떤 계의 고유성분 변화가 탐

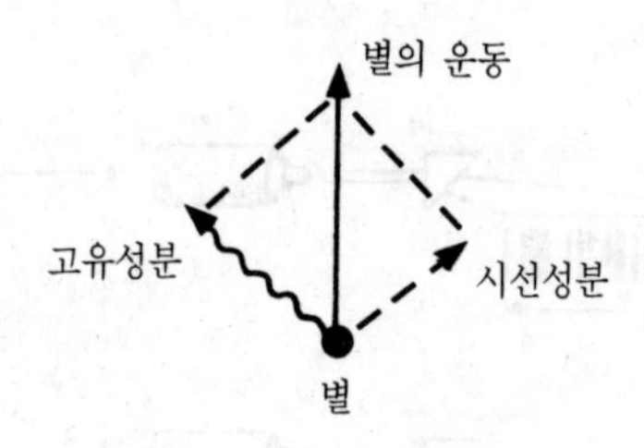

별 운동의 시선성분과 고유성분

지되기 위해서는 비교적 가까이 있어야만 한다. 그러나 스펙트럼 분석의 경우 반드시 가까이 있을 필요가 없다. 스펙트럼을 얻기에 충분한 광량만 있으면 그 이동이 측정될 수 있기 때문이다. 그러므로 이 방법을 이용하면 훨씬 더 먼 계도 조사할 수 있다.

천체측정학계에서 좋은 참고 별들이 필요한 것과 마찬가지로 스펙트럼 분석계에서도 좋은 참고 스펙트럼 선들이 필요하다. 보통 이동의 양이 작으므로 정확한 측정이 필요하기 때문이다. 천문학자들은 우수한 결과를 얻기 위해 분광기 입구 슬릿 앞에 가스 흡수실을 놓아두는 방법을 취했다. 가스에서 나온 스펙트럼 선은 별에서 나온 스펙트럼과 중첩되지만, 별의 선은 움직이는 반면 가스선은 정지한 채로 남아 있게 된다. 이 방법에는 보통 플루오르화 수소와 요오드, 이렇게 두 개의 다른 가스가 사용되어 왔다.

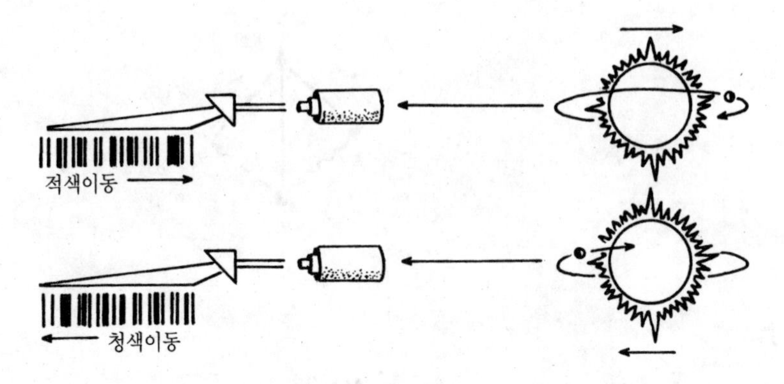

행성이 별의 주위를 움직일 때 이동하는 스펙트럼 선들

행성을 탐지하는 가장 좋은 방법은 물론 직접—다시 말해 행성이 반사하는 광자들을 탐지하는 것—관측하는 것이다. 그러나 이 방법은 결코 쉽지 않다. 왜냐하면 보통 별들이 행성보다 수십억 배 더 밝아서 희미한 행성빛이 별빛에 '가려지게' 되기 때문이다.

그러나 일단 간접적인 방법으로 행성의 후보가 탐지되면, 천문학자들은 틀림없이 그 행성을 직접 관측하려고 시도할 것이다. 그리고 행성이 돌고 있는 별에서 나온 빛을 제거하는 방법도 있다. 그 방법은 1930년대에 태양의 식(eclipse) 현상을 인공적으로 만들기 위해 프랑스의 버나드 리오에 의해 최초로 사용되었다. 그는 태양 광선을 막기 위해 작은 원판을 이용하는 코로나그래프라는 장치를 만들었다. 같은 방법으로 망원경의 광학축에 아주 작은 디스크를 사용함으로써 별에서 나온 빛을 제거할 수도 있다. 흥미롭게도 이런 경우 그 디스크는 이 페이지에 있는 하나의 점 크기에 불과하다. 그러나 이 방법에도 문제가 있다. 광학적 불완전함 때문에 빛이 여전히 가장자리를 통해 새어들어 와서, 대부분의 경우 그 빛이 행성을 가린다. 그러나 이 방법이 별 주위에 형성되었을지도 모르는 부스러기들의 디스크를 찾는 데 유용하다는 것을 후에 알게 되었다.

캐나다-프랑스-하와이 천문대와 도미니언 천문대 공동 프로그램

외계별의 행성을 찾는 가장 성공적인 스펙트럼 분석 탐색 중 하나는 1970년대 말 브리티시 콜럼비아 대학교의 브루스 캄벨과 고돈 워커에 의해 시작되었다. 캄벨은 그 당시 워커의 학생이었다. 대부분의 초기 연구는 캄벨이 캐나다-프랑스-하와이 망원경의 상주 천문학자로 있는 동안 이루어졌다. 지금은 그 망원경에 있는 상주 천문학자들 중 하나인 데이비드 볼렌더가 이 프로그램과 관련되어 있다. 나는 와이메아의 본부에 있는 그의 사무실에서 그를 만났다.

온타리오의 체슬리에서 태어난 볼렌더는 웨스턴 온타리오 대학교에서 천문학으로 학사학위를 받았다. 그는 일찍부터 천문학에 대한 관심을 키웠지만, 학위를 마쳤을 때쯤 그것에 대해 재고하기 시작했다. "나는 조금씩 꿈에서 깨어나고 있었어요." 그는 이렇게 말한다. "측정의 정확성 등이 너무나 부족했고, 검증되지 않은 아이디어들이 너무나 많았죠." 한참을 숙고한 뒤 그는 다른 분야로 바꾸기로 결심했다. 그는 칼가리 대학교로 옮겨가 대기물리학과의 석사과정에 등록했다. 그러나 이 학위를 마쳤을 때쯤 그는 자신이 여전히 천문학을 그리워하고 있다는 사실을 알았다. 더욱이 대기물리학에서의 상태들의 정확성은 천문학보다 더 나빴다. 그는 웨스턴 온타리오 대학교로 돌아가 천문학으로 박사학위를 하기로 마음 먹었다. 그리고 존 랜드스트리트 밑에서 강력한 자기장을 가진 별들에 관한 논문을 썼다.

웨스턴 온타리오 대학교에 있는 동안 그는 그 대학교의 1미터 반사 망원경을 열심히 사용했다. 그러나 그 망원경은 그의 논문에 필요한 자료를 얻기에 충분히 큰 것이 아니었다. 그는 캐나다-프랑스-하와이 망원경

데이비드 볼렌더 (David Bohlender)

의 시간을 얻기 위해 신청했고 1986년에 6일 밤을 할당받았다. 첫날밤은 어찌나 구름이 많고 구질구질한 날씨였던지 볼렌더를 두렵게 하기까지 했다. "나는 전체 관측일정을 망쳐버릴 것이라고 확신했어요." 그는 그때를 이렇게 회상했다. "어쩌면 새로운 논문 과제를 선정해야만 할지도 모른다고 생각했죠. 정말 걱정이 이만저만 아니었어요. 그러나 그뒤 연속적으로 기막힌 밤들이 이어졌고 훌륭한 자료를 얻을 수 있었어요."

그의 논문의 목적은 몇 개 원소의 표면량을 결정해서 많은 자기별들에 있는 자기장의 강도를 결정하는 것이었다. 그가 그 관측일정 동안 얼마나 많은 자료를 얻었던지 6년이란 세월과 몇 개의 논문발표 후에도,

그는 여전히 그 자료를 가지고 계속 일하고 있었다. 그는 그 이후에도 캐나다-프랑스-하와이 망원경을 몇 차례 사용했지만, 내가 그를 만났을 때는 마침 그가 그 망원경을 이용한 지 몇 개월이 지난 뒤였다. "나는 항상 사람들에게 오리온이 하늘에 높이 떠 있는 이런 시기(내가 그를 면담했을 때는 겨울이었다)에 관측시간을 따지 못하면 우울해진다고 말합니다. 왜냐하면 흥미로운 자기별들의 대부분이 오리온자리에 있기 때문이죠."

박사학위를 받은 뒤, 볼렌더는 연구를 계속하고 싶은 곳이면 어디든 갈 수 있다고 허용하는 특별 연구원 자격과 연구비를 받았다. 브리티시 콜럼비아 대학교(University of British Columbia ; UBC)의 고돈 워커가 다소 흥미있는 분광분석 연구를 하고 있었으므로, 볼렌더는 UBC로 가기로 결심했다. 그는 그곳에서 워커와 함께 일하면서, 도미니안 천체물리학 연구소(Dominion Astrophysical Observatory ; DAO)에 있는 망원경들로 관측하기 위해 빅토리아로 여행하며 2년을 보냈다.

볼렌더가 UBC로 왔을 즈음, 브루스 캄벨이 행성 프로그램으로부터 떨어져 나갔다. 워커는 볼렌더에게 합류할 것을 권유했고, 볼렌더는 자기별들에 대한 연구를 계속하면서도, 곧 그 행성그룹에 적극적으로 관여하게 되었다. 또한 이 그룹에는 빅토리아 대학교의 스티븐슨 양과 알란 어윈도 있었다. 워커의 역할은 1980년대 말에 제미니 프로젝트의 캐나다 부분을 준비해 줄 것을 요청받은 뒤 눈에 띄게 줄어들었다. 제미니는 1998년까지 마우나케아에 건립될 대형 망원경의 이름이다.

이제 이 캐나다 프로그램에 있는 측정의 대부분은 캐나다-프랑스-하와이 망원경을 이용해 이루어지고 있다. "거성들은 우리가 빅토리아에 있는 도미니안 망원경을 사용할 수 있을 만큼 충분히 밝습니다. 그러나 왜성들의 경우 이 망원경의 사용은 필수적이죠." 볼렌더는 이렇게 말한다. 그는 그 프로그램 안에는 23개의 왜성과 약 12개의 거성이 있다고 덧붙였다. 왜성들은 모두 30광년 미만 떨어져 있지만, 거성들은 일반적으로 훨씬 더 멀리에 있다. 그 프로그램의 목적은 긴 주기에 걸친 아주 작은 속도의 변화를 측정하는 것이다. 볼렌더는 그들이 이제 20m/sec만큼 낮은 속도들도 탐지할 수 있다고 말했다.

그 프로그램에서 초기의 관심은 감마 세페이라는 거성들 중 하나였다. 브루스 캄벨과 그의 연구팀은 목성 질량의 약 1.7배 되는 질량을 가진 행성이 감마 세페이 주위의 궤도를 돌고 있는 것처럼 보인다고 발표했다. 그러나 그 별 표면의 물질 자체가 큰 움직임을 갖고 있었기에 이를 별 전체의 움직임과 구별하기가 어려웠다. "속도변화가 이체운동(행성이 별 주위를 돌고 있는)에 의해 일으켜지는지, 아니면 그 별의 활동 순환에 의해 일으켜지는지는 현재 명확하지 않습니다." 볼렌더는 이렇게 말한다. "태양과 유사한 별이라면 대류층이나 기타 표면 특징의 변화를 일으키는 활동 주기가 있을 겁니다. 이것이 별의 겉보기 속도변화를 일으킬 수도 있지요. 거성에서 이러한 변화가 더 크다는 사실은 아마도 이런 활동주기의 영향이라는 것을 의미할지도 모릅니다."

나는 그에게 이것에 크게 실망하는지를 물었다(결국 행성 하나를 발견하는 것이 활동 주기를 발견하는 것보다 훨씬 더 흥분되는 것이다). 그는 혼자 웃으며 이렇게 대답했다. "글쎄요, 우리가 관측하는 것이 활동 주기인지는 우리도 확실히 모릅니다. 아직 미해결 상태로 남겨져 있으니까요."

속도변화가 표면의 특징 혹은 별 표면 근처에서의 대류대와 관련되었을 가능성을 점검하기 위해, 그 팀은 활동 주기에 걸쳐 일어나는 온도 변화를 측정해 오고 있다. 만일 예를 들어 관측된 속도가 활동주기의 결과로 표면까지 가속되는 물질에 의해 야기된다면 온도변화를 예상할 수 있다. 그러나 그 관측 결과는 여전히 결정적이지 않다.

볼렌더는 행성탐사의 최고 후보인 감마 세페이에 역시 또 하나의 문제가 있다고 지적했다. 그들의 결과에 따르면, 그 별이 동반하고 있는 목성 크기의 짝은 그 별 표면에 아주 가까이—지구와 태양 사이 거리의 약 2배 정도—에 있다. 하지만 그는 이렇게 가까운 가스 행성은 열 때문에 곧 증발해 버릴 것이라고 말했다.

나는 외부 별의 행성을 찾을 수 있는 기회가 얼마나 되는지 그의 견해를 물었다. "확률은 상당히 높다고 생각합니다." 그는 이렇게 대답했다. "만일 우리가 관측자료의 잡음을 반 정도쯤 낮출 수만 있다면, 그럴 기회가 오리라고 생각합니다. 그러나 이것은 단기 프로젝트가 아닙니다. 나는 저 바깥에 행성들이 반드시 존재한다고 확신해요. 그걸 찾고, 못 찾고는 우리의 문제이지요."

지금까지 그 프로젝트에서 그들은 레티콘 탐지기를 이용해 오고 있지만, 1993년 말에는 대형 전하결합소자로 바꿀 것을 계획하고 있다. 볼렌더는 전하결합소자의 사용이 큰 발전을 가져다 줄 것이라고 말했다.

먼지와 부스러기

현재로서는 우리가 행성을 직접 관측할 수 없지만, 몇 개의 별 주위에 있는 부스러기 원반의 관측은 가능하다. 이런 유형의 원반들이 있을지도 모른다는 최초의 어렴풋한 아이디어는 1983년에 IRAS 위성의 발사로 이루어졌다. 1년도 안되는 비교적 짧은 작동기간 안에, IRAS는 전체 하늘의 적외선 지도를 완성해 낼 수 있었다. 수천 개의 적외선원들이 발견되었다. 물론 많은 것들이 희미한 붉은색 별들이었지만, 몇 개의 경우에는 복사가 별 가까이에 있어 그 별에 의해 가열되고 있는 먼지에서 나오는 것 같았다. 이것은 행성계가 만들어지기 전에 우리의 태양도 분명 주위에 먼지고리를 가졌으리라는 점에서 중요했다.

아리조나 대학교의 브라드 스미스와 캘리포니아 제트 추진 연구소(Jet Propulsion Laboratory ; JPL)의 리치 테릴, 이 두 명의 천문학자들은 이 별들을 더 자세히 조사하기로 했다.

현재 우주 탐사 프로그램에 적극적으로 관계하고 있는 스미스는 화학공학으로 출발해, 노스이스턴 대학교에서 학위를 받았다. 졸업 후 그는 군에 입대했고, 그곳에서 달의 상세한 지도를 만들고 있던 팀과 일하게 되었다. 그는 또한 존재할지도 모르는 지구의 작은 위성들을 찾느라 상당히 많은 시간을 보냈다. 군에서는 어떤 것이라도 존재한다면 그 위성들이 군사적 가치가 있을 것이라고 믿었다. 그는 그즈음 자신이 천문학에 머물러야 할 것이라고 확신하게 되어 뉴 멕시코 주립 대학교에서 대학원 과정을 수강하기 시작했다. 몇 년 뒤 그는 교수가 되었고, 우주 탐사 프로그램에 관계해 마리너, 바이킹 그리고 보이저 등의 프로젝트를 위해 일하게 되었다.

테릴은 뉴욕시에서 태어났다. 그는 롱 아일랜드의 스토니 브룩에 있는 뉴욕 주립대학교를 졸업한 뒤, 박사과정을 위해 칼텍으로 갔다. 그의 논문은 목성과 토성의 적외선 관측에 관한 것이었다. 1978년에 졸업한 그는 제트 추진 연구소로 가서 보이저 우주선팀의 팀장이었던 스미스 밑에서 일했다.

스미스와 테릴은 대형 망원경을 이용해 주위에 먼지고리를 가진 것처럼 보이는 IRAS 후보들을 더 자세히 조사하기로 하고, 코로노그래프가 부착된 2.5미터 망원경이 있는 칠레의 라스 캄파나스 천문대로 갔다. 그리고 베타 픽토리스라는 별에 특별한 관심을 갖게 되었다. 그것은 50광년밖에 떨어져 있지 않았으며 우리 태양계 반지름보다 30배나 더 멀리까지 뻗쳐 있는 가스와 먼지 디스크로 둘러싸여져 있는 것처럼 보였다. 그 부스러기들을 자세히 분석한 결과 먼지 크기부터 거의 주먹 크기의 돌에 이르는 입자들로 이루어져 있는 것이 밝혀졌다.

우리는 우리의 태양계와 같은 행성계가 이와 같은 디스크로부터 형성되었다는 것을 이미 알고 있었으므로, 이 디스크의 발견은 중요한 의미를 가지고 있었다. 이것은 다른 행성계들이 형성되고 있다는 증거이기 때문이다. 그러나 스미스와 테릴이 발견한 특히 중요한 사실은 그 별의 근처로 갈수록 디스크가 더 얇아지며, 그 별에 가까운 지역—약 태양계의 크기만한 지역—에는 먼지가 없다는 것이었다. 이것은 한때 이곳에 있었던 먼지와 부스러기들이 응축되어서 더 큰 물체들—가능하게는 행성들—을 형성했다는 추측을 가능하게 한다. 따라서 우리가 보고 있는 물질은 행성들이 형성되고 남겨진 물질일는지도 모른다.

스미스와 테릴은 켁 망원경이 완성되면 베타 픽토리스 주위에 있는 부스러기 고리를 더 자세히 살펴볼 계획이다. 켁의 큰 거울과 마우나케아의 뛰어난 시상 때문에 좋은 결과가 기대되고 있다.

외부행성계 탐색 프로그램

켁 망원경은 또한 외부행성계 탐색 프로그램(Toward Other Planetary Systems ; TOPS)이라는 프로그램에서도 중요한 역할을 담당하게 될 것이다. TOPS는 1988년에 개최되었던 NASA가 후원한 외부별의 행성에 관한 워크숍에서 형성되었다. 그것은 그 워크숍에서 3단계 프로그램으로 초안된 뒤 심사를 위해 NASA에 제출되었다. TOPS-0라는 1단계에서는 후보들을 찾는 지상 탐색이 이루어질 것이다. 그 다음에는 그

후보들을 우주 망원경으로 탐색하고 더 많은 후보들을 수색하는 TOPS-1 프로그램이 이어진다. 그리고 마지막으로 TOPS-2는 향후 수년내에 시작될 프로그램으로 보다 광범위한 탐색이 될 것이다.

1단계는 켁 재단의 호와드 켁이 첫번째 켁 망원경과 동일한, 두번째 10미터 망원경 건립에 부분적인 자금을 지원하겠다고 발표한 직후인 1991년에 추진되었다. 켁 재단이 필요한 자금의 약 80%인 7천 5백만 달러를 제공할 것이며, CARA가 그 나머지 20%를 구하기로 했다. NASA는 켁 망원경이 TOPS 프로그램의 1단계와 다른 태양계 연구에 이상적인 것으로 판단, 그에 상당하는 양의 관측시간을 대가로 나머지 20%에 대해서 지원하기로 결정했다. 이 관측시간 중 일부가 TOPS에 할당될 것이다.

TOPS 프로그램은 태양과 유사한 별들을 대상으로 하고 있는데, 그 이유는 그것들이 생명체 존재의 가장 좋은 후보들로 알려져 있기 때문이다. 우선 가장 가까운 100개의 별들을 조사할 것이다. 스펙트럼 분류법으로 보면, 태양은 G형 별이다. G형과 F형 별들(G형보다 약간 더 뜨겁다)이 주요 관측 대상이다. M과 K 왜성들 역시 앞서 토의된 간접적 방법에 이상적인 후보들이므로 고려의 대상이다. 이 두 가지 별들 모두 태양보다 덜 무겁기 때문에 만일 행성을 가지고 있다면 그 행성과 별의 질량 비율은 아마도 비교적 클 것이다. 앞서 보았던 것처럼 이럴 경우 별들은 큰 흔들림을 만드는 계가 된다.

간접적인 방법과 직접적인 방법에서 특히 중요한 것은 분해능이다. 만일 어떤 별이 30광년 떨어져 있고 그것으로부터 약 1천문단위(1천문단위는 지구에서 태양까지의 거리이다) 떨어진 곳에 행성 하나를 가지고 있다면, 그 행성을 구별해 내는 데 필요한 분해능은 별에서 나온 빛이 제거되었다고 가정할 때, 거의 0.1초이다. 이것은 현재 마우나케아 위에 있는 어떤 망원경도 미치지 못하는 작은 값이다. 그러나 목성의 거리에 어떤 행성이 있다면 그 구별은 0.5초의 분해능만을 요구할 것이므로 켁 망원경으로 가능하다. 사실 적응광학계를 사용했을 때, 켁 망원경의 분해능은 0.2초까지 작아질 것이다.

일단 대부분 작업은 천체측정학적 연구와 스펙트럼 분석으로 하는 간접적인 탐지로 이루어질 것이나 어느 정도 후에는 대부분의 노력이 행성의 직접적인 탐지에 기울여질 것이다. 앞서 보았던 것처럼, 간섭측정법은 이 단계에서 특히 중요해질 것이다. 두 개의 켁 망원경은 85미터 떨어져 있으며, 간섭측정법으로 연결되면 마치 지름이 85미터인 한 거울의 두 부분처럼 행동하게 될 것이다. 단 두 개의 망원경으로도 우리는 훨씬 나은 분해능을 얻게 된다. 그러나 이때 얻어지는 화상은 완전한 것이 아니므로 다른 보조 망원경들이 필요해진다. 현재 위치 이동이 가능한 네 개의 작은 보조 망원경들을 건축하는 계획이 추진되고 있다. 그 망원경들은 1.5~2미터의 지름을 갖게 될 것이며, 두 개의 켁 망원경과 연결되어 사용될 때 훨씬 나은 화상을 얻게 해줄 것이다. 현재 계획에 따르면 그들은 18개의 고정 위치 중 어디로든 이동이 가능하다. 네 개의 보조 망원경들과 함께 더 큰 망원경에서 나온 신호들은 켁 II 망원경의 지하실로 송달되어 조합된다.

마우나케아의 세계 최고의 시상에 적응광학계가 추가되고, 이러한 간섭측정 시스템이 작동된다면 우리 근처의 우주 어디엔가 있을 다른 별의 행성계를 찾을 수 있는 날이 반드시 올 것으로 기대된다.

제 14 장

태양계의 기원을 찾아서

다른 행성계, 특히 막 형성되고 있는 계를 관측으로 확인하기 위해서는 우리의 태양계가 어떻게 형성되었으며 또 어떻게 진화되었는지를 먼저 이해해야 할 것이다. 천문학자들은 태양계의 기원에 관한 많은 모형을 개발해 왔다. 하지만 그렇게 적은 정보를 가지고 그렇게 오래 전에 일어났던 사건들을 재구성한다는 것은 결코 쉬운 일이 아니다. 태양계의 기원에 대해 우리가 알고 있는 지식은 얼마 되지 않는다. 더욱이 우리 주위에 있는 대부분의 행성과 달은 초기 형성 이후 너무나 많은 변화를 해왔다. 때문에 그들의 과거에 대한 우리의 모형은 여러 가지 면에서 크게 불완전하다.

현재 수용되는 모형에 따르면 태양계는 약 50억 년 전에 태어났다. 그 시기의 우주는 지금보다 더 격동적이었다. 많은 별들이 거성들이었고 거성들은 짧은 시간 동안 빠르게 진화하여 종국에는 대폭발과 함께 초신성으로 생애를 마친다. 초신성은 분명 우주에서 일어나는 일들 중 가장 대단한 장관이다. 동시에 그것은 새로운 다음 세대의 별들이 만들어지는 재료를 제공한다는 점에서 대단히 유용하다. 그러한 초신성 하나가 우리의 태양과 태양계 행성들의 탄생에 기여했다. 약간의 헬륨과 미량의 다른 원소들을 포함한 이 거대한 수소 가스 성운이 태양계의 요람이 된 것이다. 처음에 이 구름은 이렇다 할 형체도 없었으며, 아마도 오리온자리의 거대한 가스 덩어리들과 비슷하게 생겼을 것이다. 그 가스 구름은 우리의 현재 태양계보다는 훨씬 거대했지만 우주 안에 있는 다른 모든 것들처럼 중력의 영향을 받고 있었다. 따라서 수천 년에 걸쳐 자체 중력에 의해 안으로 수축되어 점차 구형이 되어갔다. 그리고 피겨 스케이팅 선수가 뻗친 팔을 안으로 잡아당겼을 때 회전이 증가하는 것과 똑같은 이치로 초기에는 느렸던 구름의 회전이 수축과정을 거치면서 점차 빨라지게 된다.

수천 년 동안 구름의 질량중심을 향해 모든 방향으로부터 물질이 떨어졌지만, 회전이 증가하면서 이 회전 평면을 따라 바깥방향의 힘이 나타났다. 이 힘은 평면에 있는 입자들이 안쪽으로 더 들어가는 것을 막는 작용을 했는데, 다른 방향의 수축에는 영향을 미치지 않았다. 이러한 수축이 계속되면서 거대한 구형 성운은 점차 평평해지기 시작했고, 나중에는 중심에 둥그런 벌지(bulge) 부분이 자라나고 그 바깥쪽은 원반모양이 되었다. 대부분의 물질은 이제 이 벌지에 있었으므로 주위를 둘러싸고 있는 원반보다 밀도가 훨씬 더 높았다. 중심에는 바깥쪽에 있는 물질들이 내리누르는 무게 때문에 특히 밀도가 높았다. 그 압축이 열을 발생시켰고, 수축이 계속되자 온도가 치솟았다. 그리고 중심의 부푼 것이 마침내 우리의 태양이 되었다.

중심에 있는 뜨거운 가스에 의해 발생된 복사는 곧 빽빽한 구름층 바깥으로 흘러나오기 시작했지만, 구름층을 쉽게 뚫고 빠져나올 수 없었다. 따라서 태양성운의 바깥 지역에서 온도가 줄어들게 되고 이렇게 해서 온도경사가 생겨난다.

성운의 대부분이 수소와 헬륨으로 이루어져 있기는 하지만, 1% 정도를 차지하는 소량의 더 무거운 원소들은 응축하기 시작했다. 벌지의 바로 바깥부분인 지금의 수성이 있는 곳의 온도는 높았으므로 철과 니켈,

그리고 마그네슘의 실리콘 합성물과 같은 무거운 원소들은 이곳에서 응축되었다. 그보다 바깥쪽의 지금의 지구 부근의 위치에서는 온도가 더 낮았고 철과 마그네슘, 그리고 여러 가지 산소화합물이 응축되었다. 마지막으로 목성 근처에는 탄소와 질소를 비롯해 산소와 암모니아가 물과 함께 응축되었다. 이것이 일반적으로 우리가 오늘날 보는 분포이다. 내행성들은 주로 무거운 원소들로 이루어진 고밀도의 핵을 갖는 반면 태양계의 더 바깥지역에 있는 큰 외행성들은 대부분 가벼운 원소들을 가지고 있다.

응축된 원소들은 아주 작은 알갱이로 중력 때문에 곧 중간평면에 형성되는 원반 안으로 밀려 들어갔다. 이 평면은 많은 면에서 토성의 고리와 비슷했는데 훨씬 더 크며, 토성의 고리와 달리 빽빽한 안개 속에 잠겨져 있었다.

알갱이들의 속도는 태양으로 가까이 갈수록 커졌으며 바깥쪽으로 갈수록 줄어들었다. 이것은 태양계 안에서 바깥쪽으로 움직여 갈수록 행성의 궤도속도가 줄어든다는 케플러의 행성운동 법칙 때문이다. 그리고 이런 속도의 차이 때문에 알갱이들은 서로 부딪히고 합쳐져서 더 큰 알갱이들을 이루었다. 이때 중력적 불안정이 나타나 거대한 원반은 깨어지기 시작했다. 응집과 결합이 계속되면서 알갱이들은 크게 성장하기 시작해서 곧 돌멩이만한 크기에서 지름이 수킬로미터까지 자라게 되었다.

태양계의 나이는 이제 약 8천만 년이었다. 현재 돌멩이들 혹은 소행성체라고 불려지는 것들은 계속해서 충돌하고 응집했다. 돌멩이들은 높은 궤도속도를 가지기는 했지만, 서로에 대한 상대속도는 작았으므로 충돌하면 떨어지기보다는 응집을 했다.

곧 최초의 원시행성들—현재 행성들의 전신—이 출현했다. 그중 네 개는 뜨거운 중심 벌지에 가까웠고, 네 개는 훨씬 더 바깥에 뻗쳐져 있었다. 이 시점에서 그들은 수소와 헬륨의 거대한 대기로 둘러싸여 있는 커다란 돌덩어리에 불과했다. 게다가 전체계는 여전히 거대한 가스 구름 안에 잠겨져 있었다.

원시행성들이 형성되고 있을 때 중심에 있는 원시태양의 밀도 또한 계속 높아지고 있었다. 핵은 벌써 수백만 도의 온도였고 계속 뜨거워지고 있었다. 그리고 온도가 1500만 도에 도달하면, 핵반응이 시작되고 곧 태양계에 강한 '태양 폭풍'을 내보내게 된다. 이 폭풍이 새로이 형성되고 있는 행성들 주위를 둘러싸고 있던 안개들을 날려보낸다. 내행성의 대기는 이로 인해 완전히 벗겨졌지만 폭풍의 위력은 외행성의 수소와 헬륨을 날려보낼 만큼 강력하지는 못했다. 이 무거운 행성들은 더 강력한 중력장을 가지고 있었으므로 대기를 보유할 수 있었다. 그들은 오늘날에도 여전히 가벼운 원소로 된 대기를 갖고 있다.

내행성들은 이제 어떤 대기도 없는 메마르고, 황폐한 돌덩어리로 남게 되었다. 그러나 행성 내부에서의 온도상승이 결국 화산활동을 일으킴으로써 이후 새로운 대기를 형성하게 된다.

오늘날 주위를 둘러보면 태양계에는 태양과 행성, 그리고 그들의 달 이외에도 다른 것들이 더 있다는 것을 알 수 있다. 태양 성운의 부스러기들 모두가 행성과 달 안으로 들어간 것은 아니었다. 사실 그 대부분은 여전히 화성과 목성 사이에 있는 띠 안에 남아 있다. 여기에 있는 부스러기는 암석의 형태로 있으며 천문학자들은 이것을 소행성이라고 부른다. 그리고 그 띠는 소행성대라고 불린다. 또한 태양계의 더 바깥쪽에는 또한 상당한 수의 혜성들이 있어 가끔씩 태양계 안쪽으로 들어와 긴 가스꼬리를 보여준다.

초기 태양계에 대한 우리의 지식은 현시점에서 상당히 제한되어 있다. 우리는 발생했던 사건에 대해서 어렴풋한 아이디어만을 갖고 있을 뿐이다. 게다가 불행히도 그 형성 이후 행성들에 많은 변화가 있어 왔으므로 연구에 상당한 어려움이 있다. 변하지 않은 채로 남겨진 유일한 것은 소행성과 혜성들뿐이다. 따라서 그들은 태양계 기원의 연구에 대단히 가치 있는 자원이다. 천문학연구소에 있는 일부 학자들은 초기 태양계를 이해하기 위해 사실 이러한 혜성들을 연구하고 있다. 천문학연구소의 데이브 즈위트는 아직도 혜성에 대해 알아야 할 것들이 많다고 한다. “문헌을 처음 읽을 때는 혜성에 대해 많은 것이 알려져 있다는 인상을 받을 것입니다.” 그는 이렇게 말한다. “사람들은 이렇게 말하죠. ‘이것은 이렇다……저것은 저렇다.’ 그러나 사실상 확실히 알려진 것은 거의 없습니다.”

혜성

빛을 내는 긴 꼬리와 유령 같은 오로라를 가진 혜성은 고대인들에게 두려움의 대상인 동시에 재난의 징조로 여겨졌다. 그러나 영국의 에드문드 핼리가 대부분의 혜성이 주기적이라는 사실을 밝힌 뒤 이 두려움의 많은 부분이 사라졌다. 그는 뉴턴의 만유인력 법칙을 이용해 과거에 몇 차례 나타난 적이 있는 특히 밝은 한 혜성의 궤도를 계산했다. 그의 계산에 따르면 그 혜성은 76년의 주기를 가졌으며 1758년에 다시 돌아올 것이었다. 그리고 예상했던 대로 그 혜성이 돌아왔다. 하지만 그때에는 이미 핼리가 사망한 지 몇 년이 지난 뒤였다.

태양에서 멀리 떨어져 있는 혜성을 망원경으로 보면 마치 작고 희미한 별처럼 보인다. 그러나 점점 태양에 가까워지면 코마가 나타나는데 이 코마는 100,000마일까지나 길게 뻗치는 혜성을 싸고 있는 혜성 핵 둘레의 가스구름이다. 태양 근처에서 마침내 수백만 마일 이상이나 뻗치는 꼬리가 형체를 드러낸다. 이 꼬리는 항상 태양에서 멀어지는 쪽에 놓여 있

1986년에 돌아온 핼리 혜성 (스코트 존슨과 마이크 조너 제공)

다. 사실 가까이서 본다면 약간 다른 방향을 가진 두 개의 꼬리가 있음을 알게 된다. 두 개의 꼬리 중 더 매끄러운 하나만이 태양으로부터 멀어지는 쪽을 가리키고 있는데 그것은 가스꼬리라고 부른다. 그리고 대체로 먼지 입자들로 이루어진 더 울퉁불퉁한 꼬리는 먼지꼬리라고 부른다.

꼬리는 왜 생기는 것일까, 그리고 두 개의 꼬리가 있는 것은 무엇 때문일까? 하버드 대학교의 프레드 위플은 1950년에 내놓은 '더러운 눈덩이' 모형을 통해 그 해답을 제시했다. 이 모형에 따르면 혜성은 물, 메탄, 암모니아, 이산화탄소, 일산화탄소, 그리고 시안화수소를 포함하는 냉각된 물질들의 혼합물이다. 혜성의 꼬리는 태양이 이 동결된 눈덩이의 바깥층에서 증발할 때 만들어진다. 얼음은 승화해서 핵 주위에 가스구름을 형성한다. 가스가 더러운 눈덩이로부터 쏟아져 나올 때는 먼지와 부스러기도 함께 실어 나오게 되므로, 가스구름에 미세한 먼지 입자들이 가미된다.

혜성이 태양에 더 가까워져서 꼬리 하나가 형성되면, 태양풍이 그 꼬리를 태양 반대 방향으로 밀쳐낸다. 그러나 가스는 부스러기들보다 훨씬 가벼우므로, 더 쉽게 밀쳐진다. 그리고 더 무거운 먼지 입자들은 약간 다른 방향에서 별개의 꼬리를 형성하게 된다.

혜성의 구조문제와 더불어 주기성에 관한 문제가 있다. 핼리는 몇 개의 혜성이 주기적이라는 것을 밝혔지만, 결국에는 모든 혜성이 주기적인 것은 아니라 것이 발견되었다. 거의 매년 과거에는 나타난 적이 없는 혜성이 발견되곤 했다. 천문학자들은 곧 장주기와 단주기를 가진 두 가지 유형의 혜성이 있다는 것을 알게 되었다. 장주기 혜성들은 수백에서 수천년의 주기를 가진 반면, 단주기 혜성들은 수년에서 최대 약 200년까지 걸친 주기를 가지고 있었다.

무엇 때문에 그렇게 큰 차이가 있을까? 네덜란드의 젠 오트는 위플

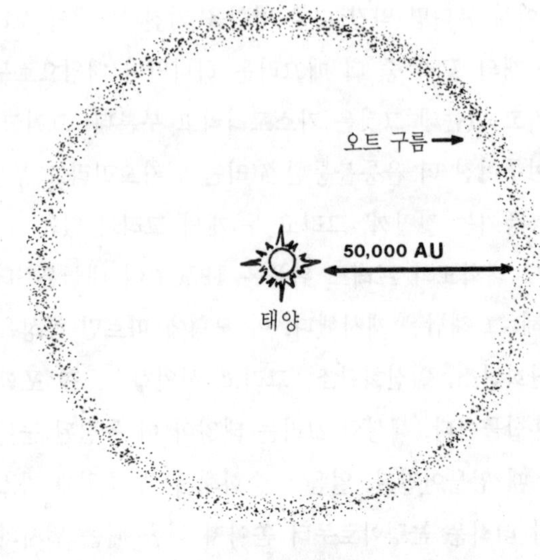

오트 구름의 모식도

이 더러운 눈덩이 모형을 발표한 시기와 거의 동시에 그 해답 하나를 제시했다. 오트는 태양계가 빽빽이 모여 있는 많은 혜성핵들로 둘러싸여 있다고 가정했다. 이 혜성핵들은 태양으로부터 50,000천문단위(astronomical unit ; AU)에서 150,000AU 되는 거리까지 뻗쳐 있는 거대한 구형내에 있는 수십억 개의 더러운 눈덩이들이라는 것이다. 그는 또한 그 혜성핵 무리가 소행성대 근처 어딘가에서 형성되었으며, 목성에 의해 이렇게 먼층까지 밀려난 것이라고 설명했다.

오트에 따르면 지나가는 별이 가끔 이 곳에 있는 혜성들 중 하나를 교란시키게 되면 그것이 태양계 안쪽으로의 긴 여행을 시작한다는 것이다. 여송연 모양의 타원형 궤도를 따라간다면 행성들까지 도달하는 데 100,000년이 걸릴 것이다. 만일 내부 태양계에서 별다른 중력적 교란을 받지 않으면 혜성은 계속해서 오트 구름까지 되돌아나갔다가 100,000년

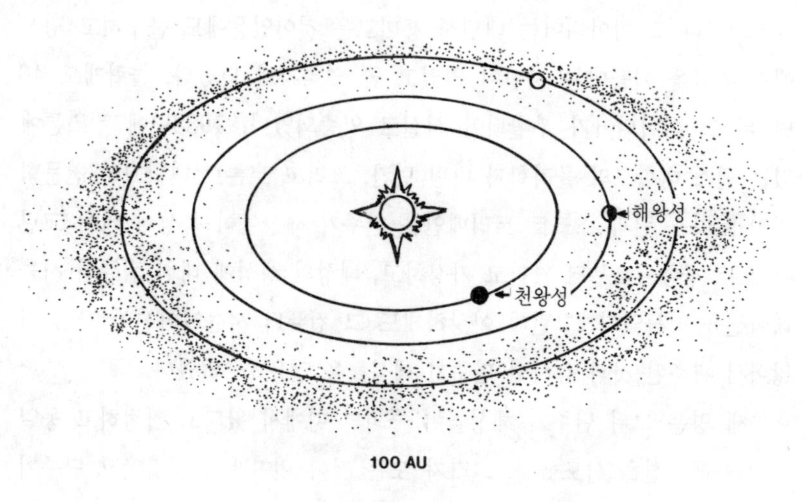

쿠퍼 띠의 모식도

후에 다시 내부 태양계에 나타날 것이다. 그러나 때로 어떤 혜성들은 내부 태양계를 지나는 동안 목성이나 토성에 의해 교란되어서, 훨씬 더 짧은 주기를 가진 새로운 작은 궤도로 바뀐다. 그러면 그 혜성은 단기 혜성이 된다.

흥미롭게도 오트가 이 가설을 내놓을 즈음 위스콘신에 있는 여키스 연구소의 제라드 쿠퍼가 또 하나의 가설을 제시했다. 그때에는 태양계의 기원에 대해서 여전히 상당한 논란이 있을 때였는데, 쿠퍼는 혜성이 태양 성운으로부터 형성되었다고 확신했다. 그 몇 년 전 진화모형을 내놓았던 쿠퍼는 태양폭풍이 내부 태양계에 있는 모든 원시 혜성물질들을 증발시켜 버렸을 것이라고 확신했다. 그러나 그는 천왕성의 궤도 너머에 있는 지역에는 혜성 핵의 띠를 만들기에 충분한 이런 물질들이 있을 것이라고 믿었다. 그의 계산에 따르면 이 띠는 태양에서 35~50AU 떨어진 곳에 있었다.

그러나 그 아이디어는 대단히 흥미로운 것이었음에도 불구하고 당시에는 관심을 기울이는 사람이 없었고 곧 잊혀지게 되었다. 놀랍게도 40년 뒤 그 아이디어가 부활되어 사실로 입증되었다. 1988년에 킹스톤에 있는 퀸스 대학교의 물리학자 마틴 던칸, 그리고 토론토 대학교의 천문학자인 토마스 퀸과 스코트 트리메인은 단주기 혜성들이 목성에 의해 교란된 오트 구름으로부터 왔다고 가정하고, 혜성의 생성에 대한 컴퓨터 시뮬레이션을 만들었다. 그런데 이상하게도 그 컴퓨터 시뮬레이션이 잘 듣지 않아서 관측된 것과 유사한 단주기 혜성들을 얻을 수 없었다.

세 명은 그뒤 단주기 혜성들이 쿠퍼의 띠에서 왔다고 가정하고 동일한 시뮬레이션을 시도했다. 그러자 모든 것이 멋지게 들어맞았고 단주기 혜성들의 경우는 놀랄 정도로 잘 맞았다. 유일한 문제는 어느 누구도 쿠퍼의 띠를 관측한 적이 없다는 것이었다.

단주기 혜성은 쿠퍼의 띠에서 나오는 것 같았지만 장주기 혜성은 여전히 오트 구름에서 시작된다고 가정되었다. 그러나 많은 사람들은 혜성이 서로 멀리 떨어져 있는 두 개의 띠에만 존재한다는 것을 이상스럽게 여겼다. 특히 왜 그 두 개의 띠 사이에 거대한 빈 공간이 존재하는지가 큰 의문이었다. 뉴 멕시코에 있는 로스앤젤레스 연구소의 잭 힐스는 1981년에 이미 이 지역에도 혜성이 존재한다고 제안한 바 있다. 그는 해왕성의 궤도에서 시작되는 '내부 혜성 구름'을 가설로 내놓았는데, 우리는 이제 그것이 쿠퍼 띠의 안쪽 가장자리이며 오트 구름까지 뻗쳐 있다고 추정하고 있다. 그는 이 부분이 오트 구름보다 200배나 많은 혜성들을 포함하고 있다고 믿었으며, 천문학자들은 이제 그의 견해를 좀더 진지하게 다루고 있다.

쿠퍼 띠의 관측

"내 연구실 안은 답답해요." 천문학연구소의 데이브 즈위트가 문앞에서 내게 인사하며 이렇게 말했다. "발코니로 나갑시다."

우리는 하얀 원탁 앞에 앉았다. 날씨는 따뜻하고 하늘엔 구름 한 점 없었다. 멀리에 보이는 산들은 빽빽한 수림으로 뒤덮여 있었다. 즈위트는 불과 2개월 전에 하버드 대학교의 제인 루우와 함께 쿠퍼 띠에 있는 두 번째 천체를 발견했다.

즈위트는 영국의 런던 북부 지역에서 태어나 노동자 계급 아이들이 다니는 학교에 들어갔다. 그는 자기가 성장한 런던 북부 지역을 노동자 지역이라고 불렀다. "영국은 계급 구조로 나뉘어져 있습니다." 그는 이렇게 말한 뒤 고개를 저었다. "이상한 사회지요. 그리고 나는 그것의 영향을 느낄 수 있었어요."

그의 부모는 둘 다 공장에서 육체노동을 하는 막노동자였다. 그들은 비록 교육을 거의 받지 못했지만 그들 자식의 교육에는 대단히 열성적이었다. "부모님들은 교육을 다른 어떤 것 …… 더 좋은 어떤 것으로 느끼고 계셨어요." 즈위트는 이렇게 말했다. "그들은 매우 열심이셨죠."

즈위트는 6, 7살쯤 되었을 때 천문학에 흥미를 갖게 되었다. "그 당시에는 내가 천문학에 발을 들여놓으리라고는 전혀 생각지 못했어요. 경제적으로 부유하지 못한 지역에서 성장하는 것의 특징 중 하나는 그 시기에 세상에서 무슨 일이 벌어지고 있는지를 모른다는 것이죠. 교육을 받기 위해 어떤 경로를 따라가야 하는지에 대해 어느 누구도 말해 주지 않아요. 나는 심지어 교육받는다는 것이 무슨 의미가 있는지조차도 몰랐으니까요. 나는 어떻게 해야 천문학자가 되는지도 전혀 몰랐어요."

그의 첫 망원경이었던 5센티미터 반사망원경은 그에게 달과 행성들

데이브 즈위트 (Dave Jewitt)

을 소개해 주었다. "나는 너무나 매료되었어요." 천문학에 빠져 버린 그는 4인치 반사망원경부터 시작해 망원경을 만들기 시작했다. 그리고 몇 년에 걸쳐 계속해서 점점 더 큰 망원경들을 만들더니, 마침내 지름이 32 센티미터나 되는 망원경을 만들었다.

런던은 천체 관측에 이상적인 장소가 아니었다. 하늘이 너무 밝아서 별들을 보기 어려웠으므로 즈위트는 대부분의 시간을 달과 행성을 보면서 보냈다. 그는 곧 관측 이상의 어떤 것에 대한 욕구를 느꼈다. 그는 망원경들을 사용해서 달과 행성을 연구해 보기로 했다. 그래서 그는 목성

위에 나타난 무늬들을 그리기 시작했고, 즉시 이 무늬 그림을 통해 목성의 자전주기를 결정할 수 있다는 것을 알았다. 이 즈음에 그는 영국 천문학회에 가입하게 되어 매달 그 모임에 참석하고 있었다.

그는 런던 대학교에서 천문학과 물리학으로 학사학위를 받았다. "천문학/물리학 공동학위라고 부르기는 했지만, 사실 커리큘럼의 대부분은 물리학이었어요." 1979년에 그는 대학원 과정을 밟기 위해 칼텍으로 갔고, 짐 웨스트팔 밑에서 혜성과 행성상 성운에 관한 논문을 썼다.

1992년과 1993년 그와 제인 루우는 태양계 외곽에 있는 두 천체의 정체를 밝혔다. "그것들은 태양계에서 탐지될 수 있는 가장 먼 천체예요. 지름이 각각 약 250킬로미터인데, 우리는 그것들이 쿠퍼 띠의 일부라고 확신하고 있습니다." 즈위트는 잠시 말을 멈추었다가 다시 이렇게 덧붙였다. "우리는 태양계에서 가장 큰 원시 물질덩어리 중 하나를 발견했다고 생각하고 있어요."

그 두 천체는 마우나케아에 있는 2.2미터 하와이 대학교 망원경에 부착된 대형 전하결합소자를 이용해 발견되었다. 그들이 이용한 과정은 간단했다. 그들은 정해진 시간 간격마다 전하결합소자를 사용해 임의의 하늘사진을 4장 정도 찍은 뒤, 그 영역에서 다른 별들에 대해 상대적으로 움직인 것처럼 보이는 천체들을 찾았다. 이 단계의 작업에서는 컴퓨터를 이용해 네 개의 사진들을 순차적으로 깜박일 수 있게 했다. 이렇게 하면 별은 모두 같은 위치에 남아 있을 것이나 소행성이나 혜성은 컴퓨터가 깜박여질 때 뛰어오르는 것처럼 보일 것이다. 그들은 특히 매우 느리게 움직이는 천체들을 집중적으로 찾았다. 이미 언급한 것처럼 태양 주위의 궤도에 있는 천체들은 케플러의 법칙을 잘 따른다. 이것은 태양에 가장 가까이 있는 천체들이 가장 빨리 움직이며, 태양에서 멀어질수록 점점 더 느리게 움직인다는 것을 의미한다. 그러므로 해왕성 너머에 있는 것은 어떤 것이든 매우 느리게 움직일 것이다.

즈위트와 루우에 의해 발견된 천체들은 23등급으로 대단히 희미하다. 이것이 대체적으로 전하결합소자의 도움 없이 대부분의 대형 망원경들이 얻을 수 있는 한계등급에 해당한다. 전하결합소자를 이용하는 경우 약 28등급까지 관측할 수 있다.

즈위트가 특히 흥분했던 것은 그 두 천체가 1제곱도라는 작은 하늘의 영역에서 같이 발견되었기 때문이다. 이는 전체 황도면에 따라 외삽한다면 쿠퍼 띠 안에 이런 크기(250킬로미터)의 천체가 적어도 10,000개는 있어야 한다는 것을 의미한다. 더욱이 작은 혜성들은 큰 것들보다 더 흔한 것으로 알려져 있다. 따라서 더 작은, 예를 들면 핼리 혜성처럼 지름 10킬로미터 크기의 혜성들은 즈위트와 루우가 추산하는 것보다 훨씬 더 많을 것이다. 즈위트는 쿠퍼의 띠 안에는 핼리 혜성 크기의 천체가 어림잡아 10억에서 100억 개가 있을 것이라고 산정한다.

즈위트는 그 발견에 대해 상세히 설명하며, 내게 그 발견의 중요성을 지적해 주었다. "이 발견은 우리에게 태양계의 기원을 엿볼 수 있게 해준다는 점에서 중요합니다. 이 천체들이 발견된 저 바깥쪽의 온도는 50K 미만 정도로 낮고 태양계가 탄생된 이후에는 대단한 변화가 없었습니다. 가스들이 모두 동결되어 있고 상호간에 충돌이 일어나는 시간도 몹시 길지요. 우리는 쿠퍼 띠 안에 있는 천체들의 물리적 관측을 통해 초기 태양계를 이해하게 되기를 희망하고 있어요. 우리는 앞으로 몇 년 동안 이런 천체를 50~60개 정도 더 발견해서 그들의 모양과 크기, 자전 성질, 색깔, 표면 성분들을 조사하고 이 성질들을 과거 행성들의 형성과 관련지으려고 합니다. 실현 가능성이 높은 일이죠."

즈위트가 그의 연구에서 사용하고 있는 전하결합소자는 4백만 픽셀을 가지고 있다. "현존하는 전하결합소자 중에서 최고의 품질이죠. 그것은 또한 90%에 가까운 양자 효율을 주는 반사억제 물질로 코팅되어 있어요." 그는 이렇게 말했다.

나는 그에게 외부태양의 행성계 안에서 혜성대를 관측할 수 있다고 생각하는지 물었다. 그는 머뭇머뭇하다가 이렇게 대답했다. "가능하다고 생각합니다. 그것을 탐색하는 데는 서브밀리미터 망원경이 유용할 것입니다." 그리고는 미소를 지으며 이렇게 덧붙였다. "그러나 그것들을 이해하려고 한다면 우선 우리 태양계 안에 있는 혜성대를 이해해야겠죠."

즈위트는 자신의 연구에도 서브밀리미터 망원경을 이용해 오고 있었다. 그가 그것을 이용해서 조사하고 있는 문제들 중 하나는 혜성들로부터의 질량 손실이다. 혜성으로부터 나온 입자들 중 많은 것들은 서브밀리미터 영역에서 보여지며 막스웰 망원경으로 가장 잘 관측된다. "이건 어려운 문제예요. 이 분야 연구의 첨단에 해당하는 것이죠."

즈위트는 또한 최근에 혜성 슈메이커-레비의 뛰어난 화상을 얻은 바 있었다. 그 혜성은 1993년 3월 24일에 목성 부근에서 발견되었다. 이틀 후 그는 2.2미터 망원경으로 관측해 그 혜성의 전하결합소자 화상을 얻었다. "슈메이커-레비 혜성은 20개의 뚜렷한 핵을 가진 흥미있는 천체입니다. 우리는 각각의 코마에서 먼지를 보죠. 핵들 자체만을 따로 볼 수는 없지만 그들은 아마도 지름이 단 수백 미터 정도에 불과할 것입니다. 20개 모두 우주공간 속으로 함께 움직이고 있는데 그들이 곧 흩어지기 시작하리라 예상하고 있습니다. 그 와해에 대해서는 아직 상세히 모릅니다. 20개가 한번에 부서져 나갈지, 혹은 한번에 하나씩 이루어질지 확신하지 못합니다. 발견된 지가 이제 아마 1년쯤 되었고 앞으로도 한동안은 관측을 계속할 수 있을 것입니다. 우리는 그런 종류의 혜성이 드물다고 생각하지만, 어쩌면 그것은 사람들이 그런 것을 과거에 한번도 보지 못했기 때문인지도 모르죠. 우리는 가능한 한 오랫동안 살펴볼 계획입니다."

단주기 혜성과 장주기 혜성: 어떻게 다른가?

천문학연구소의 카렌 미치 또한 혜성에 대해 연구하고 있다. 현재 그녀의 주요 관심사는 단주기 혜성과 장주기 혜성 사이의 물리적 차이를 결정하는 것이다. "수년 동안 사람들은 이 두 그룹이 물리적으로 다르다고 생각해 왔습니다." 미치는 이렇게 말한다. "매우 낮은 온도의 오트 구름에서 전생애를 보내온 혜성들은 내부 태양계에 있는 단주기 혜성들에 비해 증발되기 쉬운 휘발성 물질을 더 많이 포함하고 있습니다. 나는 두 그룹 사이의 이러한 차이가 태양계가 어떻게 형성되었으며, 그 당시의 조건들은 무엇이었는지에 대한 이해에 도움이 되기를 바라고 있습니다."

미치는 콜로라도의 덴버에서 태어나 대학에 입학할 때까지 그곳에서 살았다. 그녀의 꿈은 국민학교 때부터 고등학교 때까지 내내 우주비행사가 되는 것이었지만, 대학을 다니면서 천문학 쪽으로 결정했다. 그녀는 텍사스의 라이스에서 학사학위를 받았다.

졸업한 뒤 그녀는 대학원에 입학하기 전에 1년 동안 학업을 중단하고 천문학 분야에서 일했다. 보스톤에 있는 미국 변광성 관측자 연구소에서 친구 한 명과 함께 일을 하게 된 것이다. 그 조직을 운영하는 것은 프로페셔널 천문학자들이었지만, 모든 관측은 아마추어 천문학자들에 의해 이루어졌다고 그녀는 말했다. 그들은 변광성들을 모니터해서 보고서로 제출했다.

그러나 그 일은 파트타임이었으므로 시간이 많이 남아 다른 파트타임 일거리를 알아보려고 MIT에 갔다가 천문학과의 짐 엘리오트로부터 행성의 고리에 관한 파트타임 일자리를 얻게 되었다. 그런데 그녀가 얼마간 일했을 때, 그가 MIT에서 대학원 과정을 밟을 것을 제안했다. "나는 그곳이 세상에서 가장 험악한 곳이라고 생각했어요." 그녀는 이렇게 말했

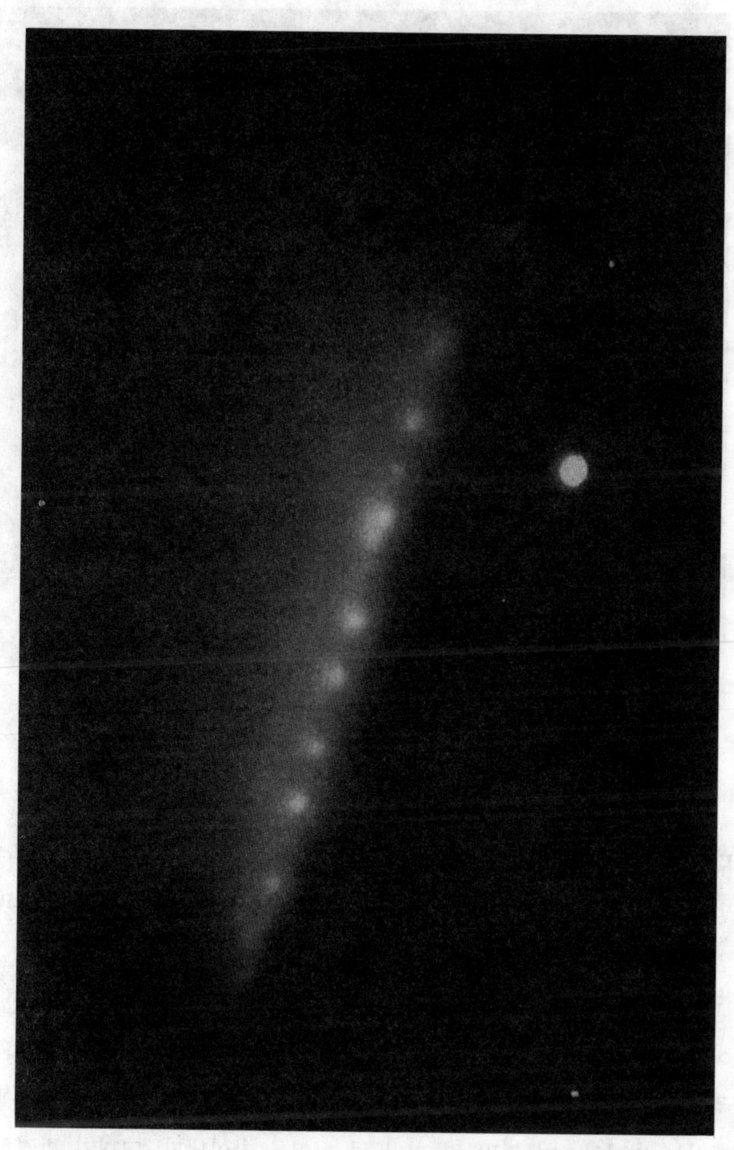

목성 부근에 있는 슈메이커-레비 혜성 (데이브 즈위트와 제인 루우 제공)

카렌 미치

다. 하지만 "어쨌든 나는 그곳에 갔어요." 그녀는 행성과학으로 학위를 받았다. 그녀의 논문은 핼리 혜성의 진화와 활동, 그리고 핼리 혜성과 더 먼 혜성들과의 비교에 관한 것이었다.

미치는 혜성이 얼마나 밝고 얼마나 활동적인지, 그리고 언제 활동적이기 시작했는지, 언제 활동을 멈출 것인지를 알아보기 위해 단주기와 장주기 혜성 약 50개를 조사해 왔다. 그녀의 목적은 두 그룹의 차이를 결정하는 것이었으며 정말 몇 가지 큰 차이를 찾아냈다. 그녀가 발견한 최초의 차이 중 하나는 장주기 혜성이 단주기 혜성보다 일반적으로 훨씬 더 밝다는 것이었다. 그녀는 또한 장주기 혜성이 태양에서 훨씬 더 멀리 떨어진 곳에서부터 코마를 만들기 시작한다는 것을 알아냈다. 이것은 장주기 혜성이 단주기 혜성보다 휘발성 물질을 더 많이 가지고 있다는 것을 의미한다. 그러나 그녀는 핼리 혜성은 예외라고 말했다. 그것은 단주기 행성치고는 비교적 일찍 코마를 만들기 시작한다.

"이 차이가 연령에 기인하는 것인지, 혹은 장주기 혜성이 단순히 더 큰 것인지에 대해서는 아직도 어느 정도 논란이 있습니다." 미치는 이렇게 말한다. "가장 논리적인 설명은 혜성이 점차 나이를 먹어감에 따라 변화한다는 것이죠. 점차 먼지층들이 쌓일테고 얼음들이 증발해 버리겠지요. 그러면 휘발성 물질들도 같이 없어져 갈 것입니다."

지금까지 이루어진 작업의 대부분은 1024×1024 픽셀짜리 전하결합소자를 이용했다. 그러나 미치는 그 연구소의 한 그룹이 8192×8192 픽셀을 가진 전하결합소자에 대해 연구하고 있다고 언급했다. 그녀는 그 전하결합소자가 완성되면 그것을 사용하게 되기를 기대하고 있다. 그 큰 전하결합소자는 거의 1제곱도에 달하는 넓은 하늘을 한꺼번에 관측할 수 있도록 해줄 것이라고 말했다.

미치는 1991년에 핼리 혜성에서 섬광을 발견하기도 했다. 핼리는 태양으로부터 후퇴할 때 예상대로 희미해졌고 태양으로부터 약 1AU 떨어져 있을 때는 완전히 꺼져버렸다. 그런데 14AU에서 갑자기 24등급에서 16등급으로 밝아졌다. 이것은 굉장한 밝기의 증가였고 거의 예상하지 못했던 것이었다. 특히 놀라운 것은 그러한 폭발을 일으키는 것은 태양에서 나온 에너지라고 일반적으로 생각되고 있지만, 정작 그 폭발이 발생했을 때 핼리 혜성이 태양에서 굉장히 멀리 떨어진 거리에 있었다는 것이다.

"코마의 확장으로부터 우리는 분출속도를 알 수 있었습니다. 또한 밝기의 확장은 휘발성 물질들에 대한 것들을 말해 줍니다. 무엇이 그것을 일으키느냐에 대해서는 많은 이론들이 있어 왔습니다. 거대한 돌의 충격, 태양풍의 충격파 등 많은 가능성들이 있죠. 그러나 가장 그럴듯한 설명은 혜성 표면 밑에 있는 휘발성 물질입니다. 때때로 가스 주머니가 거대한 압력으로 폭발하는 경우처럼 말입니다. 핼리 혜성의 경우는 아마 이런 것 같습니다."

카이론

미치와 즈위트 모두 1977년에 찰스 코왈이 블링크 컴페레이터(blink comparator)를 사용해 발견한 카이론이라는 천체에 대해 연구해 왔다. 코왈에게는 그것이 혜성처럼 보이지 않았지만, 지름이 200~800킬로미터 정도로 소행성으로 보기에는 비교적 컸다.

하버드의 브라이언 마스덴은 그 궤도를 계산했고 궤도가 소행성이나 혜성보다 더 원형이라는 것을 알았다. 궤도의 대부분은 토성과 천왕성 사이에 있었지만, 태양에 가까워질 때는 토성의 궤도 안쪽에 있었다. 주기는 50.7년이었다.

카이론은 초기에는 소행성이라고 생각되었지만, 궤도가 대부분의 소행성들보다 훨씬 더 멀리까지 뻗쳐 있었다. 더욱이 1987년 말에는 그것이 갑자기 밝아졌다. 그런 행태는 일반 소행성에서는 보여지지 않는 것이었다. 밝아진다는 것은 카이론이 어쩌면 혜성이라는 것을 나타냈지만, 코마에 대한 어떤 증거도 없었다. 그러나 1989년 4월에 미치와 투산에 있는 국립 광학천문학 연구소의 미카엘 벨톤은 카이론에서 코마를 찾아내게 된다. 그리고 그 발견은 11월에 H. 스핀라드와 M. 디킨슨에 의해 확인되었다.

즈위트는 1991년 말, 이 천체의 지름을 정확히 측정하기 위해 제임스 클럭 막스웰 서브밀리미터 망원경으로 관측을 시도했다. 그리고 지름이 약 300킬로미터로 밝혀짐으로써 카이론은 지금까지 발견된 것들 중 가장 큰 혜성핵이 되었다.

즈위트와 다른 이들이 혜성과 태양계 안에 있는 다른 원시 천체들을 계속해서 연구하는 한 우리 태양계의 기원에 대한 중요한 이해가 이루어질 날도 멀지 않았다.

제 15 장

마우나케아 천문대의 밝은 미래 : 차세대 망원경들

현재 천문학자들이 이용하는 망원경들이 아주 많음에도 불구하고 망원경 시간을 따내는 것은 여전히 어렵다. 관측시간 지원의 거의 2/3가 실현되지 못하므로 만일 더 많은 망원경들이 건립되지 않는다면, 앞으로 몇 년 내에는 시간 경쟁이 훨씬 더 심화될 것이다. 그러나 다행히도 마우나케아 정상을 비롯해 여러곳에 많은 망원경들이 건립중에 있다.

제미니 망원경

1986년에 국립 광학천문학 연구소(National Optical Astronomical Observatory ; NOAO)와 천문학 연구를 위한 대학교 연합(Association of Universities for Research in Astronomy ; AURA)이 미국에서의 야간 천문학의 미래를 고찰하기 위한 만남을 가졌다. 그들은 망원경의 부족과 많은 천문학자들이 망원경 시간을 얻는 데 갖고 있는 어려움들을 염려했다. 그 문제가 어떻게 해결될 수 있을까? 그들은 북반구와 남반구에 각각 하나씩 두 개의 대형 망원경이 필요하다는 결정을 내렸다. 둘 모두 지름이 거의 8미터이어야 하며 하나는 마우나케아에, 그리고 다른 하나는 칠레에 놓여야 할 것이다. 1989년 9월에 그 두 망원경의 자금을 위한 신청서가 국립 과학 재단으로 보내졌다. 그 프로젝트는 제미니로 불리게 되었다.

아리조나 대학교 스튜어드 연구소의 과학자와 엔지니어들은 대형거울의 기술개발을 위해 몇 년 동안이나 일해 왔으므로 자신들이 그 거울을 공급하게 될 것으로 생각하고 있었다. 스튜어드의 로저 앤젤과 그의 팀은 유리가 녹아 있는 동안 회전을 가함으로써 오목한 표면을 갖는 블랭크들을 주조하는 혁신적인 방법을 개발했다. 일반적으로 표면을 오목형태로 갈아내는 데는 수년이 걸리므로, 이 혁신적인 기술은 시간과 비용 모두에서 상당한 절약을 가져올 것이다. 앤젤은 또한 특별한 강도를 주기 위해 거울 표면 밑에 벌집모양의 구조를 갖는 주경을 주조하는 기술을 개발했다. 그의 연구팀은 붕소 규산염 유리를 사용해 3.5미터 디스크를 세 개 주조했다. 그들이 그 블랭크들을 공급하게 될 것이라고 여겨졌던 주된 이유 중 하나는 그들이 수년 동안 국립과학재단(NSF)의 후원을 받았고, 이 재단이 두 개의 제미니 망원경에 자금을 대고 있기 때문이다.

그러나 뉴욕의 코닝 유리사 역시 대형 디스크 기술에 상당한 경험을 가지고 있었다. 오래 전 그들은 5미터 팔로마 거울의 블랭크를 주조한 적이 있었다. 더욱이 그들은 자신들이 ULE(Ultra Low Expansion ; 초저팽창)라고 부르는 매우 낮은 팽창률을 가진 새로운 형태의 유리를 개발했다. 그 거울의 팽창률은 붕소규산염 유리보다 상당히 낮았다. 그리고 그들은 유연하지만 상당한 비틀림을 견딜 수 있을 만큼 견고한 비교적 얇은 블랭크를 주조할 수 있었다.

두 프로젝트의 비용견적이 작성되었는데 1억 7천 6백만 달러가 들 것이라는 결정이 내려졌다. 그런데 NSF는 그 금액의 반인 8천 8백만 달러를 부담하는 데만 동의하고 더이상 부담을 할 수 없다고 못박았다. 따

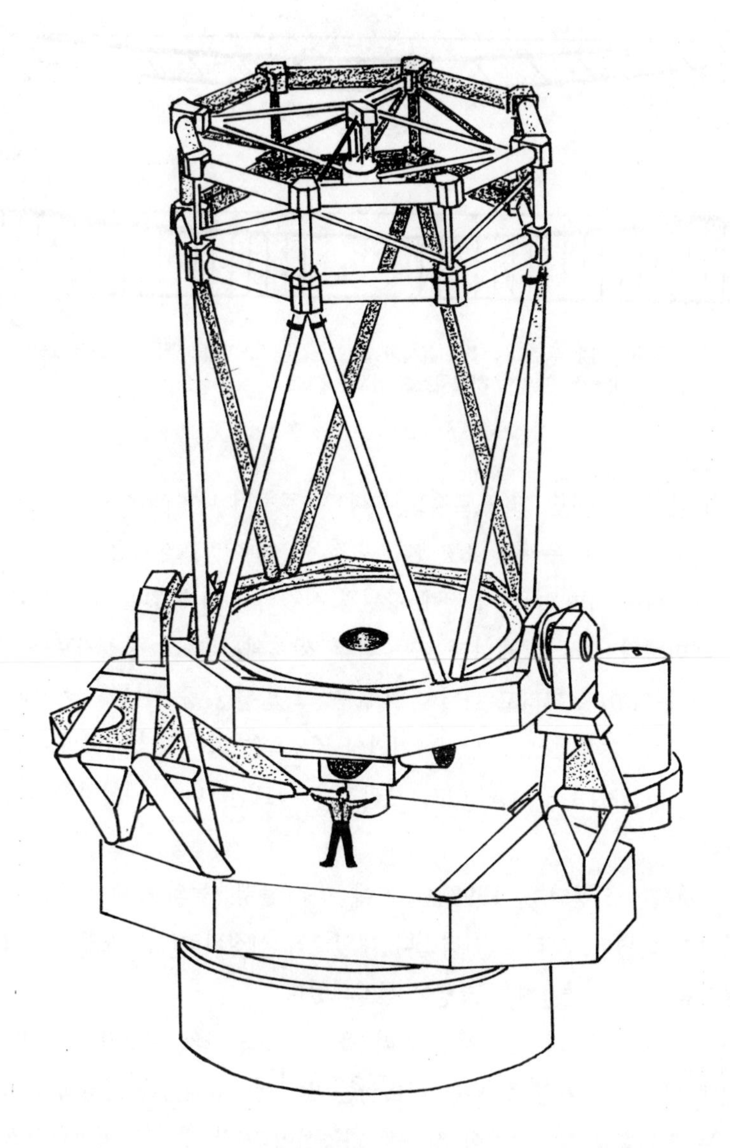

제미니 망원경의 도식도

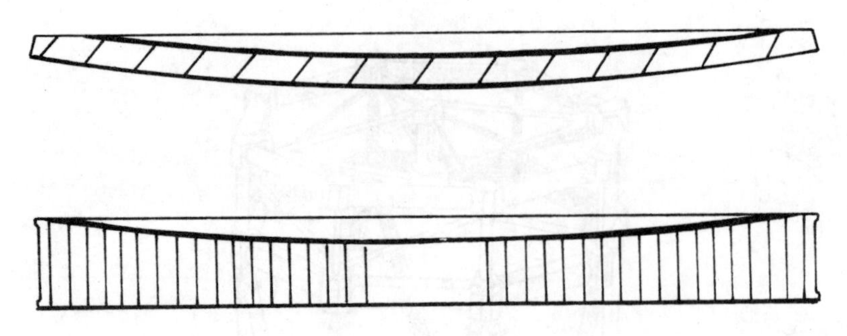

위 : 코닝에 의해 주조되는 것과 유사한 얇은 요철렌즈. 아래 : 앤젤과 그의 그룹에 의해 주조되는 벌집모양의 하부구조를 가지는 렌즈.

라서 나머지 비용은 그 프로젝트의 파트너로부터 나와야만 할 것이다. 많은 천문학자들이 우려를 표명했다. 이것은 그들이 그 망원경들을 다른 팀과 공유해야 하며, 따라서 전체 망원경 시간의 반밖에 얻을 수 없다는 것을 의미했다. 영국과 캐나다 모두 각각 25%와 15%의 동업자로 합류하는 데 동의했다. 그리고 나머지 10%는 그 망원경 중 하나가 남아메리카에 놓여질 것이었으므로 남아메리카의 몇몇 국가들이 교섭되었다. 칠레가 5%를 부담하는 데 동의했고, 브라질과 아르헨티나가 나머지를 맡기로 했다.

계획이 완성되자, 1992년 9월에 거울 블랭크들의 수주를 하기 위한 회의가 열렸다. 그리고 아리조나 대학교가 선정되리라는 모든 사람들의 예상을 뒤엎고 놀랍게도 코닝이 선정되었다.

그 프로젝트의 팀장인 시드니 울프는 코닝사의 디스크가 제미니의 설계 명세서와 가장 잘 맞는 것이라는 말로써 그 선정을 정당화했다. 그녀는 위원회로서는 그것이 성공할 가능성이 가장 많다고 확신한다고 말했다. 더욱이 코닝의 입찰가격이 아리조나 대학교의 것보다 상당히 낮았다. 아리조나 대학교는 디스크당 약 3백만 달러가 되는 주조 실패에 대한 위험부담을 AURA가 공유해야만 할 것이라고 말했다. 반면 코닝은 붕소규산염과 달리, ULE 유리가 작은 결점을 없애기 위해 재가열될 수 있어서 만일 전체 주조가 실패작이라 해도 그 유리가 재사용될 수 있으므로 유사한 요구를 하지 않았다. 그러나 붕소규산염 유리의 경우엔 이렇게 할 수 없다.

많은 천문학자들은 AURA의 결정에 분노했다. 몇 년에 걸쳐 상당한 돈이 NSF에 의해 아리조나 대학교 프로젝트로 들어갔고 그 프로젝트의 미래는 어느 정도 제미니 계약을 따내는 것에 달려 있었다. 반발이 사실상 너무나 커서 수주 발표 후 두 달 내에 NSF가 외부의 독립적 평가를 요구했다. 결과적으로 코넬의 제임스 후크를 장으로 하는 7명의 미국 천문학자들로 이루어진 위원회가 구성되었다. 그러나 이상하게도 외국 동업자들로부터는 아무런 항의도 없었으며 위원회에는 유리 주조에 관한 전문가가 한 사람도 없었다.

몇 달 내에 그 새로운 위원회는 코닝의 요철 렌즈가 위험하다는 결론을 내렸고 결정 내용을 NSF에 보고했다. 아리조나 대학교는 코닝보다 더 많은 경험을 가지고 있었다. 아리조나 대학교는 막 6.5미터 디스크를 주조했지만 코닝사가 만든 최대렌즈는 4미터에 불과했다. 따라서 위원회는 AURA에 붕소규산염 유리 디스크로 전환할 것을 강력히 촉구했다.

그러나 AURA는 그 추천을 무시했고 요철형 디스크를 사용하는 그들의 계획을 진행시키게 된다. 그러나 최종결정은 결국 국회와 과학재단이 하는 것이었다. 그런데 그들이 이 문제에 대해 좀더 검토를 할 것을 요구하고 나섰다. 그 논쟁 때문에 그 망원경은 어떤 형식의 주경도 받아들일 수 있도록 다시 디자인되었다. 현재는 어느 누구도 어느 쪽이 될지 확신하지 못하고 있다.

아리조나 대학교 디스크의 비용이 다소 높다고는 하지만 그들로부터 그 디스크를 구입하는 데는 한 가지 이점이 있다. 아리조나 대학교는 코닝과 달리 완성된 작품을 생산할 수 있었다. 다시 말해서 거울의 모양 만들기와 표면의 최종 연마 작업까지 할 수 있는 것이다. 하지만 코닝은 그것을 할 수 없었으므로 만일 코닝 디스크가 구매된다면, 이 작업을 할 또 하나의 하청업체를 찾아야만 한다. 그러나 세계적으로 이렇게 큰 표면을 만들고 연마할 수 있는 기업은 6개도 되지 않는다. 이것을 하는 데 드는 예상 비용은 거울 두 개에 약 5백만 달러이다.

요철형과 붕소규산염 주경들은 모두 아주 얇아서 켁 거울과 같이 정교한 능동계에 의해 지지되어야만 한다. 8미터 거울로 이것을 하는 기술은 아직 완전히 개발되지 않았다. 현재 172개의 수압 조정기 시스템이 계획되어 있다. 요철 렌즈는 조정기와 감지기들이 주경의 어느 곳에든 배치될 수 있다는 점에 약간의 이점을 갖는다. 반면 붕소규산염 주경에서는 벌집구조 내에만 놓일 수 있다.

앞서 언급했던 것처럼 능동계는 위치를 바꿀 때 거울에 미치는 중력 효과와 바람에 의해 일으켜지는 뒤틀림 효과 등 두 가지 효과를 교정해야만 한다. 이 두 효과 모두 큰 거울에 더 크게 나타난다. 그러므로 필요한 능동계는 훨씬 복잡하다.

비록 두 개의 거울 모두가 능동계에 의해 받쳐져야 하지만 붕소규산염 거울은 여기서 한 가지 이점을 갖는다. 붕소규산염 거울은 벌집 모양 구조 때문에 바람에 의해 발생되는 대부분의 뒤틀림을 견뎌낼 만큼 단단하다. 그리고 만일 뒤틀림이 있다고 해도 교정이 거의 요구되지 않을 것이다.

논쟁은 어떤 결론을 가져올 것인가? 국회가 자금을 다 몰수하고 그 프로젝트에 자금을 대지 않기로 결정할 위험이 있다. 허블 망원경의 재난과 화성 우주선 계획의 실패가 있는 상태이므로 더이상의 실패에 대해서는 어떤 동정도 없을 것이다. 만일 그 논쟁이 해결되지 않는다면, 미국이 혼자서 일을 진행시켜서 그 두 개의 계획된 망원경들 중 하나만을 건립할 가능성도 있다. 그것은 물론 마우나케아에 놓여질 것이다. 이 대안이 조사되어 오기는 했지만 여기에도 어려움이 있다. 즉 한 망원경에 드는 비용이 두 개의 망원경에 드는 비용의 반보다 약 천 8백만 달러 많이 든다는 것이다. 이것은 8천 8백만 달러로는 천문학자들이 만족할 만한 망원경을 얻을 수 없음을 의미한다. 망원경의 디자인에서 많은 삭감이 이루어져야만 할 것이다.

여러 가지 문제들에도 불구하고 그 프로젝트는 진전되어 가고 있으며 마우나케아 위에 그 망원경을 완성되는 시기는 1998년으로 예정되어 있다.

수바루 프로젝트 : 일본 국립천문대

몇 년 전 일본인들은 그들의 망원경 부지로 마우나케아를 선정했다. 그 망원경의 이름은 일본말로 성단 플레이아데스를 뜻하는 수바루이다. 토질 검사와 땅 고르기 등 현지 작업은 1992년에 시작되었고 1993년 중반에 그 망원경 구조를 떠받칠 육중한 콘크리트 기초 공사가 진행되었다.

일본은 코닝의 ULE 유리를 사용하기로 결정했으며, 코닝사가 현재 그들을 위한 매우 얇은 8미터 블랭크를 가공하고 있다. 그 거울의 두께는 단 20센티미터로 컴퓨터로 조종되는 능동 지지계로 모양이 쉽게 조정될 수 있을 만큼 유연하게 만들어질 것이다.

코닝사는 각각의 지름이 약 1.5미터인 40개의 육각형 부분들을 지름

수바루 망원경을 위한 기초를 준비하는 모습

수바루 돔의 개략도 (수바루 천문대 제공)

수바루 망원경 개략도 (수바루 천문대 제공)

이 8.3미터인 한 개의 디스크로 융합시킴으로써 그 블랭크를 제조하고 있다. 그들은 블랭크들을 회전시키지 않고 디스크를 미리 모양이 만들어진 주조에서 재가열함으로써 약간 오목한 표면을 얻는다. 그 블랭크를 생산하기까지는 3년이 걸릴 것이며, 거울 표면을 완성하는 연마작업까지는 3년이 더 걸릴 것이다.

능동 지지계는 264개의 조정기와 감지기들로 이루어지게끔 디자인되었다. 망원경의 받침대는 대부분의 망원경이 갖는 적도의식(천구의 북극을 가리키는 한 개의 축을 가진)이 아닌, 이른바 경위대식이 될 것이다. 이런 유형의 받침대가 사용될 수 있는 것은 컴퓨터를 통해 망원경의 운동을 대단히 정확히 조종할 수 있게 되었기 때문이다. 일본인들은 그들의 드라이브 시스템이 0.1초의 정확도로 추적하기를 희망한다.

그들은 또한 관측실을 지나가는 기류 패턴을 결정하기 위해 풍동 모형을 이용하는 등 관측 건물의 디자인에도 상당한 노력을 기울였으며, 이 검사 결과 전통적인 반구형 돔 대신 실린더형 돔을 건립하기로 결정했다.

이 망원경은 적외선과 가시영역 모두에서 관측이 가능할 것이며, 대형 적외선 검출기와 전하결합소자를 포함해 기구들의 인상적인 배열이 갖추어질 것이다. 전하결합소자 중 하나는 대단히 넓은 시야를 주는 64개의 1000×1000 픽셀 배열로 구성될 것이다.

망원경은 천문대와 근접해 있는 건물에서 조종되며 천문대 본부는 힐로에 있는 연합 천문학 센터 부근에 지어질 것이다.

스미소니안 서브밀리미터 배열

서브밀리미터 계곡에 있는 제임스 클럭 막스웰 망원경 바로 북쪽에

스미소니안 배열에서 사용될 안테나들 중 하나 (스미소니안 기관 천체물리학 연구소 제공)

자리잡게 될 서브밀리미터 망원경 배열의 건축 또한 이미 시작되었다. 콘크리트 받침대 위에 지름 6미터짜리 포물선 안테나 6개가 올려질 것이다. 그리고 모두 합해서 24개의 받침대가 있을 것이므로 6개 안테나들을 이용해 여러 가지 다른 형태의 배치를 할 수 있게 된다.

안테나는 큰 고무타이어를 가진 특별히 디자인된 48센티미터 너비의 운반설비를 이용해 수송될 수 있도록 디자인되었다. 그 운반 설비는 비교적 거친 토양 위에서도 안테나들을 쉽게 이동시킬 수 있다.

안테나 각각은 신호를 조합하게 될 컴퓨터에 연결되어 있어서 지름이 1500미터인 단일 망원경에 상당하는 배열이 된다. 그 배열은 마우나케아로 수송되기 전에 매사추세츠의 웨스트필드에서 조립되고 점검될 것이다.

이 배열을 위해 전기 실험실과 사무실들, 그리고 라운지를 포함하는 2층짜리 통제건물이 건축될 것이다. 이 건물은 10명의 직원들이 사용할 수 있는 시설로 설계되고 있다. 이 배열 프로젝트는 모두 4천 5백만 달러의 비용이 들 것이며 스미소니안 연구소가 그 자금을 지원하고 있다. 예정 완성년도는 1997년이다.

천문학자들은 그 배열을 이용해 무엇을 탐색할 것인가? 앞서 보았던 것처럼, 서브밀리미터 복사는 가시광선을 차단시키는 먼지 구름을 관통한다. 그러므로 그 주요 목적 중 하나는 스펙트럼 중 주로 가시 영역에서 불명료한 우리 은하의 중심이 될 것이다. 그것을 이용해 천문학자들은 이 영역에 있는 별과 먼지와 가스의 속도를 측정할 수 있으므로 어쩌면 중량급 블랙홀이 숨겨져 있는지의 여부를 우리에게 확실히 말해 줄 것이다. 그것은 또한 다른 은하들의 중심을 조사하는 데도 사용될 것이다.

장거리 전파망원경 배열

마지막으로, 전파망원경 배열(Very Long Baseline Array ; VLBA)의 한 부분이 최근 마우나케아 위에 완성되었다. 이 배열은 장거리 간섭측정법이라는 방법을 이용해 전혀 새로운 모습의 전파 우주를 관측할 수 있게 할 것이다. 그 배열은 지름이 각각 25미터인 10개의 전파망원경으로 이루어져 있다. 그들은 마우나케아와 버진 아일랜드를 포함해, 미국 본토를 가로질러 여러 장소에 놓일 것이다.

VLBA의 전파망원경

각각의 전파망원경들은 전화선을 통해 뉴 멕시코의 소코로에 있는 오퍼레이션 센터로부터 조종될 것이며, 컴퓨터가 각 장소에 있는 망원경들을 제어하면서 전체 배열을 작동시키게 된다. 그리고 원격조종을 통해 모든 망원경들이 동시에 하늘의 동일 지점을 가리키도록 할 것이다. 자료는 마그네틱 테이프로 옮겨지고 그 테이프는 소코로로 보내져 하늘의 상세한 전파 지도를 만드는 데 이용된다.

에필로그

우리는 마우나케아 천문대들이 어떻게 시작했으며 어떻게 세계 최대의 천문대 단지로 발전했는지 그 역사를 훑어보았다. 일본 수바루 망원경과 제미니 망원경, 그리고 스미소니안 배열에 대한 작업과 함께 이 천문대는 앞으로 여러해 동안 그 성장을 계속할 것이다. 우리는 또한 그곳에서 진행되고 있는 몇몇 연구들, 즉 블랙홀, 우주론, 은하, 퀘이사, 별을 비롯해 태양계 혜성에 대한 연구와 외계 행성 생명체의 탐색을 고찰했다.

더 많은 망원경들이 건립되고 있을 뿐만 아니라, 망원경과 함께 사용되는 관측기계 또한 크게 발전하고 있다. 전하결합소자 그리고 적외선과 서브밀리미터 검출기와 같은 점점 더 큰 반도체를 이용한 배열들이 더 강력하고 효율적인 분광기들과 함께 제작되고 있다. 이 모든 것들은 장차 천문학에 엄청난 발전을 가져다 주게 될 것이다.

새로운 기술들이 이 순간에도 계속 개발되고 있으며 이들 신기술은 켁 망원경과 함께 사용될 것이다. 켁 I과 쌍둥이인 켁 II가 완성되면 그 두 개의 망원경은 간섭측정법을 통해 함께 사용되어 망원경의 유효 크기를 크게 증가시키게 된다. 간섭측정법은 앞으로 분명 널리 사용될 것이다. 칠레에 건립되고 있는 8미터 망원경 네 개를 연결하는 대형망원경배열(Very Large Telescope Array)에도 간섭측정법을 사용할 계획이 이미 진행중이다. 더욱이 현재 건립되고 있는 대부분의 망원경들은 분해능을 크게 향상시키는 적응광학계를 갖추게 될 것이다.

앞으로 몇 년에 걸쳐 다가올 중요한 변화들 중 하나는 원격관측이다. 예를 들어, 켁 망원경을 사용하기 위해 하와이로 오는 천문학자들은 천문대가 있는 산까지 올라가지 않고 대신 와이메아에 있는 켁 본부에 앉아서 관측하게 된다. 지금도 영국 적외선 망원경과 캐나다-프랑스-하와이 망원경에서는 어느 정도 원격관측이 이루어지고 있다. 원격관측은 분명 천문학자들의 역할에 중대한 변화를 가져올 것이다. 천문학자들은 더이상 천문대로 여행하지 않고도 자신들의 연구소에서 천문대에 연결된 컴퓨터 스크린 앞에 앉아서 관측하게 될 것이다. 자료는 망원경에서 그들에게 직접 전송될 것이므로 그들은 자신들의 컴퓨터에 있는 소프트웨어를 이용해 그것을 분석할 수 있을 것이다.

마우나케아의 정상에는 아직도 다른 망원경들을 위한 많은 공간이 있으므로 앞으로도 오랫동안 계속적으로 성장할 것 같다. 대부분의 다른 천문대와는 달리 정상의 조건들이 인간의 침해로 나빠지지는 않을 것 같다. 그 섬은 인구가 적으므로 광오염도 최소이며 아마도 그런 상태로 계속 유지될 것이다. 그리고 공장이 거의 없으므로 공기가 대단히 투명하고 먼지와 스모그가 없는 지역으로 남아 있을 것이 거의 확실하다.

21세기로 들어가면서 대부분의 까다로운 우주의 미스테리들이 바야흐로 해결되려고 하는 천문학의 새로운 시대가 밝아오고 있다. 그리고 그러한 미스테리들이 해결될 때 더 깊숙한 미스테리들이 또 생겨날 것이다. 현재 마우나케아에서 사용되고 있는 망원경 기술의 진보와 혁신적인 발전을 보면 천문학의 미래는 대단히 밝다고 하겠다.

용어해설

간섭측정법(Interferometry) 나란히 진행하는 두 광선의 간섭. 어두운 지역과 밝은 지역이 번갈아 나타나게 한다.

감마선(Gamma ray) 고에너지 복사. 전자기 스펙트럼에서 가장 높은 에너지.

감지기(Sensor) 망원경 거울의 정렬을 점검하는 장치.

거대중력체(Great Attractor) 초은하단들의 거대한 집단. 그 주위에 있는 많은 초은하단들을 끌어당긴다.

경위대(Altituda-azimuthal mount) 고도축과 방위각축을 따라 움직여지는 망원경을 올려놓는 받침대.

고도(Altitude) 천정과 천체를 통과하는 수직원상에서 측정되는 지평선 위로의 각거리.

고산적응(Acclimatize) 중간지대에 잠시 머물며 높은 고도에 적응하다.

고유속도(Tangential velocity) 시선에 수직인 방향의 속도.

고전물리학(Classical physics) 비양자론. 뉴턴 물리학과 일반 상대성 이론 모두 고전이론들이다.

광년(Light-year) 거리의 단위. 빛이 1년 안에 여행하는 거리.

광도계(Photometer) 빛의 양을 측정하는 장치.

광오염(Light pollution) 관측을 방해하는 산란광.

광자(Photon) 전자기장의 입자.

국부은하군(Local Group) 은하수를 포함하는 25개 가량의 은하들의 모임.

국부(처녀) 초은하단【Local(Virgo) supercluster】 국부 은하단을 포함하는 은하단들의 모임.

굴절망원경(Refractor) 주요 광학요소가 렌즈인 망원경.

궤도의 섭동【Perturbation(orbital)】 예상되는 궤도로부터의 작은 이탈.

나선은하(Spiral galaxy) 나선형의 팔을 가진 납작한 회전 은하.

대류(Convection) 열이 매질의 운동에 의해 전이된다(예 : 공기)

도플러 이동(Doppler shift) 광원과 관측자 사이의 상대적인 운동에 의해 일으켜지는 빛의 파장의 변화.

등온(Isothermal) 일정한 혹은 균일한 온도.

레이저(Laser) 응집광선. 파장들이 같은 상에 있다.

말람퀴스트 경향(Malmquist bias) 평균보다 더 밝은 은하들을 선정하게 되는 경향.

반사망원경(Reflector) 주요 광학요소가 오목거울인 망원경.

방사능 붕괴(Radioactive decay) 원자핵이 자발적으로 입자를 방출함으로써 분해하는 과정.

방위각축(Azimuthal axis) 북점으로부터 천체를 통과하는 한 수직원과 지평선과의 교차점까지 북점에서 동쪽 방향으로 측정된, 천구의 지평선을 따르는 각거리 축.

백색왜성(White dwarf) 핵연료가 소모되어 거의 천왕성의 크기로 붕괴하는 작은 질량의 별.

변광성(Variable star) 광도가 변하는 별.

별의 등급【Magnitude(of star)】 밝기의 단위. 음수부터 0을 지나 28까지 나가는 크기. 숫자가 작을수록 별이 더 밝다.

별자리(Constellation) 지구에서 볼 때 서로 가까이 모여 있는 것처럼 보이는 별들의 모임.

복사(Radiation) 전자기 에너지를 나타낸다. 광자들.

부경(Secondary mirror) 주경에서 반사된 입사광을 접안렌즈로 반사하는 작은 거울.

분광기(Spectrograph) 스펙트럼 사진을 찍기 위한 장치.

분할거울(Segmented mirror) 몇 개의 부분 혹은 성분으로 이루어진 거울.

분해능(Resolution) 시야에 있는 미세한 구조를 분리해 내는 망원경의 능력.

블랙홀(Black hole) 아무것도, 심지어 빛조차도 나올 수 없는 공간-시간의 지역.

블레이저(Blazar) 제트의 시선방향으로 보여지는 퀘이사.

블링크 컴퍼레이터(Blink comparator) 보통 다른 시간에 찍혀진 두 개의 천체사진 건판을 번갈아 보여주는 장치.

사건지평(Event horizon) 블랙홀의 표면. 외길 표면.

서브밀리미터 복사(Submillimeter radiation) 1밀리미터보다 다소 짧은 파장을 갖는 복사.

성단(Cluster) 별 혹은 은하들의 그룹.

성운(Nebula) 성간가스와 먼지 구름.

세페이드(Cepheid) 광도가 주기적으로 변하는 별.

소프트웨어(Software) 컴퓨터를 작동시키는 데 필요한 프로그램들.

숫자 Z(Z number) 비상대론적 속도에서 광속에 대한 관측속도의 비.

상대론적 속도에서는 교정인자가 요구된다.

스타버스트 은하(Starburst galaxy) 많은 수의 새로운 별들이 형성되고 있는 은하.

스펙트럼(Spectrum) 별이나 다른 천체에 대한 자세한 정보를 주는 밝거나 어두운 연속적인 선들. 분광기를 이용해 얻어진다.

승화(Sublimation) 고체상태(예를 들면, 얼음)에서 기체상태(예를 들면, 증기)로 직접 가는 현상.

시상(Seeing) 대기안정도.

시선속도(Radial velocity) 시선방향의 속도.

쌍곡선(Hyperbola) 기본적인 원뿔 곡선들 중 하나. 포물선과 유사하다.

쌍성계(Binary system) 이중성계, 혹은 두 천체들의 계.

쌍엽 전파원(Double-lobed radio source) 양쪽에 활동적인 에너지원을 갖는 전파광원.

CCD(전하결합소자, charge-coupled device) 광자 검출을 위해 고안된 반도체를 이용한 화상측정기계 장치.

IRAS 1983년에 발사된 위성으로 우주에서 적외선 천체들을 탐지하도록 고안되었다.

아인슈타인 크로스(Einstein Cross) 중력렌즈 효과로 만들어진, 가까이 모여 있는 4개의 천체계.

아인슈타인-포돌스키-로젠 패러독스(Einstein-Podolsky-Rosen paradox) 불확정성의 원리에 반하여 위치와 운동량을 동시에 측정할 수 있는지와 관련된 패러독스.

알루미늄 코팅(Aluminize) 거울에 알루미늄의 얇은 반사코팅을 입히다.

암흑물질(Dark matter) 천문학자들이 볼 수는 없지만 우주에 존재하는 물질.

양자-양자 순환(Proton-proton cycle) 수소원자들이 융합해서 헬륨을 형성하는 연속적인 핵반응.

양자역학(Quantum mechanics) 원자의 행태와 원자와 빛과의 상호작용을 다루는 물리학의 한 분야.

HR도(HR diagram) 별의 표면온도에 대해 광도 혹은 밝기를 도면으로 나타낸 그림.

F형 별(F-type star) 우리의 태양보다 다소 뜨거운 별의 분광학적 분류.

오트 구름(Oort cloud) 태양으로부터 1광년 거리에 있는 구형의 가상적인 혜성구름. 장주기 혜성들의 출처로 추정된다.

우주론(Cosmology) 우주의 구조와 진화에 관한 연구.

우주배경복사(Cosmic background radiation) 빅뱅으로 남겨진 우주에 있는 배경복사.

우주선(Cosmic ray) 지구 대기를 때려서 많은 양의 2차 입자와 복사를 생성하는 우주공간의 고에너지 입자들.

우주의 끈(Cosmic string) 초기우주에 있었던 가설적인 끈. 대규모 구조 형성을 일으킨다고 믿어진다.

원시은하(Protogalaxy) 젊은 은하의 초기단계.

원형(Prototype) 보통 더 작은 크기로 제작될 시스템의 모형.

유입물질 원반(Accretion disk) 별이나 블랙홀 주변에서 돌고 있는 물질의 편평한 디스크.

육각형(Hexagon) 6개의 변을 가진 물체.

은하(Galaxy) 별들의 거대한 집합체.

이온화(Ionization) 원자에 전기적 전하를 주는 과정.

인터페로그램(Interferogram) 간섭선들의 사진. 간섭은 나란히 진행하는 두 광선이 상호작용함으로써 발생한다.

자기별(Magnetic star) 강한 자기장을 가진 별.

잡음(Noise) 신호에 나타나는 자연적인 강약.

저온유지장치(Cryostat) 저온 유지 장치.

적도의식 가대(Equatorial mount) 지구의 자전축에 평행한 축에 설치되므로, 축에 대한 망원경의 운동이 지구의 자전으로 보상되는 망원경 받침대.

적색거성(Red giant) 높은 광도의 크고 차가운 별.

적외선(Infrared) 전자기 스펙트럼 영역 중 빛보다 다소 긴 파장을 가진 복사.

적외선 망원경(Infrared telescope) 적외선 복사를 검출하도록 고안된 망원경.

적외선 배열(Infrared array) 적외선 복사를 검출할 수 있는 반도체를 이용한 장치.

적응광학(Adaptive optics) 대기의 흔들림을 교정하여 분해능을 증가시키는 기술.

전파(Radio wave) 긴 파장을 갖는 전자기파 복사.

전파원(Radio source) 전파의 광원. 대개의 경우 은하나 퀘이사다.

전하용량(Capacitance) 정지 전기 전하를 저장하는 전기장치의 힘.

조정기(Actuator) 곡률을 변화시키기 위해 거울표면을 밀어제치고 나아가는 거울 밑에 있는 장치.

주경(Primary mirror) 망원경의 커다란 주요 거울.

중력렌즈(Gravitational lens) 중력 물체에 의해 빛이 휘어지는 현상.

중성별(Neutron star) 중성자들로 이루어진 별. 보통 지름이 몇 킬로미터에 불과하다.

G형 별(G-type star) 우리의 태양과 유사한 별의 분광학적 분류.

진동수(Frequency) 단위시간당 주어진 지점을 가로지르는 파두나 파골의 수.

질량 중심(Center of mass) 두 물체가 한 장대의 양끝에 놓여져 있을 때 균형을 이루게 되는 지점.

차등속도(Differential velocity) 지점들간에 차이나는 속도.

청색 낙오성(Blue straggler) 훨씬 더 붉은빛을 띠도록 진화되었어야 하지만, 푸른빛을 띠는 밝은 별. 성단내에서 발견되나 그것이 왜 푸른빛을 띠며 더 밝은지에 대해서는 아직 완전히 이해되고 있지 않다.

초거성(Supergiant star) 매우 높은 광도의 커다란 별.

초신성(Supernova) 별의 등급이 갑자기 100만 배 이상 증가하는 별의 폭발.

초은하단(Supercluster) 은하단들의 모임.

초점길이(Focal length) 렌즈나 거울로부터 수렴하는 광선들이 만나는 지점까지의 거리.

카세그레인 초점(Cassegrain focus) 반사 망원경에서 입사광이 부경에 의해 주경 뒤로 반사되는 광학적 배열.

카페시터(Capacitor) 정지 전기 전하를 저장하는 전기장치.

코로나그래프(Coronograph) 망원경의 광학축을 따르는 상에 놓여진 작은 원판을 이용해 인공적인 일식을 만들어내는 장치.

코비(COBE) 1989년에 발사된 배경복사의 성질들을 측정하는 위성인 우주 배경 탐사 기구(Cosmic Background Explorer)의 약칭.

쿠데 분광기(Coude spectrograph) 망원경의 작동 부분에서 멀리 떨어져 있는 지점에 부착된 분광기. 입사광은 여러 개의 거울을 경유해서 그곳으로 진행하게 되어 있다.

쿠퍼띠(Kuiper belt) 태양계의 외곽에 있는 혜성핵들이 모여 있다는 가설적인 지역.

퀘이사(Quasar) 대단히 큰 적색이동을 갖는 성상물체. 초기은하에 있는 충돌하는 은하들인 것으로 믿어지고 있으나, 그 정체가 완전히 이해되고 있지 않다.

타원은하(Elliptical galaxy) 타원모양을 가진 은하. 보통 나이 많은 별들을 포함하고 있다.

태양계 외부(Extrasolar) 태양계의 바깥.

태양 망원경(Solar telescope) 태양연구에 사용되도록 고안된 망원경.

태양성운(Solar nebula) 태양계가 형성되었던 가스상의 원시구름.

태양폭풍(Solar gale) 태양에서 핵반응들이 개시되었을 때 초기 태양계에서 발생했던 폭발적인 사건.

특이속도(Peculiar velocity) 부근에 있는 은하나 은하단 혹은 초은하단의 중력적 인력으로 나타나는 속도.

특이점(Singularity) 무한밀도의 점. 물리법칙이 와해되는 점.

T 타우리 별(T Tauri star) 불규칙한 광도변화를 보이는 젊은 별.

파장(Wavelength) 한 파두에서 다음 파두까지 혹은 한 파골에서 다음 파골까지의 거리.

편광(Polarization) 특정한 방향을 제외한 다른 방향 진동평면을 갖는 전자기파가 입사광으로부터 제거되는 과정.

포물선(Parabola) 기본 원뿔 곡선들 중의 하나. 원뿔을 한면에 평행하게 자름으로써 만들어진다.

플레니테시멀(Planetesimal) 태양성운으로부터 형성된 소행성 크기의 작은 물체. 결합해서 원시행성들을 형성했다.

픽셀(Pixel) 사진 요소(picture element)의 약칭. CCD 칩의 구성요소.

핵융합(Nuclear fusion) 더 큰 질량의 핵을 형성하기 위한 원자핵들의 연합. 가벼운 원소들이 서로 융합할 때 에너지가 방출된다.

허블상수 (H)【Hubble constant (H)】 거리에 대한 은하들의 적색이동을 나타낸 허블도면에 나타나는 선의 기울기.

허빅별(Herbig star) 밝은 스펙트럼 선들을 보여주는 A나 B 분광형의 젊고 뜨거운 별.

허빅-하로 물체(Herbig-Haro object) 강력한 바람을 불어내는 젊은 별. 가스 덩어리들이 주위에 있는 별의 가스를 때려서 충격파를 일으킨다.

헬륨 플래시(Helium flash) 적색거성의 밀집된 핵 내부에 있는 헬륨의 폭발적인 인화.

활성은하(Active galaxy) 중심 부근에서 대량의 에너지를 방출하고 있는 은하.

흡수선(Absorption line) 밝은 배경 위에 중첩된 어두운 스펙트럼선.

참고문헌

제1장 서문

Cruikshank, D. P., *Mauna Kea* (Honolulu: University of Hawaii, Institute for Astronomy, 1986).

Krisciunas, K., *Astronomical Centers of the World* (London: Cambridge University Press, 1988)

제2장 마우나케아 천문대의 건설 초기

Aspaturian, H., "Life on Mauna Kea: The Fascination of What's Different," *Engineering and Science* (Summer, 1988), 11.

Jefferies, J. T., and Sinton, W. M., "Progress on the Mauna Kea Observatory," *Sky and Telescope* (September, 1968), 140.

Krisciunas, K., *Astronomical Centers of the World* (London: Cambridge University Press, 1988).

Waldrop, M., "Mauna Kea(I): Halfway to Space," *Science* (November, 1981), 27.

Waldrop, M., "Mauna Kea(II): Coming of Age," *Science* (December, 1981), 4.

제3장 천문대 시설 확장과 새로운 망원경들

Humphries, C., "The United Kingdom's Giant Infrared Reflector," *Sky and Telescope* (July, 1978), 22.

Sky and Telescope Staff, "Progress on the CFH Reflector," *Sky and Telescope* (April, 1977), 254.

Smith, G. M., "Progress on NASA's 3-meter Infrared Telescope," *Sky and Telescope,* (July, 1978), 25.

Waldrop. M., "Mauna Kea(II): Coming of Age," *Science* (December, 1981), 4.

제4장 세계 최대 광학망원경—켁

Bunge, R., "Dawn of a New Era: Big Scopes," *Astronomy* (August, 1993), 49.

Faber, S. M., "Large Optical Telescopes—New Views in Space and Time," *Ann. N. Y. Acad. Sci. 422* (1982), 171.

Goldsmith, D., *The Astronomers* (New York: St. Martin's Press, 1991).

Nelson, J., "The Keck Telescope," *American Scientist* (March-April, 1989), 170.

제5장 계속되는 켁 이야기

Baker, C., "Mauna Kea: The Best Seat in the Cosmic Theater," *Hawaii High Tech Journal 5* (1991), 6.

Harris, J., "Seeing a Brave New World," *Astronomy* (August, 1992), 22.

Henbest, N., "The Great Telescope Race," *New Scientist* (October,

1988), 52.

Nelson, J., Faber, S., and Mast, T., *Keck Observatory Report No. 90* (Berkeley: University of California Press, 1985).

제 6 장 세계의 지붕을 방문하면서

Cruikshank, D., *Mauna Kea* (Honolulu: University of Hawaii, Institute for Astronomy, 1986).

제 9 장 은하 중심에 사는 괴물

Chaisson, E., "Journey to the Center of the Galaxy," *Astronomy* (August, 1980), 6.

Geballe, T., "The Central Parsec of the Galaxy," Scientific American (July, 1979).

Kaufmann, W. III, *Galaxies and Quasars* (San Francisco: Freeman, 1979).

*Kormendy, J., "Evidence for a Supermassive Black Hole in the Nucleus of M31," *Astrophys. J.* 325(February, 1988), 128.

*Kormendy, J., "A Critical Review of Stellar-Dynamical Evidence for Black Holes in Galaxy Nuclei," Preprint, Institute for Astronomy, University of Hawaii(1993).

Shipman, H., *Black Holes, Quasars and the Universe* (Boston: Houghton-Mifflin, 1980).

Waldrop, M., "Core of the Milky Way," *Science* (October, 1985), 230.

제10장 우주 구조의 측정

Bartusiak, M., *Thursday's Universe* (New York: Times Books, 1986).
Cornell, J. (Ed.), *Bubbles, Voids and Bumps in Time: The New Cosmology* (London: Cambridge University Press, 1989).
Parker, B., *The Vindication of the Big Bang* (New York: Plenum Press, 1993).
*Pierce, M., and Tully, B., "Distances to the Virgo and Ursa Major Clusters and the Determination of H," *Astrophys. J.* 330(July, 1988), 579.
Tully, B., "The Scale and Structure of the Universe," Endeavor, *New Series 14* (1990), 1.

제11장 우주의 끝을 찾아서

*Cowie, L., "Galaxy Formulation and Evolution," *Physica Scripta* T36 (1991), 102.
Overbye, D., *Lonely Hearts of the Cosmos* (New York: HarperCollins, 1991).
Parker, B., *Creation* (New York: Plenum Press, 1988).
Parker, B., *The Vindication of the Big Bang* (New York: Plenum Press, 1993).
Preston, R., *First Light: The Search for the Edge of the Universe* (New York: New American Library, 1987).

제12장 별과 별의 잔해

Editors of Time-Life Books, *Stars* (Alexandria: Time-Life Books, 1989).

Jastrow, R., *Red Giants and White Dwarfs* (New York: Norton, 1979).
Kippenhahn, R., 100 *Billion Suns* (New York: Basic Books, 1983).
Maffei, P., *When the Sun Dies* (Cambridge, Mass: MIT Press, 1982).

제 13 장 다른 행성계를 찾아서

Abell, G., "The Search for Life Beyond Earth: A Scientific Update," *Extraterrestrial Intelligence: The First Encounter* (Buffalo: Prometheus Books, 1976).
Burke, B. (Ed.), TOPS: *Toward Other Planetary Systems,* NASA Publications, Solar System Exploration Division(1992).
Goldsmith, D., and Owen, T., *The Search for Life in the Universe* (Menlo Park, Calif.: Benjamin Cummings, 1980).
McDonough, T., *The Search for Extraterrestrial Intelligence* (New York: Wiley, 1987).
Rood, R., and Trefil, J., *Are We Alone?* (New York: Scribner's, 1981).

제 14 장 태양계의 기원을 찾아서

*Meech, K., and Belton, M., "The Atmosphere of 2060 Chiron," *Astron. J.* 100(October, 1990), 1323.
Sagan, C., and Druyan, A., Comet(New York: Random House, 1985).

제 15 장 마우나케아 천문대의 밝은 미래 : 차세대 망원경들

Bunge, R., "Dawn of a New Era: Big Scopes," *Astronomy* (August, 1993), 47.

찾아보기

〈ㄷ〉

〈ㄹ〉

〈ㅁ〉

〈ㅈ〉

〈ㅊ〉

〈ㅋ〉